U0965405

"十四五"职业教育国家规划教材

"十三五"职业教育国家规划教材

花卉生产技术

第 3 版

韩春叶　主编

中国农业大学出版社
· 北京 ·

内容简介

本书设立了花卉分类、花卉生产设施、花卉繁殖技术、花期调控技术、露地花卉生产技术、盆栽花卉生产技术、切花花卉生产技术、花卉应用技术 8 个学习情境，共 33 项任务。作者在本书的编写中，以花卉识别、花卉繁殖、花卉生产等十几年的教学经验为基础，突出了实践性强、操作性强等特色，并将课程思政内容融入教材编写中，培养学生的社会责任感和使命感。为方便教学和学生自学，本书配套了教学课件和试题库资源，可根据需求扫码下载使用。

图书在版编目(CIP)数据

花卉生产技术 / 韩春叶主编. --3 版. -- 北京：中国农业大学出版社，2022.3(2025.1 重印)
ISBN 978-7-5655-2719-7

Ⅰ.①花…　Ⅱ.①韩…　Ⅲ.①花卉-观赏园艺-高等职业教育-教材　Ⅳ.①S68

中国版本图书馆 CIP 数据核字(2022)第 017622 号

书　　名　花卉生产技术　第 3 版
作　　者　韩春叶　主编

策划编辑	张　玉	**责任编辑**	张　玉
封面设计	郑　川　李尘工作室		
出版发行	中国农业大学出版社		
社　　址	北京市海淀区圆明园西路 2 号	**邮政编码**	100193
电　　话	发行部 010-62818525，8625	读者服务部	010-62732336
	编辑部 010-62732617，2618	出　版　部	010-62733440
网　　址	http://www.caupress.cn	**E-mail**	cbsszs @ cau.edu.cn
经　　销	新华书店		
印　　刷	运河(唐山)印务有限公司		
版　　次	2022 年 3 月第 3 版　　2025 年 1 月第 6 次印刷		
规　　格	185 mm×260 mm　　16 开本　　16.25 印张　　400 千字		
定　　价	48.00 元		

图书如有质量问题本社发行部负责调换

编 审 人 员

主　编　韩春叶（河南农业职业学院）

副主编　潘　伟（黑龙江农业职业技术学院）

李秀霞（新疆农业职业技术学院）

陈星星（河南农业职业学院）

王明山（河南农业职业学院）

参　编　丁献华（临汾职业技术学院）

侯艳霞（山西林业职业技术学院）

闫春霞（新疆农业职业技术学院）

翟　敏（信阳农林学院）

审　稿　王淑珍（河南农业职业学院）

第3版前言

党的二十大报告提出，到二○三五年基本实验社会主义现代化；生态环境根本好转，美丽中国目标基本实现。花卉产业集经济效益、社会效益和生态效益于一体，既是美丽公益事业，又是优势特色产业。发展花卉产业是生态文明建设的重要组成部分，是满足人民日益增长的美好生活需要的必然要求。

在以“大思政”育人的情景下，我们本着以“立德树人”为根本，以教学资源为支撑，设定教学目标、教学内容、教学手段及教学评价为主要教学环节，来推进课程思政建设，将课程思政与课程内容进行深度融合，培养学生的爱国主义精神、社会主义核心价值观、职业规范和个人行为习惯等。《花卉生产技术》教材编写的主导思想是为了密切联系园林、园艺技术专业的生产实际，更好地为职业教育教学改革服务。教材规划符合人才培养目标及本课程教学的要求，所选理论内容的广度和深度能够满足园林、园艺专业学生实践教学和未来从事岗位工作的需要。

“花卉生产技术”是一门实践性很强的专业核心课程，课程教学既要传授理论知识，更要注重培养学生的动手实践能力和社会职业素养，基于该课程的这一特点，第3版中我们更新了一些新的教学内容和教学方法，对本书进行创新探索与实践。课程思政内容是该门课程建设的核心，根据本课程思政建设目标，将课程思政内容融入到教材的编写当中。结合高职院校人才培养实际情况，聚焦课程思政元素，构建了专业知识和思政内容相结合的模式，为以后的教学提供坚实的支撑。

本书包含花卉分类、花卉生产设施、花卉繁殖技术、花期调控技术、露地花卉生产技术、盆栽花卉生产技术、切花花卉生产技术、花卉应用技术8个项目，共33个任务。本书的编写以编者十几年的花卉识别、花卉繁殖、花卉生产等教学经验为基础，结构新颖，系统性强，可参考的技能实训内容多，吸收了行业新研究与应用动态，具有很强的科学性、实用性和可操作性。

本书由河南农业职业学院韩春叶任主编，由黑龙江农业职业技术学院潘伟、新疆农业职业技术学院李秀霞、河南农业职业学院陈星星和王明山任副主编，临汾职业技术学院丁献华、山西林业职业技术学院侯艳霞、新疆农业职业技术学院闫春霞、信阳农林学院翟敏等共同参与编写。

在本书的编写过程中，各位作者付出了辛勤的劳动，但由于编者水平有限，书中内容如有不尽人意之处，请广大读者批评指正，以便修订。

编　者

2023年8月

第2版前言

《花卉生产技术》是根据高等职业院校园林、园艺专业人才培养目标的要求，通过教、学实施，真正改变学生、教师在课堂中的地位，实现了以学生为主体地位，教师起主导作用。在教学目标的培养上也体现了职业能力的几个方面。

《花卉生产技术》以引导文式教学法为主，教师讲授法为辅。引导文式教学法是“借助于预先准备的引导性的教学文字，引导学生自己解决实际问题”。引导文式的教学任务是建立项目教学工作和它所需求的专业知识、专业技能之间的关系，让学生圆满地完成教学任务应该掌握的知识内容、专业技能等，根据岗位需求的原则进行课程的任务实施，严格按照花卉的生产技术环节要求完成课程项目。

本书内容包含了花卉分类、花卉生产设施、花卉繁殖技术、花期调控技术、露地花卉生产技术、盆栽花卉生产技术、切花花卉生产技术、花卉应用技术8个项目，33项任务。本书的编写是以花卉识别、花卉繁殖、花卉生产等十几年的教学经验为基础，突出了实践性强、操作性强等特色。

本书由河南农业职业学院韩春叶任主编，由黑龙江农业职业技术学院潘伟、新疆农业职业技术学院李秀霞、河南农业职业学院陈星星和王明山任副主编，并且由临汾职业技术学院丁献华、山西林业职业技术学院侯艳霞、新疆农业职业技术学院闫春霞、信阳农林学院翟敏等共同参与编写。

在本书编写过程中，老师们都查阅了大量的有关方面的文献资料，付出了辛勤的汗水。但限于编者的水平，书中难免会存在不尽如人意之处，出现的错误或缺点请广大专家、读者给予批评指正，以便修订。

编　者

2018年5月

目　录

学习情境 1

花卉分类

课件(PC端下载)

试题库

课程思政元素

培养学生献身园艺花卉生产的社会意识；认识到养花人的社会责任，树立开拓进取、勇于创新的目标素养。

知识目标

1. 掌握花卉的含义及范畴。
2. 了解花卉生物学特性。
3. 熟悉识别各种花卉的形态特征及观赏应用。
4. 掌握常见花卉的形态特征、生态习性及季相生理变化。

能力目标

1. 掌握花卉分类的理论依据，并能运用不同的标准对常见花卉进行分类。
2. 熟练识别常见花卉。

本情境导读

全世界的植物有30万～40万种，其中数以万计的种类具有观赏价值，每种又常有多个变种和园艺品种，为了便于识别、研究、生产和应用这些花卉，我们依据亲缘关系、生态习性、产地及实际应用情况等对花卉进行定义和分类。

任务一　花卉的含义和范畴

花卉的含义

花卉在《辞海》中的解释为：可供观赏的花草。“花”的本义为种子植物的生殖器官或繁殖器官，“卉”是草的总称，花卉即为花草、花花草草，或“开花的草本植物”。这也就是狭义花卉的概念：具有一定观赏价值的草本植物，通常包括露地草本花卉和温室草本花卉，如凤仙花、鸡冠花、一串红、三色堇、金鱼草、芍药、菊花、大丽花、百合、郁金香、君子兰等。广义的花卉的概念：凡是具有一定观赏价值，达到观花、观果、观叶、观茎和观姿的目的，并能美化环境，丰富人们文化生活的草本、木本、藤本等植物统称为花卉。

随着人类生产的发展、科技和文化水平的提高，花卉这一概念的范畴不断扩大，所有色彩艳丽、花香果硕、枝叶秀丽、株型奇特可供观赏的草本和木本、藤本植物，以及具有特定功能的草坪和地被植物，如梅花、月季、变叶木、米兰、紫藤、麦冬、天鹅绒草等，均属于广义花卉范畴。具体地说，广义的花卉指的是所有具有一定观赏价值，并经过人类精心养护，能美化环境、丰富人们文化生活的草本植物和木本植物的统称。广义的花卉概念包含了所有具有观赏价值的观花、观叶、观茎、观果、观根及观姿等类的植物，也包含能给人们带来嗅觉享受的香花植物。

目前，花卉产业已经成为农业的主导产业之一，花卉等园艺、园林植物在农村经济作物中种植比例不断加大，主要是以商品化生产为目的，各种鲜切花、盆花、草坪及地被植物、花卉种苗球根、绿化用树木等都作为产品进入市场。花卉生产从种苗、栽培、采收、包装直至上市，整个生产流程都是按照商品标准进行的，要求规范的生产技术流程和现代化的生产设施，有一定的生产规模，产品逐步达到国际化标准，能进入国内外市场的贸易流通，从而获取较高的经济效益。这是我国经济和花卉产业的发展方向。

任务二　按生活型与生态习性分类

生活型是由于对某一特定综合环境条件的长期适应，不同的花卉植物在形态、大小、分枝等方面都表现出来的生长特性。生态习性则是指花卉所固有的特性，包括花卉的生长发育、繁殖特点、对环境条件的要求等有关的特性。

一、草本花卉

植物的茎为草质，木质化程度低，柔软多汁易折断的花卉称为草本花卉。草本花卉生长和开花的习性常随着一年四季的变更出现周而复始的变化，这类花卉通常根系较浅，要求及时地给予水、肥管理；如盆栽则需要更细致地养护管理。按花卉形态分为 7 种类型。

(一) 一、二年生花卉

1. 一年生花卉

一年生花卉是指花卉植株从萌芽、生长直至开花、结果和衰亡,在一年内完成其生命周期的花卉。这类花卉通常在春天播种,当年夏秋季节开花、结果、种子成熟,入冬前植株枯死,所以又称春播花卉。如一串红、万寿菊、百日草、凤仙花、鸡冠花、孔雀草、半枝莲、紫茉莉等。

2. 二年生花卉

二年生花卉是指花卉植株从萌芽、生长直至开花、结果和衰亡,这一生命周期在两年内或跨越年度在两个生长季节内完成的花卉。这类花卉一般在秋季播种,第二年春季开花、结果、种子成熟,夏季植株死亡,所以又称秋播花卉。如金鱼草、金盏菊、三色堇、虞美人、石竹、瓜叶菊、蒲包花、羽衣甘蓝、雏菊等。

一、二年生的草本花卉常被俗称为草花。

(二) 多年生花卉

植株寿命超过两年,能多次开花、结实,又因其地下部分的形态不同分为两类。

1. 宿根花卉

地下部分的形态正常,不发生变态的现象;地上部分表现出一年生或多年生的性状。

依其落叶性不同,宿根花卉又有常绿宿根花卉和落叶宿根花卉之分。常绿宿根花卉常见的有麦冬、红花酢浆草、万年青、君子兰等;落叶宿根花卉常见的如菊花、芍药、萱草、玉簪、蜀葵等。落叶宿根花卉耐寒性较强,在不适宜的季节里,植株地上部分枯死,地下的芽及根系仍然存活,春天温度回升后,又能萌芽生长。

2. 球根花卉

花卉地下根或地下茎变态为肥大球状或块状等,以其贮藏水分、养分度过休眠期的花卉。球根花卉按形态的不同分为5类:

(1)鳞茎类　地下茎变态成极度短缩、呈扁平的鳞茎盘,鳞茎盘节上的叶变态而呈肉质,肥大的鳞片互相抱合成球形、扁球形,鳞叶间能长出腋芽,鳞茎盘下端长出须状根系。鳞茎球有膜质外皮包裹的称有皮鳞茎,如水仙、郁金香、朱顶红、风信子等。鳞茎球的鳞片完全裸露者称无皮鳞茎,如百合、贝母。鳞茎球的顶、侧芽,均能发叶、抽枝、开花。

(2)球茎类　地下茎膨大呈球形、扁球形,外部有数层膜质表皮;球体表面常有环状节痕,其上长有顶芽、侧芽,条件适宜便能抽芽、开花或形成新球。如唐菖蒲、仙客来、小苍兰、番红花、狒狒花、香雪兰、荸荠等。

(3)块茎类　地下茎膨大呈块状,它的外形不规则,表面无环状节痕,块茎顶部有几个发芽点,环境适宜时抽生枝叶并开花,其基部着生根系。如大岩桐、球根海棠、白头翁、马蹄莲、彩叶芋等。

(4)根茎类　地下茎膨大呈粗长的根状茎,外形具有分枝,有明显的节和节间,节上可发生侧芽的一类花卉。如美人蕉、蕉芋、荷花、睡莲、鸢尾等。

(5)块根类　地下根膨大呈块状,其芽仅生在块根的根颈处而其他处无芽。如大丽花、花毛茛等。这类球根花卉与宿根花卉的生长基本相似,地下变态根新老交替,呈多年生状。由于根上无芽,繁殖时必须保留原地上茎的基部(根茎)。如大丽花、桔梗。

(三)多年生常绿草本花卉

植株枝叶一年四季常绿,无落叶现象,地下根系发达。这类花卉在南方作露地多年生栽培,在北方作温室多年生栽培,也称温室花卉。如君子兰、吊兰、万年青、文竹、马拉巴栗、富贵竹等。

(四)水生花卉

水生花卉常为多年生草本花卉,多生长在水中或沼泽地中,对栽培技术有特殊的要求,按其生态习性及与水的关系,主要分为以下几类:

1.挺水植物

根生于泥水中,茎叶挺出水面。如荷花、千屈菜、菖蒲、香蒲等。

2.浮水植物

根生于泥水中,叶片浮于水面或略高于水面。如睡莲、王莲等。

3.漂浮植物

根伸展于水中,叶浮于水面,可随水漂浮流动,在水浅处可生根于泥水中。如浮萍、凤眼莲(水葫芦)、菱、满江红等。

4.沉水植物

根生于泥水中,茎叶沉入水中生长,在水浅处偶有露出水面。如苦草、茨藻、金鱼草等。

(五)蕨类植物

指叶丛生状,叶片背面着生有孢子囊,可以依靠孢子繁殖,属于植物中不开花的类群。蕨类植物作盆栽观叶或插花装饰,日益受到重视。如肾蕨、铁线蕨、鸟巢蕨、鹿角蕨等。

(六)草坪及地被植物

草坪植物是指园林或运动场中覆盖地面的低矮的草本植物,通常耐修剪、覆盖力强、繁殖容易、适应性强,多为禾本科、莎草科的多年生草本,如结缕草、狗牙根、早熟禾、高羊茅等。

地被植物是指除草坪植物以外的低矮耐阴的地面覆盖植物,通常种植后不需经常更换、可多年观赏,如酢浆草、麦冬、葱兰、虎耳草等。

二、木本花卉

指植物茎木质化,木质部发达,枝干坚硬,难折断的这一类花卉。根据形态分为3类。

(一)乔木类

地上部有明显的主干,主干与侧枝区别明显,具有一定形状的树冠。如茶花、桂花、梅花、樱花、杜鹃等。

(二) 灌木类

地上部无明显主干,由基部发生分枝,各分枝无明显区分呈丛生状枝条的花卉。如牡丹、月季、蜡梅、栀子花、贴梗海棠、迎春、南天竹等。

(三)藤木类

茎细长木质,不能直立,需缠绕或攀缘其他物体上生长的花卉。如紫藤、凌霄、络石等。

三、多肉多浆植物

广义的多肉、多浆植物是仙人掌科及其他50多科多肉植物的总称。这些植物抗干旱、耐瘠薄能力强。植株茎变态为肥厚且能储存水分、营养的掌状、球状及棱柱状；叶变态为针刺状或厚叶状并附有蜡质且能减少水分蒸发的多年生花卉。常见的有仙人掌科的仙人球、昙花、令箭荷花；大戟科的虎刺梅；番杏科的松叶菊；景天科的燕子掌、毛叶景天；龙舌兰科的虎皮兰等。

任务三　按花卉原产地分类

花卉原产地自然环境差异极大，使原产地花卉的生长发育特性和对温度、光照、湿度等环境条件的要求也各不相同，了解各种花卉在世界上的分布及原产地的气候条件，在生产栽培中采用相应的技术措施、提供所需的环境条件，才能更好地满足不同花卉生长育和园林应用的要求。

一、大陆东岸气候型

大陆东岸气候型亦称为中国气候型，这一气候型的特点是夏热冬寒，一年内温差较大，夏季降水量较多。属于这一气候型的地区有中国的华北及华东、日本、北美洲东部、巴西南部、非洲东南部等。又因冬季气温的高低不同分为温暖型和冷凉型。

(一)温暖型

包括中国长江以南、日本南部、北美洲东南部、巴西南部等地区，原产的花卉有中国石竹、福禄考、天人菊、美女樱、矮牵牛、半枝莲、凤仙花、麦秆菊、一串红、报春花、非洲菊、山茶、杜鹃花、百合、石蒜、中国水仙、马蹄莲、唐菖蒲等，是喜温暖的球根花卉和不耐寒的宿根花卉的分布中心。

(二)冷凉型

包括中国北部、日本东北部、北美洲东北部等地，原产的花卉有翠菊、黑心菊、荷包牡丹、芍药、菊花、荷兰菊、金光菊、蔷薇等。这一气候型地区是耐寒宿根花卉的分布中心。

二、大陆西岸气候型

大陆西岸气候型亦称欧洲气候型，气候特点是冬季温暖，夏季凉爽，一般气温不超过15～17℃，降水量较少但四季较均匀。属此气候型的地域有欧洲大部分地区、北美洲西海岸中部、南美洲西南部、新西兰南部等地。主要原产花卉有：雏菊、矢车菊、剪秋罗、紫罗兰、羽衣甘蓝、大花三色堇、宿根亚麻、喇叭水仙等。大陆西岸气候型是一些较耐寒的一、二年生花卉和部分宿根花卉的分布中心。

三、地中海气候型

以地中海沿岸气候为代表，其特点是：自秋季至次年春末降雨较多；冬季无严寒，最低温度为6～7℃；夏季干燥、凉爽，极少降雨，气温为20～25℃。属于该气候型的地区有南非好望角附近，大洋洲和北美洲的西南部，南美洲智利中部等地。原产这些地区的花卉有：瓜叶菊、蒲包花、君子兰、天竺葵、仙客来、郁金香、水仙、香雪兰等。这一气候型地区是秋植球根花卉的分布中心，引种这类花卉时冬季要保温防寒，夏季要采取通风、降温措施，安全越夏通常是栽培成败的关键。

四、热带气候型

该气候型的特点是：常年气温较高，约30℃，温差小；空气湿度较大；有雨季和旱季之分。如南美洲热带和亚洲、非洲、大洋洲的热带地区，原产该地的花卉有：鸡冠花、凤仙花、紫茉莉、蟆叶秋海棠、花叶芋、彩叶草、竹芋、龟背竹、大岩桐、虎尾兰、水塔花、热带兰(附生兰)、变叶木、鹿角蕨、非洲紫罗兰等。热带气候型是不耐寒一年生花卉及观赏花木的分布中心。花卉的生长期必须满足高温、高湿的条件，冬季必须移入中、高温温室内养护，能否安全越冬常是栽培热带花卉成败的关键。

五、热带高原气候型

又称为墨西哥气候型，其气候特点是：周年温度为14～17℃，温差小，降雨量因地区不同，有的雨量充沛均匀，也有的集中在夏季。此气候型多位于热带及亚热带高山地区，除墨西哥高原外，尚有南美洲的安第斯山脉、非洲中部高山地区、中国云南省等地。主要原产花卉有：藿香蓟、万寿菊、波斯菊、大丽花等，是春植球根花卉的分布中心。

六、沙漠气候型

该气候型的特点是：周年气候变化极大，昼夜温差也大，降雨少，干旱期长；土壤质地多为沙质或以沙砾为主。属该气候型的地区有非洲、大洋洲及南北美洲的沙漠地带；原产花卉有：仙人掌类、芦荟、龙舌兰、龙须海棠等多浆植物。这一气候型地区是仙人掌及多浆植物的分布中心。栽培这些花卉时，土壤必须为沙质，通气、排水性能良好，有适当的肥沃度。

七、寒带气候型

指地势较高，海拔在1 000 m以上的地带，气候特点是：气温偏低，尤其冬季漫长寒冷；而夏季短暂凉爽。植物生长期只有2～3个月。土壤条件亦较差，光照充足、紫外线强。生长在这一气候型地区的花卉生长缓慢，植株低矮，常呈垫状。此气候型地区包括阿拉斯加、西伯利亚、斯堪的纳维亚等寒带地区及高山地区。主要花卉有：细叶百合、绿绒蒿、龙胆、雪莲、点地梅等。

任务四　按实用分类法

按照花卉的实际用途又有以下几种分类方法。

一、按栽培方式分类

(一)露地栽培

花卉植株的生长发育是在自然条件下进行并完成的，如金盏菊、一串红、菊花、荷花、唐菖蒲等。这类花卉适宜栽培于露地的园地或美化水面，通常根系发达，得到充足的光照，表现枝壮叶茂、花大色艳。园地土壤由于毛细管作用，水分、养分、温度等肥力因素容易达到自然平衡，管理比较简便，但在植株营养生长期和夏、秋季炎热天气，必须及时对园地浇水和追施肥料，同时定期进行中耕、除草达到保墒的目的。一般不需特殊的设备，在常规条件下便可栽植，如常见的露地花坛、花境、花台、花丛等的花卉配置。

(二)温室栽培

长江中下游地区引栽热带、亚热带地区的花卉必须在温室内培育或冬季须在温室内保温越冬，如瓜叶菊、蒲包花、卡特兰、龙舌兰、变叶木、橡皮树、水塔花、孔雀竹芋、花叶芋、红鹤芋等。这类花卉常上盆栽植作为盆花处置，便于搬移和管理。用配置的培养土填充作盆土，光照以及温度、湿度的调节，浇水和追肥，全依赖于人工管理。所以，花卉生长的好坏取决于日常的养护、管理水平，稍有疏忽，就会导致花卉植株的生长不良，甚至死亡。这类花卉的栽培是需要温室有加温设备，并视花卉种类满足高温、中温等条件，日常养护需细致，采用花盆或花钵栽培的生产方式。北方的冬季实行温室栽培生产，南方实行遮阳栽培生产。南北方可相互进行种类的调整，丰富花卉市场，目前这是国内花卉生产栽培的主要部分。

(三)切花栽培

用于插花装饰的花卉称为切花，按切花生产的要求，进行整地作畦、定植、张网、剥蕾疏枝、肥水等技术栽培，能集中采收、保鲜处理的生产方式称为切花栽培。切花生产一般采用保护地栽培，生产周期短，见效快，可规模生产，能周年供应鲜花，是国际花卉生产栽培的主要部分。

(四)促成栽培

为满足花卉观赏的需要，通过一定的人为手段或运用技术处理，如改变环境条件、应用药剂或采取特殊栽培方式，来改变花卉的自然花期，使花卉提前开花的生产栽培方式。

(五)抑制栽培

为满足花卉观赏的需要，通过一定的人为手段或运用技术处理，如改变环境条件、应用药剂或采取特殊栽培方式，来改变花卉的自然花期，使花卉延迟开花的生产栽培方式。

(六)无土栽培

运用营养液、水、基质代替土壤栽培的生产方式。在现代化温室内进行规模化生产栽培。

二、按观赏部位分类

按花卉的茎、叶、花、果、芽等具有观赏价值的器官进行分类。

(一)观花花卉

以观花为主的花卉。这类花卉开花繁多,花色艳丽,花形奇特而美丽。如牡丹、月季、茶花、菊花、杜鹃花、郁金香、一串红、瓜叶菊、三色堇、大丽花、非洲菊等。

(二)观叶花卉

以观叶为主的花卉。这类花卉花形不美,颜色平淡或很少开花,但叶形奇特,挺拔直立,叶色翠绿,有较高观赏价值。如龟背竹、万年青、苏铁、变叶木、绿萝、蕨类植物等。

(三)观茎花卉

以观茎为主的花卉。这类花卉的茎、枝奇特,或变态为肥厚的掌状或节间极度短缩呈链珠状。如仙人掌、佛肚竹、光棍树、富贵竹、霸王鞭等。

(四)观果花卉

以观果为主的花卉。这类花卉果形奇特,果实鲜艳、繁茂,挂果时间长。如冬珊瑚、观赏辣椒、佛手、金橘、代代花、乳茄等。

(五)观根花卉

以观根为主的花卉。这类花卉主根呈肥厚的薯状,须根呈小溪流水状,气生根呈悬崖瀑布状。如根榕盆景、薯榕盆景、龟背竹等。

(六)芳香花卉

这类花卉香味浓郁,花期较长。如米兰、白兰花、茉莉、栀子花、丁香、含笑、桂花等。

(七)其他观赏类

有些花卉的其他部位或器官具有观赏价值:银芽柳毛笔状、银白色且有光泽的芽;叶子花、象牙红、一品红鲜红色的苞片;鸡冠花膨大的花托;美人蕉瓣化的雄蕊;海葱地上部分硕大的绿色鳞茎。

三、按开花季节分类

我国地处北半球,许多地区四季分明,在人们的认知中,春、夏、秋、冬的概念和印象根深蒂固,根据我国的气候特点,从传统的二十四节气的四季划分法出发,依据诸多花卉开花的盛花期进行分类。

(一)春花类

2—4 月盛开的花卉。如郁金香、虞美人、金盏菊、山茶花、杜鹃花、牡丹花、芍药花、梅花、报春花等。

(二)夏花类

5—7 月盛开的花卉。如凤仙花、荷花、石榴花、月季花、紫茉莉等。

(三)秋花类

8—10月盛开的花卉。如大丽花、菊花、桂花、万寿菊等。

(四)冬花类

在11月至次年1月期间盛开的花卉。如水仙花、蜡梅、一品红、仙客来、蟹爪兰、墨兰等。

按花期也结合栽培季节的分类,在生产生活中便于记忆和应用,但不是绝对的,如金盏菊的开花期为3—5月,传统习惯作为春季花卉栽培。石竹的开花期为4—9月,跨越春、夏两季,由于其盛花期主要在春季,将它列入春季花卉后就不再编入夏季花卉了。

四、按花卉对环境的要求分类

(一)按花卉对温度的要求分类

温度是花卉生长发育必需的环境因子,温度的高低直接或间接地影响着花卉的分布、生长发育以及植物体内一切的生理变化。按花卉的耐寒力不同将其分为3类:

1. 耐寒性花卉

它们是原产于寒带和温带以北的二年生及宿根花卉。0℃以下的低温能安全越冬,部分能耐－10～－5℃以下的低温。如三色堇、雏菊、金鱼草、玉簪、羽衣甘蓝、菊花、蜡梅等。

2. 半耐寒性花卉

能耐0℃的低温,0℃以下需保护才能安全越冬的花卉。它们是原产于温带较温暖处,在我国北方需稍加保护才能安全越冬。如石竹、福禄考、紫罗兰、美女樱等。

3. 不耐寒性花卉

在北方不能露地越冬,10℃以上的温度条件才能安全越冬的花卉。一年生花卉、原产热带及亚热带地区的多年生花卉多属此类。这类花卉在北方地区只能在一年中的无霜期内生长发育,其他季节必须在温室内完成(称为温室花卉)。如富贵竹、散尾葵、竹芋、马拉巴栗(发财树)、矮牵牛、叶子花、扶桑、凤梨类花卉等。

(二)按花卉对光照的要求分类

1. 按花卉对光照强度的要求分类

阳光是绿色植物生存生长的必需条件,是光合作用的能源。光照的强弱影响到环境中温度和湿度的变化,也影响着土壤中肥料的转化。花卉的花芽分化、果实和种子的发育和成熟,都离不开光照。各种花卉由于原产地的生态环境不同,其生长发育所需光照的程度也因此而有差异。我们按植物对光照强度的需求进行了分类:

(1)阳性花卉　在阳光充足的全光照条件下,才能生长发育良好并能正常开花结果的花卉。光照不足会使植株节间伸长,生长纤弱,开花不良或不能开花。如月季、荷花、香石竹、一品红、菊花、牡丹、梅花、半枝莲、鸡冠花、石榴等。

(2)中性花卉　一般喜阳光充足,但在微阴下生长良好。如扶桑、仙人掌、天竺葵、朱顶红、晚香玉、景天、虎皮兰等。

(3)阴性花卉　只有在一定荫蔽环境下才能生长良好的花卉。在北方5—10月需遮阳栽培,在南方需全年遮阳栽培,一般要求荫蔽度50%左右,不能忍受强烈直射光。如秋海棠、万年青、八仙花、君子兰、何氏凤仙、山茶、杜鹃、海桐等。

(4)强阴性花卉　也称耐阴花卉，要求荫蔽度在80%左右，1 000～5 000 lx光照强度下才能正常生长的花卉，在南、北方都需全年遮阳栽培。如兰科花卉、蕨类植物、绿萝、鸭跖草等。

2.按花卉对光周期的要求分类

光周期是指每天昼夜交替的时数。光周期对植物生长发育的反应，是植物生长发育中一个重要的影响因子，它不仅可以控制某些植物的花芽的分化和花芽的发育开放的过程即成花过程，而且还影响到植物的其他生长发育现象，如植物的分枝习性、块茎、球茎、块根等地下器官的形成以及其他器官的衰老和休眠(如落叶等)。因此，光周期与花卉植物的生命活动有十分密切的关系。根据花卉对光周期的敏感程度分为3类。

(1)短日照花卉　每天光照时数在12 h或12 h以下才能正常进行花芽分化和开花，而在长日条件下则不能开花的花卉。如菊花、蟹爪莲、一品红、叶子花、大丽花等。在自然条件下，秋季开花的一年生花卉多属此类。

(2)长日照花卉　与短日照花卉相反，只有每天光照时数在12 h以上才能正常花芽分化和开花的花卉。如紫茉莉、唐菖蒲、八仙花、瓜叶菊等。在自然条件下，春、夏开花的二年生花卉属此类。

(3)日中性花卉　花芽分化和开花不受光照时数长短的限制，只要其他条件适宜，即能完成花芽分化和开花。如仙客来、香石竹、月季花、一串红、非洲菊、扶桑、茉莉、天竺葵、矮牵牛等。

利用花卉开花对日照时数长短的反应，对调节花期具有重要作用。利用这特性可以人工调节光照时数，使花卉提早或延迟开花，以达到周年开花的目的。如采用遮光的方法，可以促使短日照花卉提早开花，反之，用人工加光的方法可以促使长日照花卉提早开花。

(三)按花卉对水分的要求分类

水是花卉的主要组成部分，花卉的生理代谢活动也都是在水中进行，各种花卉由于长期处于不同水分状况的生态环境中，对水分的需求量因此也不相同。通常按花卉对水分的要求可分为：

1.旱生花卉

是适应干旱环境下生长发育的花卉。原产于干旱或沙漠地区，耐旱能力强，只要有很少的水分便能维持生命或进行生长。如仙人掌类、景天类及许多肉质多浆花卉等。在生产中应掌握“宁干勿湿”的浇水原则，土壤水分20%～30%，空气相对湿度20%～30%。

2.中生花卉

原产于温带地区，既能适应干旱环境，也能适应多湿环境的花卉。大多数花卉都属此类，如月季、菊花、山茶花、牡丹、芍药等。最适宜于有一定的保水性，但又排水良好的土壤。在生产中应掌握“干透浇透”的浇水原则，土壤水分50%～60%，空气相对湿度70%～80%。

3.湿生花卉

原产于热带或亚热带，喜欢土壤疏松和空气多湿环境的花卉。这类花卉根系小而无主根，须根多，水平状伸展，吸收表层水分。大多通过多湿环境补充植物水分，保持体内平衡，土壤水分60%～70%，空气相对湿度80%～90%。如兰花、杜鹃花、栀子花、茉莉花、马蹄莲、竹芋等。

4.水生花卉

这类花卉的整个植物体或根部必须生活在水中或潮湿地带，遇干旱则枯死。如荷花、睡莲、王莲、千屈菜、凤眼莲等。

(四)按花卉对土壤酸碱度的适应性分类

1.酸性土花卉

指那些在酸性或强酸性土壤中才能正常生长的花卉。它们要求土壤的 pH 小于 6.5。某些蕨类植物及部分木本花卉，如山茶花、杜鹃花、吊钟花、栀子花等都是典型的酸性土花卉。

2.碱性土花卉

指那些在碱性土上生长良好的花卉。它们要求土壤的 pH 大于 7.5，如香石竹、香豌豆、非洲菊等。

3.中性土花卉

指在中性土壤(pH 6.5～7.5)中生长最佳的花卉。大多数花卉都属于此类，如月季、菊花、牡丹、一串红等。

(五) 按花卉花芽分化类型

1.高温分化型

春花类花卉在 6—8 月间 25℃以上时进行花芽分化；花芽形成后，经过冬季的低温过程，才能在春季开花。春季看、夏季开花的种类

2.低温分化型分化花芽

原产于温带和寒带地区的花卉。在春、秋季花芽分化时要求温度偏低，如雏菊、天人菊、矢车菊等。

3.积温分化型

花卉的生长发育，不仅需要热量水平，还需要热量的积累。这种热量的积累积温来表示。花卉特别是感温性较强的花卉在各个生育阶段所要求的积温是比较稳定的，如月季从现蕾到开花所需积温为 300～500℃，而杜鹃由现蕾到开花则为 600～700℃。了解感温花卉的温度条件，它们在生育过程中或某一发育阶段所要求的积温。对于促成栽培与抑制栽培都很有意义。

练习题

一、单选题

1.一年生花卉又称为(　　)。

A.短期花卉　　B.秋播花卉　　C.春播花卉　　D.夏播花卉

2.以下哪一种花卉不是一年生花卉?(　　)

A.雁来红　　B.凤仙花　　C.茑萝　　D.金鱼草

3.(　　)是多年生花卉，生产中常作为二年生花卉栽培。

A.虞美人　　B.珊瑚藤　　C.紫罗兰　　D.毛地黄

4.郁金香的地下部分属于(　　)。

A.鳞茎　　B.球茎　　C.块根　　D.块茎

5. 以下哪一项是对根茎的描述？（　　）

A. 茎极度短缩，成为盘状的鳞茎盘

B. 茎明显膨大，呈根状，有明显的节和节间

C. 大部分叶片变成肥厚多肉的鳞片

D. 茎短缩肥厚近球状，从此处萌发不定根

6. 以下哪些植物的地下部分属于球茎？（　　）

A. 水仙、郁金香、风信子、朱顶红　　B. 唐菖蒲、小苍兰、荸荠、慈姑

C. 仙客来、马铃薯、淮山、犁头尖　　D. 美人蕉、姜、荷花、鸢尾

7. 请选出主产地中海气候区的代表花卉类型？（　　）

A. 秋植球根花卉　B. 宿根花卉　C. 多年生草本花卉　D. 春植球根花卉

8. 欧洲气候区冬季气候温暖，夏季温度不高，一般不超过（　　）。

A. 10～15℃　B. 25～30℃　C. 10～20℃　D. 15～17℃

9. 中国气候型又称为（　　）。

A. 大陆东北岸气候型　　B. 大陆东岸气候型

C. 大陆西北岸气候型　　D. 大陆西岸气候型

10. 在较短日照条件下促进开花，日照超过一定长度时便不开花或明显推迟开花的花卉，称为（　　）。

A. 长日照花卉　B. 短日照花卉　C. 中日照花卉　D. 日中性花卉

二、多项选择题

1. 根据花卉的生长周期，可分为（　　）。

A. 一年生花卉　B. 二年生花卉　C. 多年生花卉　D. 宿根花卉

2. 根据花卉的适生环境，可分为（　　）。

A. 气生花卉　B. 水生花卉　C. 岩生花卉　D. 耐旱（多浆）植物

3. 根据宿根花卉的生长习性，又可以分为（　　）。

A. 耐旱性宿根花卉　B. 耐寒性宿根花卉　C. 常绿性宿根花卉　D. 多年生宿根花卉

4. 耐寒性宿根花卉的特点包括（　　）。

A. 冬季地上茎、叶全部枯死

B. 温度低时停止生长，呈现半休眠状态

C. 冬季地下部分进入休眠状态

D. 耐寒性相对较强，可以露地越冬

5. 以下植物地下部分属于鳞茎的有（　　）。

A. 郁金香、风信子　B. 马铃薯、淮山　C. 姜、荷花　D. 水仙、朱顶红

6. 墨西哥气候区（热带高原气候型）主要包括（　　）。

A. 热带及亚热带高山地区　　B. 中国云南省

C. 非洲中部高山地区　　D. 墨西哥高原、南美洲的安第斯山脉

7. 热带气候区的气候特点是（　　）。

A. 夏季白天长，风大

B. 周年高温，温差小，离赤道渐远则温差增大

C. 周年降雨量极少，干旱干燥，温差大，多为不毛之地

D. 雨量大，分为雨季和旱季；也有全年雨水充沛区

8. 根据水生花卉的生长习性，又可分为（　　）。

A. 挺水花卉　　B. 浮水花卉　　C. 漂浮花卉　　D. 潜水花卉

9. 中国气候型因为冬季气温高低不同，可分为（　　）。

A. 高温型　　B. 温暖型　　C. 寒冷型　　D. 冷凉型

10. 根据球根花卉地下变态器官结构特征，可分为（　　）等五类。

A. 鳞茎　　B. 球茎、块茎　　C. 根茎　　D. 块根

三、判断题

1. 宿根花卉地下根茎部分形态正常。（　　）

2. 水仙的地下部分叫作球茎。（　　）

3. 块茎是植物的地下变态茎。茎肥厚，外形不一，多近于块状；根系自块茎顶部发生，表面分布一些芽眼可生侧芽。（　　）

4. 鳞茎植物的部分叶片变成肥厚多肉的鳞片，着生在鳞茎盘上。（　　）

5. 寒带气候型花卉因受到紫外线照射强，花色多为蓝紫色。（　　）

四、填空题

1. 草本花卉可分为__________花卉和__________花卉。

2. 球根花卉按形态不同，可分为________类、________类、________类、________类、________类。

3. 花卉根据其对日照强度的要求可以分为________、__________、______、________；花卉根据日照长短可以分为________、________、__________。

五、名词解释

1. 花卉

2. 促成栽培

学习情境 1 习题答案

学习情境 2

花卉生产设施

课件（PC端下载）

试题库

课程思政元素

培养学生学习新思想、新知识、新理念的自觉性；养成踏实能干、吃苦耐劳、善于总结的习惯。

知识目标

1. 了解花卉生产设施的类型及其结构特点。
2. 掌握花卉生产设施中温室的类型、特点及其在花卉生产中的作用。
3. 掌握花卉常见容器、器具的基本性能。

能力目标

1. 掌握温室在花卉生产中的应用。
2. 掌握花卉常见容器、器具的基本性能及作用。

本情境导读

花卉设施栽培是指利用特定的保护设施，创造适宜植物生长发育的栽培环境，在不适宜花卉栽培的季节或地区，进行正常栽培的现代化农业生产方式。由于花卉种类繁多，产地不同，对环境要求差别较大，设施栽培可人为调控各种环境因素，满足不同花卉的生长发育需求，因此，在花卉生产中迅速得到推广应用。目前，用于花卉生产的主要栽培设施有温室、塑料大棚、荫棚、温床、冷床、冷窖、风障等，以及机械化、自动化设备和各种机具、容器等。

任务一 温 室

温室又称暖房，是指用玻璃、塑料或其他有机透明材料作为覆盖物，并附有防寒、加温设备的建筑。它可以有效地调节和控制环境因子，在不利环境中，能够创造宜于植物生长发育的环境条件，已成为花卉栽培中最主要的栽培设施之一。

一、温室的类型

温室的种类较多，常见的主要分类方法有以下几种。

(一)按温室的建筑形式分类

1. 单屋面温室

单屋面温室构造简单，屋顶只有一侧向南倾斜的玻璃屋面，北面是墙体，一般跨度是6～8 m。该类型温室造价低，保温性能好，室内阳光充足，但通风不良，光照不均，在这种温室里栽培的盆花需要加强日常管理，如经常转盆，才能生长均匀不偏冠(图2-1)。

2. 双屋面温室

双屋面温室有两个相等的倾斜玻璃屋面，多采月南北走向，四面全是玻璃覆盖，从日出到日落都能采光，有全日照温室之称。该类型温室光照时间较长，升温快，但保温性较差、通风不好，需要有完善的通风和加温设备(图2-1)。

3. 不等屋面温室

一般采用东西方向，坐北朝南。温室南北两侧具有两个坡度相同而斜面长度不等的屋面，北面屋面比南面的短，约为南屋面的1/3。这类温室提高了光照强度，通风较好，但存在光照不均匀、保温性能不及单屋面温室的缺点(图2-1)。

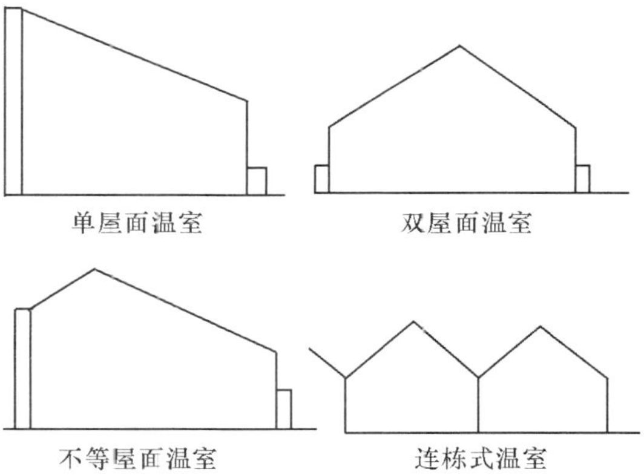

图2-1 温室建筑类型

4. 连栋式温室

也称连接屋面温室，由同一样式和相同结构的两栋或两栋以上的温室连接而成，形成室内相通的大型温室。此类温室适用于现代大规模生产，利用率高(图2-1)。

5. 现代化温室

现代化温室主要是指大型的(覆盖面积在1 hm^2 以上)，室内采用机械化作业，环境基本不受外界自然环境的影响、可自动调控、能全天候进行生产的连接屋面温室，是花卉栽培里最高级的设施类型。在其内部配备有先进的管理和附属设施，如加温、通风、灌溉、施肥、补光、保温幕、蒸汽消毒、CO_2 发生器、电控操作及检测装置等设施，一般在温室左右两侧墙面上还会分别安装风机和湿帘，温室顶部配置有可以自动开闭的天窗。在温室设计时，通常考虑6个荷载,即静载、雪载、风载、作物荷载、垂直方向的集中荷载和配套设施安装荷载。现代化温室运用生物技术、工程技术以及信息管理系统,以程序化、机械化、标准化、集约化的生产方式,采用流水线生产工艺,充分显示了现代化农业生产的科学性、先进性。具有良好的透光性,又具有专门的通风、加温、遮阳及灌溉设施,能够有效地控制环境条件,为花卉的生长发育提供良好的生态环境,是花卉栽培的理想设施。但投资大、费用高、运行耗能大是其最大缺点。

荷兰是现代温室的发源地,代表类型为文洛型温室(Venlo)。它有3种规格,每个单栋温室宽3.2 m、6.4 m或9.2 m,侧高2.5 m,脊高3.05 m或4.2 m,屋面角度小于20°或小于30°。温室长度为100 m,屋面安装0.5 cm厚玻璃,其内部结构以镀锌钢材做框架,每栋之间用天沟连接形成温室群,总面积有1 hm^2、3 hm^2、6 hm^2 3种。

6.节能日光温室

节能日光温室为我国独创,一般不配备加温设备,是一种只利用太阳辐射热来提高和保持室内温度的高效节能温室。

(二)按使用目的不同分类

1.生产性温室

该温室是以生产为目的,用于栽培繁殖各种园林植物。其建筑形式以适于栽培需要和经济实用为原则,外部造型和内部结构一般较为简单,尽量减少成本。

2.观赏性温室

这种温室多设在大型公园、植物园内,专供陈列花卉以供观赏或科普教育使用。其外形一般较为美观、高大,建筑形式的设计要求一定的艺术性。有时还可以作为公园的一景,如南京中山植物园的花卉温室、山海植物园的展览温室以及位于合肥的丰乐生态园温室等都是这样设计的。在观赏温室内部,常常根据花卉种类不同分区规划为专类区,如兰科温室、蕨类植物温室、多肉多浆植物温室等。

3.切花温室

该类温室多为地栽温室,要求有良好的光照、对温度的调节性好、遮阳、补光、通风透气等条件,用于周年生产鲜切花使用。

4.繁殖温室

专供播种、扦插以及培育幼苗使用。室内设有苗床、扦插床、台架等生产用设施,建筑形式多样,主要是能起到保温、保湿之功能。

5.科研温室

该种温室主要供一些科学研究用,对于建筑和设备要求较高,室内配备成套的系列装置,如能自动调节温度、光照、湿度、通风及土壤水肥等环境条件的系列装置。

6.催花温室

又称促成栽培温室,专供冬季花卉的促成栽培之用,以满足重大节日布置美化环境之需。可以根据不同花卉的生长习性来调节室内温度。

(三)按屋面覆盖材料分类

1.玻璃温室

该类温室以玻璃为屋面覆盖材料,所用玻璃厚度一般3～5 mm,透光好,使用时间持久。

2. 塑料薄膜温室

以各种塑料薄膜为覆盖材料，用于日光温室和其他结构比较简易的温室。常用的有聚乙烯膜、多层编制聚乙烯膜、聚氯乙烯膜等。该类温室造价低，可节约成本，保温性能也较好，也可用于连栋式温室。

3. 硬质塑料板温室

多用于大型连栋式温室，该类覆盖材料透光率高、重量轻、不易破碎、可任意切割，使用寿命长，可达 15～20 年，但易燃、易老化。常用的硬质塑料板材种类有 PC 板（聚碳酸酯板）、丙烯酸塑料板（acrylic plastics）、PVC 板、聚酯纤维玻璃（玻璃钢，FRP）等，其中 PC 板和玻璃钢应用最为广泛，尤其在日本和美国，近些年来应用很普遍。

（四）根据建筑材料分类

1. 木结构温室

木结构温室屋架、门窗都为木质，结构简单，造价低，但使用几年后其密闭度常降低，使用年限一般 15～20 年。

2. 钢结构温室

钢结构温室柱、屋架、门窗框等结构均为钢制品制成，坚固耐久，可建造大型温室。其能充分利用日光，遮光面积小，但造价高，结构材料易生锈，一般可用 20～25 年。

3. 钢木混合结构温室

温室的主要构架如梁、中柱、檩等使用钢材，其他部分均使用木质。钢木混合结构温室施工简单，兼具钢结构和木结构的优点，适于建造大型温室，使用年限也较久。

4. 铝合金结构温室

温室全部使用铝合金构件，是目前大型现代化温室的主要结构类型之一，具有结构轻、强度大，门窗及温室的结合部分密闭度高、使用年限久等特点，但其造价高，增加了成本。

5. 钢铝混合结构温室

温室柱、屋架等采用钢制异型管材结构，门窗框等与外界接触部分是铝合金构件，同时具有钢结构和铝合金结构温室的优点。

（五）根据温室内温度分类

1. 高温温室

高温温室又称热温室，室内温度冬季一般保持在 18～36℃，主要供冬季花卉的促成栽培和栽培热带花卉使用。

2. 中温温室

室内温度冬季一般保持在 12～25℃，用于栽培亚热带花卉及对温度要求不高的热带花卉。

3. 低温温室

室内温度冬季一般保持在 5～20℃，供栽培温带观赏植物之用。如低温常绿植物、温带兰花、温带蕨类等。

4. 冷室

室内温度冬季一般保持 0～15℃，用以保护不耐寒的观赏植物安全越冬，如常绿半耐寒植物、柑橘类、松柏类等。

另外还可根据栽培植物分类，如分为兰花室、菊花室、多肉多浆植物室、棕榈类观赏植物室、蕨类植物室、热带果蔬室等。

(六)根据温室是否具有加温设备分类

1. 加温温室

是指内部具有加温设施的温室,如烟道、暖气、电热等设施给温室加温。

2. 日光温室

这种温室不进行人工加温,主要利用日光辐射热和夜间的保温设备来维持室内温度的温室。

二、国内外温室的发展概况

国内,温室园艺的发展具有悠久的历史,据文献考证,我国是世界上温室栽培园艺较早的国家。《古文奇字》里记载:“秦始皇密令人种瓜于骊山硎谷中,温处瓜实成”,这证明早在2 000多年前,即公元前221至公元前206年,就出现了利用保护设施(温室雏形)栽培各种时令蔬菜的生产方式。唐朝时期(公元618—907年)用天然温泉进行瓜类栽培。到了唐宋后期,温室园艺获得了新的发展,除蔬菜之外,冬季利用温室进行花卉的促成栽培也逐渐发展起来。至明清时期,生产者就用简易的土温室进行一些花卉的促成栽培。改革开放以后,温室在我国得到迅猛发展,在我国的北方建成了面积达几十万公顷的塑料日光温室,用以生产蔬菜、花卉。进入20世纪90年代国内花卉业进入有史以来发展最快的时期,遍及全国的花卉热促进了温室的引进热,我国各地从荷兰、美国、以色列、日本等国引进现代化大型温室,主要用于花卉、蔬菜的工厂化生产和育苗,已取得一些成功经验。总的看来,目前我国花卉生产温室,既有引进的洋温室,也有利用国外技术改良的温室,但大多数仍然是结构比较简单、设备比较陈旧、生产效率比较低的温室,鉴于这些温室能节约能源和投资,因此在一定时期内仍有利用价值。为适应市场对花卉产品高规格、高品质的要求,温室的发展也要立足国情,逐步实现专业化、现代化。

国外,公元前3至公元前69年,罗马帝国应用云母片覆盖物生产早熟黄瓜。17世纪,在荷兰出现了单斜面玻璃日光温室,这是西方国家最早的温室结构类型。除此之外,美国、法国、德国、英国等国在这一时期也已有温室生产。19世纪世界已有加温温室、玻璃覆盖温室。二次世界大战后,由于塑料工业的发展,塑料薄膜成为覆盖材料,因其质轻价廉,日本等国家大力发展塑料温室。到了20世纪70年代后,随着科学技术的发展,温室的结构和设备不断完善,机械化、自动化水平日益提高。如出现了大型钢架温室,连栋温室也成片建成,形成了几公顷至几十公顷的规模,室内配备有加温、降温、灌水、换气、多层覆盖、二氧化碳施肥等配套设施,应用计算机管理、自动控制和远距离遥控成为现实。目前,世界温室事业发展较快,且已呈现出3个明显的发展趋势,即温室大型化、温室现代化和花卉生产工厂化。

三、温室的设计

设计温室主要根据使用目的及观赏植物的栽培方式、种类、当地气候条件的不同,结合经济适用的原则,确定温室采用的结构和形式。温室的设计应满足植物生长所需的包括温度、光照、湿度等在内的所有环境条件的需求。在选址上,应考虑光照及通风条件,选择地形开阔、阳光充足的地方，其土壤应排水良好，地下水位较低。温室群及一些附属设施的建设组合排列应综合考虑，在互不遮光的前提下尽可能集中，以利于管理和保温。在温室尺寸大小上，应根据生产所需、花卉的种类、温室加温通风等条件而定。一般生产温室宜大，盆栽或供繁殖用的温室宜小。

四、温室内的附属设施

温室的附属设施主要包括排灌设施、加温设施、通风及降温设施、遮光补光设施、种植设施等。

(一)排灌设施

排灌设施包括排水和补水两大系统，是温室生产和常规管理过程中的重要设施。温室的排水系统，除利用室外的天沟、落水槽外，还可设立支柱为排水管。室内设暗沟、暗井，以充分利用温室面积，并降低室内湿度，减少病虫害的发生。温室补水系统主要用于生产供水、无土栽培时的营养液供给以及高温季节喷水降温等。花卉灌溉用水一般要求水温与室温接近，因此，温室内常设置有储水池或水箱，水池大小视生产需要而定，设在温室的两端或中间。事先将水注入池内以增加温度，还可以增加温室内的空气湿度。现代化温室多采用滴灌或喷灌，在计算机的控制下，定时定量地供应水分，并保持室内较高的空气湿度。尤其适用于对空气湿度要求高的蕨类、热带兰等专类温室，这样可增加温室面积的利用率，提高温室的自动化程度，但需要较高的资金投入，成本较高。

(二)加温设施

常见的温室加温方法有热水管道、热风、电热、烜道、地热等。

1. 热水管道加温

该系统由锅炉、锅炉房、调节组、连接附件及传感器、进水及回水主管、温室内的散热管等组成。工作原理是用锅炉加温使水达到一定的温度，然后输水管道输入温室内的散热管，散发出热量，从而提高温室内的温度。在我国通常采用燃煤加热。其优点是室温均匀，停止加热后室温下降速度较慢，缺点是室温升高慢，设备材料多，一次性投资大，安装维修费时费工，燃煤排出的炉渣、烟尘等污染环境。

2. 热风加温

热风加温系统是通过风机把燃料加热后的热空气送到温室内各部位加热的方式。该系统由加热器、风机和送风管、传感器等组成，其特点是室温升高快，停止加热后降温也快。加热效果不及热水管道加热系统，但其节省设备资材，一次性投资少，安装维修方便，占地面积少，适于面积小、加温周期短、局部或临时加热需求大的温室使用。

3. 电热加温

包括电热线和自动控温两部分。其优点是供热均衡、利于控制、干净卫生，缺点是耗电量大、成本高。一般仅在急需增温时采用该法。

4. 烟道加温

由炉灶、烟道及烟囱三部分组成。是为了防止寒流对冬季日光温室和早春大棚内的花卉造成伤害而采取的临时加温措施。此法设置容易，投资少，燃料消耗少，但供热力小，在使用时应注意不要使炉子周围局部温度过高，避免烟道漏烟，防止一氧化碳、二氧化硫等气体毒害作物。

5. 地热加温

地热加温是一种全新的加热方式，以 30～35℃ 的热水为水源，如温泉、地热深井里面的水源或利用地上供暖后的热水再通过地下管道为土壤加温。

（三）通风及降温设施

1. 自然通风

自然通风设施是利用温室的门窗进行空气流通的一种自然通风形式。在温室设计时，一般能开启的门窗面积最低应达到所覆盖面积的 25%～30%。自然通风可手工操作也可机械自动控制。一般适于春秋季节降温、排湿之用。

2. 强制通风

用空气循环器如换气扇把温室内的空气强制排到室外或把室外空气吸进的一种强制通风形式，多应用于现代化温室内，由计算机控制。强制通风设备的配置，要根据室内的换气量和换气次数确定。

3. 降温设施

对于夏季气温过高的地区，温室内常设置降温设施以保证花卉植物正常生长所需的温度。通常采取的措施除遮光降温外，还有利用水流蒸发吸收热量来降低室内大气温度的方法，如湿帘降温、室内喷雾、屋面淋水等。遮光不仅可减弱光照强度，还有降温效果。如生产上常用覆盖遮阳物如苇帘、竹帘、遮阳网、普通纱网、无纺布等或搭建荫棚等措施来遮阳降温。水帘降温一般用于现代化温室，喷雾设备通常安装在温室上部，通过雾滴蒸发吸热降温，喷雾设备只适用于耐湿的花卉。

（四）遮光补光设施

遮光补光设施包括遮光设施和补光设施两部分。温室内的植物生长大多依靠自然光源，但为了使生态环境条件要求不同的植物集于一室，就需要有遮光和补光设施。如长日照花卉在短日照条件下生长，就需要在温室内设置光源，以增强光照强度和延长光照时数；短日性花卉在长日照条件下生长，则需要遮光设备以缩短光照时数。通常采用在室内安装白炽灯、高压钠灯、荧光灯、汞灯等作为补光光源，遮光设备则需黑布、遮光膜、暗房和自动控光装置。

（五）种植设施

1. 栽培床

栽培床是用于温室内栽培植物的设施，主要用于繁殖温室、切花温室和促成温室，又称种植床、种植池。与温室地面相平的称地床，高出地面的称高床。地床是用砖在地面砌成一长方形槽，壁高约 30 cm，宽约 100 cm，长度根据实际确定，通常南北向砌成。高床离地面 50～60 cm，床内深 20～30 cm，一般用混凝土制成。还有一种用于生产种苗的称苗床或扦插床，与栽培床类似，但床内放置的基质种类不同。

2. 植物台

植物台又称种植台或台架，是放置盆花的台架，用于盆花的栽培。有平台和级台两种形式。平台常设于单屋面温室南侧或双屋面温室的两侧，在大型温室中也可设于温室中部。平台一般高 80 cm，宽 80～100 cm，若设于温室中部宽度可扩大到 1.5～2 m。级台可充分利用温室空间，通风良好，光照充足，适用于观赏温室，但管理不便，不适于大规模生产。

3.花架

花架与植物台类似，属于分离的植物台架形式，主要用于盆花观赏和生产温室，在室内设置梯形花架可大大提高室内空间的利用率，便于管理和观赏，又可避免枝叶间相互拥挤或遮光，减少病虫害的发生。

除此之外，温室还有其他一些附带的建筑设施，如工作房、种子房、工具材料仓库等。

任务二　塑料大棚

塑料大棚是指没有加温设备用塑料薄膜作为覆盖材料的一种大型拱棚，是保护地栽培的另一主要设施，可用来代替温床、冷床，甚至可以代替低温温室。塑料薄膜具有良好的透光性，白天可使气温升高3℃左右，夜间气温下降时，由于塑料薄膜的不透气性特点，可减少热气的散发起到保温作用。在春季气温回升昼夜温差大时，塑料大棚的增温效果更为明显。如早春月季、唐菖蒲、晚香玉等，在棚内生长比露地可提早15～30 d开花，晚秋时花期又可延长1个月。由于大棚具有结构简单、建造容易、耐用、保温、透光、成本低廉、拆卸方便等特点。许多年来，在花卉生产中深受欢迎，已被世界各国普遍采用，且取得了良好的经济效益。

一、塑料大棚的类型

塑料大棚多为单栋大棚，也有双连栋及多连栋大棚。目前，生产中应用的单栋大棚，按照棚顶形状不同可以分为拱圆形、屋脊型，其中拱圆形在应用中最为常见。按照骨架材料不同可分为竹木结构、混凝土结构、钢材焊接式结构、钢竹混合结构等。

二、塑料大棚的结构

大棚主要由用于固定和支撑棚架的立柱，支撑塑料薄膜的拱杆骨架，以及拉杆(纵梁)、压杆(压膜线)等组成。在大棚两端应各设一个活动门，大小以方便作业和出入为主。大棚顶部可设换气天窗，两侧设换气侧窗。当棚内温度过高时，可以将两端的门及部分窗同时打开，让棚内通风降温，冬季较为寒冷的季节，把北门及窗密封，只留南门出入。

任务三　其他生产设施

一、荫棚

荫棚是指用于遮阳的栽培设施。多选择在地势高燥、通风、排水良好的地段，地面铺设陶粒、炉渣或粗沙以利于排水，具有避免日光直射、降低温度、增加湿度、减少蒸发等特点，常用于夏季花卉栽培的遮阳降温。

荫棚的种类和形式大致可分为临时性荫棚和永久性荫棚两种。

临时性荫棚多用于露地繁殖床和切花栽培。主架由木材、竹材等构成，上面铺设苇秆或苇帘，一般多采用东西向延长，高 2.5 m，宽 6～7 m，每隔 3 m 设一根立柱。为了避免上下午的阳光从东或西面照射到荫棚内，在东西两端还要设遮荫帘，注意遮荫帘下缘应距地面 60 cm 左右，以利于通风。棚内地面要平整，最好铺些煤渣，以利于排水，下雨时还可减少泥水溅污枝叶或花盆。

永久性荫棚多设于温室旁，用于温室花卉的夏季遮阳，一般高 2～3 m，用钢管或水泥柱构成，棚架多采用遮阳网，遮光率视栽培花卉种类的需要而定。荫棚宽度一般 6～7 m，过窄遮阳效果不佳。

现代化的温室外一般不搭设荫棚，而是在室内装有遮阳帘、风扇、水帘等，供夏季花卉栽培时遮阳、通风和降温之用。

二、温床

温床是指除利用太阳辐射能外，还需设置人工加热设施以维持一定温度，供花卉促成栽培或越冬之用的栽植床，是北方地区常用的保护地类型之一。其保温性能优于冷床，是不耐寒花卉越冬、一年生花卉提早播种、花卉促成栽培的设备之一。

温床多选择背风、向阳、排水良好的场所就地砌墙或挖坑建造，由床框、床孔及玻璃窗 3 部分组成。

床框：宽多为 1.5～2 m，长约 4 m，前框高 20～25 cm，后框高 30～50 cm。

床孔：是床框下面挖出的空间，大小与床框一致，深度依床内所需温度及酿热物填充量而定。为使床内温度均匀，通常中部较浅，填入酿热物少；周围较深，填入酿热物较多。

玻璃窗：用以覆盖在床框上，一般宽约 1 m，窗框宽 5 cm，厚 4 cm，窗框中部设椽木 1～2 条，宽 2 cm，厚 4 cm，上嵌玻璃。床框及窗框通常涂以油漆或桐油防腐。

温床加温可分为发酵热和电热两类。发酵床由于设置复杂，且温度不易控制，现在已很少采用。电热温床发热快，能长时间持续稳定加温，病虫害少，并且能够随时应用，因此采用较多。缺点是耗电量大，设备昂贵，成本高，目前，电热温床常用于温室或塑料大棚中。

三、冷床

冷床俗称阳畦，是不需人工加热，仅利用太阳辐射能维持一定温度，在一定范围内有围框及透光覆盖设备之下，创设可以使花卉安全越冬或提早繁殖栽培的栽植床。它是介于温床和露地栽培之间的一种保护地类型。冷床在花卉生产上广泛用于二年生花卉的保护越冬和一、二年生草本花卉的提早播种，以便提早开花。还可用于耐寒、半耐寒花卉的安全越冬。

冷床分为抢阳阳畦和改良阳畦两种类型。

抢阳阳畦由风障、畦框及覆盖物组成(图 2-2)。

风障：向阳倾斜 70°，外侧用土堆成土背固定的风障，土背底宽 50 cm，顶宽 20 cm，高

40 cm，并且要高出阳畦北框顶部 10 cm。风障主要由基梗、篱笆、披风三部分组成。篱笆是风障的主要组成部分，一般高 2.5～3.5 m，通常用芦苇、高粱秆、玉米秸秆、细竹竿等材料，可降低风速，使风障前近地层气流比较稳定，风速越大，防风效果越明显。基梗是风障北侧基部培起来的土梗，通常高约 20 cm，既可以固定篱笆又可增强保温效果。披风是附在篱笆北面的柴草层，用来增强防风、保温功能。

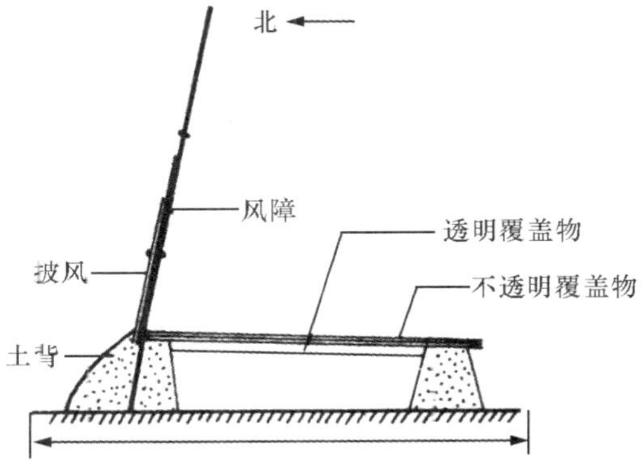

图 2-2　抢阳阳畦断面示意图

风障能充分利用太热辐射热能，增加风障前后附近的地表温度和气温，还有减少水分蒸发和降低空气相对湿度的作用，从而改善植物的生长环境。

畦框：紧靠风障南侧夯筑。一般北框高 35～50 cm，框顶部宽 15～20 cm，底宽 40 cm，南框底宽 30～40 cm，顶宽 25 cm，高 25～40 cm。由于畦框南低北高，便于较多地接受阳光照射，因此称抢阳阳畦。畦面一般长 5.6 m，宽 1.6 m。

覆盖物：常用玻璃、塑料薄膜、蒲席等。白天利用太阳照射提高畦内温度，傍晚在塑料薄膜或玻璃上加上蒲席、草苫等保温。

改良阳畦由风障、土墙、棚架、棚顶及覆盖物组成。风障一般直立；墙高约 1 m，厚 50 cm；棚架由木质或钢质柱、柁构成，前柱长 1.7 m，柁长 1.7 m；棚顶由棚架和泥顶两部分组成，在棚架上铺芦苇、玉米秸等，上覆 10 cm 左右厚土，最后以草泥封裹。覆盖物以玻璃、塑料薄膜为主。建成的改良阳畦，后墙高 93 cm，前檐高 1.5 m，前柱距土墙和南窗各为 1.33 m，玻璃窗的角度为 45°，跨度约 2.7 m。若用塑料薄膜覆盖，可不设棚顶（图 2-3）。

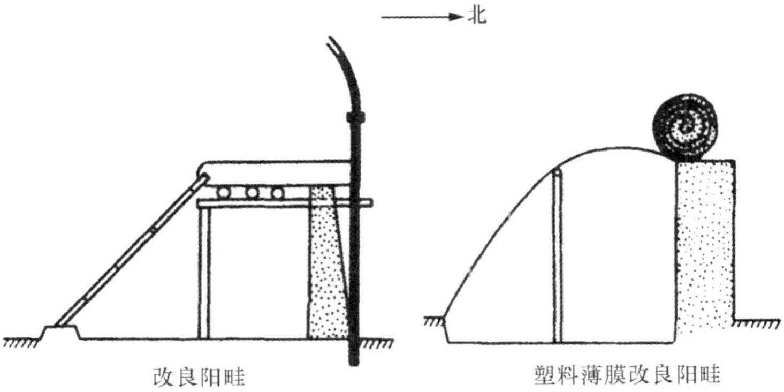

图 2-3　改良阳畦断面示意图

四、冷窖

冷窖又称地窖，是不需要人为加温的用来贮藏植物营养器官或供植物防寒越冬的地下保护设施。冷窖具有保温性能较好、建造简便易行等特点，在我国北方地区应用较多。建造时，从地面挖掘一定深度和大小的窖体，通常深 1～1.5 m，宽 2 m，长度根据需要而定，然后做顶，即形成完整的冷窖。冷窖通常用于北方地区贮藏不能露地越冬的宿根、球根、水生及木本花卉等，也可用以贮藏球根如大丽花块根、风信子鳞茎等。

冷窖应选择在避风向阳、光照充足、土层深厚、地下水位较低的地方。根据其与地表的相对位置，可分为地下式和半地下式两类。地下式的窖顶与地表持平；半地下式窖顶高出地面之上。地下式保温性能较好，但窖体较低，管理不便，常建成死窖，且在地下水位较高及过湿地区不宜采用。半地下式窖内较高，常设门，管理方便，常建成活窖。

窖顶的形式有“人”字式、单坡式和平顶式 3 种(图 2-4)。

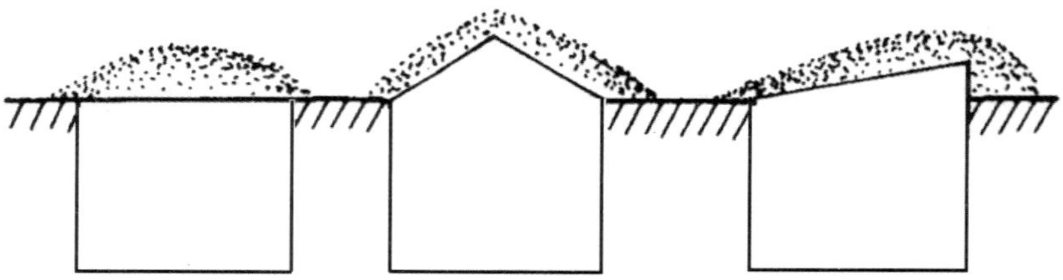

图 2-4　冷窖类型

“人”字式和单坡式冷窖窖内较高，管理较为方便，常设有出入口。平顶式多不设门。窖顶通常用木料作支架，建好后，上面铺以保温材料，如高粱秆、玉米秸、稻草等，厚度 10～15 cm，最后再在其上覆土封顶。

冷窖在使用过程中，要注意开口通风。有出入口的活窖可打开出入口透气，无出入口的死窖应注意逐渐封口，天气转暖时及时打开通气口，且气温越高，透气次数越多。另外，植物出入窖前，要锻炼几天进行封顶或出窖，以免不适应造成伤害。

任务四　栽培容器、器具

一、栽培容器

为了满足生产、观赏、陈列和育苗等的不同需求，花卉栽培过程中常用以下各类容器。

(一)泥瓦盆

又称素烧盆，是用黏土烧制而成，有红色和灰色两种，规格大小不一，常见的有圆形，底部中央留有排水孔。这种盆价格低廉，排水透气性好，有利于植物生长，适于栽植各类花木，是花卉生产中常用的容器，但缺点是质地粗糙，不美观，且易破碎。

(二)陶瓷盆

由高岭土烧制成。有两种类型，一种经过上釉处理的为瓷盆，一种不上釉的为陶盆。盆底或侧壁有小孔以利于排水，若作为水培用则无孔，如水仙盆。瓷盆常有彩色绘画，外形美观，但由于其通气性差不利于植物根系生长发育，因此一般多作套盆或短期观赏用，适于室内观赏及展览之用。陶盆多见紫褐色或赭紫色,有一定的排水和透气性。形状上,陶瓷盆除圆形外,还可见方形、六角形、菱形等。

(三)塑料盆

塑料盆具有多种规格,多种形状,色彩丰富,外形美观,轻便耐用,方便运输,目前已成为国内外花卉大规模生产常用的容器。但透水、透气性较差,不利于植物根系生长发育,可通过改善培养土的物理性状,使之疏松透气,以克服此缺点。塑料盆还可以制成各种规格的育苗穴盘,非常适合大型机械化播种育苗。

(四)紫砂盆

制作紫砂盆的泥料有红色的朱砂泥、紫色的紫泥和米黄色的团山泥。多产于华东地区,以江苏宜兴产的为代表,故又名宜兴盆。紫砂盆形式多样,造型美观,透气性较普通陶盆稍差,多有刻花题字,具有典型东方容器的特点,颇受西方国家的欢迎,多用来养护室内名贵盆花或栽植树桩盆景用。

(五)兰花盆

兰花盆又称兰盆,主要用于栽培气生兰及附生的兰科植物,盆壁有各种形状的孔洞,以便空气流通。此外,也常用木条制成各种样式的兰筐代替兰盆。

(六)木盆或木桶

由木料与金属箍、竹箍或藤箍制造而成,形状上大下小,多见圆形,也有方形或长方形的。盆的两侧设有把手,方便搬动。盆下设短脚,或垫以砖或木块,避免直接接触地面导致盆底腐烂。盆底设多个排水孔,多用作栽植高大、浅根性观赏花木,如棕榈、南洋杉、橡皮树、桂花等。由于木质易腐烂,通常使用年限较短。

(七)纸盆

仅供培养幼苗之用,特别用于不耐移植的花卉,如香豌豆、矢车菊、虞美人等在露地定植前,先在温室内纸盆中进行育苗。在国外,这种育苗纸盒已经商品化,有不同的规格,在一个大盆上有数十个小格,适用于各种花卉幼苗的生产。

除了上述各种花卉栽培容器外,市场上还有玻璃、石材、不锈钢、植物纤维等不同材质和类型的花盆。

二、育苗容器

花卉种苗生产中常用的育苗容器有穴盘、育苗盘、育苗营养钵等。

(一)穴盘

穴盘是用塑料制成的蜂窝状小孔组成的育苗容器。自 1985 年引进我国,作为现代化育苗方式,具有成苗快、不伤根系、能获高产、适合远距离运输等特点。盘的大小及每盘上的洞穴数目不等,一般 18～800 目不等,穴孔容积 7～70 mL 不等,共 50 多种不同规格的穴盘。根据不同苗木的大小,可选用不同大小和深度的穴。生产中,先将营养土填入穴中,再将种子播入,移栽时脱去穴盘带土球移植,成活率高。

(二)育苗盘

也叫催芽盘,多由塑料制成,也可以用木板自行制作。用育苗盘育苗有很多优点,如对水分、温度、光照等易于调节,便于种苗贮藏、运输等。

(三)育苗营养钵

营养钵是指培育小苗用的钵状容器,规格很多。按制作材料不同可划分为两类:一类是塑料营养钵,多由聚乙烯为原料制成,多为黑色;另一类是有机质育苗营养钵,是以泥炭为主要原料制作的,还可用牛粪、锯末、黄泥土或草浆制作,这种容器疏松透气、透水性好,由于钵体在土壤中会迅速降解,不影响根系生长,因此,移植时可与种苗同时栽入土中,不伤根,无缓苗期,成苗快。

三、其他生产器具

1. 修枝剪

用以整形修剪,以调整株型,或用作剪截插穗、接穗、砧木等。

2. 嫁接刀

用于嫁接繁殖,有切接刀和芽接刀之分。切接刀选用硬质钢材,是一种有柄的单面快刃小刀;芽接刀薄,刀柄的另一端带有树皮剥离器。

3. 手锯

用于一些较粗的木本植物枝条的锯截。

4. 遮阳网

又称寒冷纱,是高强度、耐老化的新型网状覆盖材料,具有遮光、降温、防雨、保湿、抗风及避虫防病等多种功能。生产中根据花卉种类选择不同规格的遮阳网,借以调节、改善花卉的生长环境,生产优质的花卉产品。

5. 切花网

用于切花栽培防止花卉植株倒伏,通常用尼龙制成。

6. 塑料薄膜

主要用来覆盖温室、作为地膜等。质轻、柔软、容易造型、价格低廉,使用方便。其种类很多,生产中根据实际需要选择。

此外,在花卉栽培过程中,还需要竹竿、棕丝、铅丝、铁丝、塑料绳等用于绑扎支柱的器具,还有浇水壶、喷雾器等用以给花卉浇水、喷药等。

练习题

一、填空题

1. 花卉生产设施主要有__________、__________、__________、__________、__________、风障等。
2. 当前国际温室花卉生产有三个明显的发展趋势,即:__________、__________和__________。
3. 温室根据建筑形式不同分为__________、__________和连栋式温室。

4. 温室根据加温与否分为________、________。

5. 荫棚有________和________两种类型。

6. 冷窖的窖顶有________、________、________3 种形式。

7. 温室内常见的生产附属设施有________、________、________、________、________。

8. 常见的温室加温方法有________、________、________及地热等。

9. 夏季温室降温常采用自然通风、________、________、________、________、________等。

10. 花卉生产中常用的栽培容器有________、________、________、________、兰花盆、木盆等。

二、名词解释

1. 温室

2. 日光温室

3. 塑料大棚

4. 冷床

5. 温床

三、简答题

1. 与露地栽培相比，花卉设施栽培有哪些特点？

2. 温室设计应主要考虑哪些方面？

学习情境 2 习题答案

学习情境 3

花卉繁殖技术

课件(PC端下载)

试题库

课程思政元素

激发学生对现代花卉新品种研究的热情，培养现代育种观念；培养学生爱岗敬业，踏实钻研，勇于创新的作风。

知识目标

1. 认知播种繁殖的概念及特点。
2. 了解分生育苗的特点。
3. 熟记影响扦插成活的因素。
4. 熟悉影响嫁接成活的因素及砧木和接穗的选择。

能力目标

1. 掌握播种方法及其技术要点。
2. 掌握分生繁殖的技术要点。
3. 掌握扦插技术要点。
4. 掌握嫁接常用的方法和适用对象。

本情境导读

花卉繁殖是繁衍花卉后代、保存种质资源的手段。花卉种类很多，繁殖方法也多，按其性质主要分为有性繁殖和无性繁殖两大类。有性繁殖即播种繁殖、种子繁殖或实生繁殖，指利用植物种子播种而产生后代的一种繁殖方法；无性繁殖也叫营养繁殖，是利用植物的营养器官即根、茎、叶、芽等的一部分进行繁殖而获得新植株的繁殖方法，主要包括分生繁殖、扦插繁殖、压条繁殖和嫁接繁殖，是花卉生产与栽培常用的繁殖方法。

任务一 花卉播种繁殖技术

一、播种繁殖的概念及特点

(一)播种繁殖的概念

播种繁殖是利用植物的种子,经过一定的处理和培育,使其萌发、生长、发育,成为新的独立个体的繁殖方式,其后代称为播种苗或实生苗。

花卉的种子一般体积较小,采收、贮藏、运输、播种相对简便,且能在短时间内获得大量的花卉苗木,满足生产、实践所需。因此,播种繁殖在花卉生产中应用广泛,凡易采得种子的花卉,均可进行种子繁殖。多用于一、二年生草本花卉,部分球根、宿根和木本花卉培育新品种或用作砧木时,如一串红、矮牵牛、瓜叶菊、三色堇、雏菊、蒲包花、蜀葵、仙客来、大岩桐、四季海棠、羽衣甘蓝等。自花不孕及不易结实的植物不宜用种子繁殖,如菊花、大丽花、芍药等。

(二)播种繁殖的特点

播种繁殖种子来源广,方法简单,便于大量繁殖;且种子体积小、重量轻,采收、携带、贮藏和运输方便易行;实生苗根系发达,生长旺盛,适应性强。但播种苗后代易发生变异,难以保持母本的优良性状,生长发育时间也长,开花结果迟。

二、种子的采收与贮藏技术

(一)种子的采收

1. 种子的品质

种子的品质包括遗传品质和播种品质。遗传品质主要由品种决定,在品种确定的情况下,种子的品质取决于播种品质,即种子纯净度、千粒重、含水量、发芽率及种子生活力。种子品质的优劣是花卉栽培成败的关键,在花卉规模化生产栽培中使用的种子,必须是专业化生产的具有优良性状的 F_1 种子,需要年年制种。优良种子应保证品种纯正,净度高;籽粒饱满,发育充实;发芽率和发芽势高,富有生活力;无病虫害感染,无机械损伤。

2. 种子的采收

(1)种子成熟度　种子的成熟通常包括生理成熟和形态成熟两个过程。生理成熟指种子内部营养物质积累到一定程度,种胚形成,已具有发芽能力的种子。此时的种子含水量高,营养物质处于易溶状态,种皮不致密,种粒不饱满,抗性弱,不易贮藏。形态成熟是指种子完成了种胚发育,营养物质积累停止,种子的外部形态及大小不再发生变化,可以从植株上或果实内自行脱落。此时的种子含水量低,营养物质处于难溶状态,种皮坚硬,色泽由浅转深。生产上多以形态成熟作为种子成熟的标记以确定采收时间。

(2)种子的采收方法　不同种子的采收方法应根据花卉开花结实期的长短、果实的类型、种子的成熟度及种子的着生部位来选择。

一般来说，对于成熟期较一致而又不易散落的花卉种子，可连同花序或整个植株一同剪切采收，如万寿菊、百日草、千日红、翠菊等；对于陆续成熟且成熟后易散落的花卉种子，应成熟一批采一批，如一串红、紫茉莉、波斯菊、美女樱等。有些果实成熟时易开裂（包括蒴果、蓇葖果、荚果、角果等）的花卉种子，宜在果实成熟开裂或脱落前的蜡熟期提前采收，如半枝莲、凤仙花、三色堇、花菱草等，即应在果实由绿变为黄褐色时及时采下，且最好在清晨空气湿度较大时采收，以防强烈阳光下果实开裂，种子散出。肉质类果实成熟后，为防脱落和腐烂，要及时采收，放置室内数天，使种子充分成熟，然后用清水浸泡，搓洗去果肉或果浆，去除不饱满的种子，洗净干燥后进行贮藏，如君子兰、石榴、冬珊瑚、无花果等。

3. 采收后处理

为获得纯净的、适于运输、贮藏或播种的种子，必须对采集的种子进行处理，包括脱粒、干燥、净种、分级等一系列工序。同时，要做好登记，如编号、采收日期、种类或品种名称及种子特性等。

（二）种子的贮藏

适宜的贮藏条件可以延长种子的寿命，花卉种子的贮藏可根据不同种子的生理特点和贮藏目的，选择贮藏方法。花卉种子的贮藏方法分为两类，即干藏法和湿藏法。

1. 干藏法

将干燥的种子贮藏在干燥的环境中称为干藏，干藏法适用于含水量低的花卉种子。根据种子贮藏时间的长短和采用的具体措施，可将干藏法分为如下 3 类。

(1)普通干藏　耐干燥的一、二年生草花种子，在充分干燥后，放进纸袋或纸箱中，置于室内通风环境中保存，适用于次年就播种的短期保存。此法简便易行，是最经济的贮藏方法。

(2)密封干藏　将充分干燥的种子，装入罐或瓶一类容器中，密封起来放在冷凉处贮藏，能长期保持种子的低含水量，适用于保存时间较长的花卉种子，是近年来普遍采用的方法。但在玻璃容器内需要放入经 NH_4Cl 处理的变色硅胶。

(3)低温干藏　把充分干燥的种子放在密闭容器内，置于 1～5℃的低温条件下贮藏。适用于长期保存的草本花卉种子及硬实种子。

2. 湿藏法

将种子贮藏在湿润、低温、通气的环境中称为湿藏，适用于含水量高的种子。

(1)层积法　也称沙藏法，适于在干燥条件下容易丧失发芽力的种子。方法是将种子与相当种子容量 2～3 倍的洁净湿沙或泥炭、蛭石等，交互层状堆积，置于排水良好的地方。保持空气相对湿度 50％～60％，基质湿度以手捏成团不滴水为度，约为基质最大持水量的50％。如芍药、牡丹的种子，采种后应立即播种，否则需层积贮藏。此外，休眠的种子经层积处理可促进发芽。

(2)水藏法　适宜某些水生花卉的种子，如王莲、睡莲的种子，必须贮藏于水中才能保持发芽力。

三、种子发芽的条件

(一)自身条件

1.种子发育完全

种子萌发时,胚根先突破种皮向下形成主根,然后胚轴开始生长,向下形成须根、向上将胚芽(及子叶)推出土面形成茎与叶。因此,发育完全的种子是幼苗形成的前提,同时还要保证种子无霉烂破损。

2.通过休眠阶段

有生活力的种子由于某些内在因素或外界环境条件的影响,一时不能发芽或发芽困难的现象称为"休眠"。未解除休眠的种子播种后,难以出苗,发芽期长,生长不整齐,影响花卉的品质。当种子通过休眠阶段后,遇到适宜的温度、湿度和良好的通气条件,就会很快萌发。

(二)环境条件

种子具备了发芽的自身条件后,只要环境适宜即可顺利萌发。其中,水分、温度、湿度是花卉种子萌发的必需条件;对光照的需求则因种而异,因此,光照是非必需条件。

1.水分

种子萌发的首要条件是吸收充分的水分。一般种子需要的吸水量超过种子干重的30%左右,有的甚至更多。不同种子萌发时的吸水量是不一致的,这取决于种子内贮藏养料的性质。一般胚乳含水较多的种子需水量较少,如文殊兰;蛋白质含量高的种子,需水量多;而含淀粉多的种子,需水量则较少。种子萌发时,如水分不足,会造成萌发时间延长,出苗率下降,幼苗生长瘦弱;但水分过多,会使种子缺氧腐烂。生产上常利用播种前浸种、播种后覆盖等方法保持水分。

2.温度

温度直接影响种子的呼吸、酶的活性和水分的吸收、气体的交换等。种子萌发对温度的要求,表现出三个基点,就是最低温度、最高温度和最适温度。多数植物种子萌发的温度三基点为:最低温度0～5℃、最高温度35～40℃和最适温度20～25℃。花卉种子萌发的适宜温度,依种类及原产地的不同而有差异。了解种子萌发的最适温度后,可以结合花卉的生长发育特性和生长地区,选择适当季节播种,过早或过迟都会对种子的萌发发生影响,使植株不能正常生长。

3.氧气

种子萌发时,除水分、温度外,还要有足够的氧气来维持生命活动,所有活动是需要能量的,能量的来源只能通过呼吸作用产生。特别是在萌发初期,种子的呼吸作用十分旺盛,需氧量更大。如果播种后浇水太多或将种子埋在坚实的土中,以致正常的呼吸不能进行,胚就不能生长。但对水生花卉来说,只需少量的氧气就可供种子萌发。

4.光照

多数种子发芽不受光照影响。但有些花卉的种子需要有光线才能发芽,称为好光性种子,如报春花、毛地黄、瓜叶菊等;有些花卉,光照对其和子萌发有抑制作用,称为嫌光性种子,如仙客来、雁来红、蒲包花等。所以播种后应考虑花卉对光线的需求来决定覆土与否。

四、播种技术

(一)露地花卉播种技术

露地花卉通常有直接播种和育苗播种两种播种方式。直接播种方式,主要针对不耐移栽的直根性花卉,如虞美人、茑萝、牵牛、扫帚草、花菱草、香豌豆等,应将其直接播种于圃地或花盆中,从幼苗形成到开花结实都不进行移栽,以免损伤幼苗主根影响生长发育。如需提早育苗,可播种于穴盘、育苗钵或小花盆中,成苗后尽早带土球定植于露地或花盆中。育苗播种方式,是将种子播种于花卉育苗圃中,直至培育成花卉幼苗时,根据实际要求进行移栽。一般多用于露地花卉的提前育苗,适合耐移栽的花卉种类。在露地花卉生产栽培中,根据不同花卉的特性选择适合的播种方式,并选择好优良的种子即可进行各项播种环节。

1. 种子处理

一般一、二年生草本花卉的种子播种前可不作任何处理,但对发芽缓慢、种皮坚硬厚实或休眠的种子等,播种前需要采用一定的方法处理,以达到促进萌发的目的。

(1)拌种法　在播种前将种子与肥料、基质、包衣剂等混合,便于播种均匀和种子发芽。主要适用于小粒或微粒花卉种子,如矮牵牛、四季海棠、大岩桐等。

(2)浸种法　播种前用水浸泡种子,达到催芽的目的。一般用于发芽缓慢或有纤毛的种子,如仙客来、君子兰、文竹、天门冬、千日红等,播种前用 30～50℃的温水浸泡,浸种水量一般相当于种子体积的 5～10 倍,通常每 12～24 h,用清水冲洗 1 次,浸种温度与时间因种子不同而异。待种子吸水膨胀后或种子露白后,即可播种。有些种子浸种后,需用湿纱布包裹,放入 25℃环境中催芽。

(3)破皮法　用机械擦伤种皮,从而促进萌发。主要用于种皮厚而坚硬的花卉种子,如美人蕉、荷花、牡丹等。可在播种前用砂纸或锉磨,也可用锤砸或碾以挫伤种皮。大规模处理时可用机械破皮机破皮。

(4)药剂处理法　用化学药剂如浓硫酸、稀盐酸、小苏打、溴化钾、高锰酸钾等,或激素如赤霉素、萘乙酸、吲哚乙酸、2,4-D 等处理种子,催芽效果较好。主要用于一些种皮含油脂、蜡质的种子或种皮厚而坚硬的种子。处理时间因种而异,处理结束后,用清水洗净再播种。

(5)层积处理法　把种子与河沙、泥炭、蛭石等混合或分层放置于一定的低温、通气条件下,用以解除种子休眠,使其达到发芽条件的方法,称为层积催芽。主要适用于低温及湿润条件下完成休眠的种子,如牡丹、鸢尾等在秋季用层积法来处理,第二年早春播种,发芽整齐迅速。

2. 播种时期

花卉的播种期应根据花卉的生物学特性和当地的气候条件来确定。

(1)春播　露地一年生草本花卉、大部分宿根花卉适宜春播。南方地区约在 2 月下旬至 3 月上旬;华中地区约在 3 月中旬;北方地区约在 4 月份或 5 月上旬,但为使多种草花在“五一”前开花上市,北方地区常于 12 月份至翌年 2 月份在温室中提前播种育苗,如一串红、万寿菊、孔雀草、矮牵牛等;也可延后于 6—7 月播种,在国庆节见花。

(2)秋播　露地二年生花卉及少数宿根花卉适宜秋播。南方地区约在 9 月下旬至 10 月上旬,华中地区约在 9 月份,北方地区约在 8 月中旬,冬季需要移至温床或冷床中越冬。

3.播种方法

根据种子大小、数量多少、耐移植程度及育苗技术、自然条件等因素，可将播种分为撒播、条播和点播3种方法，见图3-1。

(1)撒播　将种子均匀撒在苗床或垄上，称为撒播。适用于小粒、微粒及线形种子。其优点是能充分利用土地，播种速度快，产苗量高，且生长整齐一致。但难以播撒均匀，幼苗密度大，不便于管理，通风条件差，易徒长。

孔雀草撒播

(2)条播　条播是按一定的行距在苗床上横条开沟，将种子均匀撒播在沟内的播种方法。多用于中小粒种子。条播育苗通风透光条件较好，且便于抚育管理和机械化作业，同时节省种子，起苗也方便。

(3)点播　点播是在苗床上或大田上，按一定的株行距挖穴或按一定的行距开沟，再按一定株距播种的方法，一般每穴播种2～4粒。主要用于大粒种子或直根性强的较大粒种子，大粒种子如蜀葵、旱金莲、君子兰等的种子，直根性强的种子如紫茉莉、百日草、牵牛花等的种子。点播可节省种子，苗期通风透光好，利于幼苗生长，便于管理，但土地利用不经济，产苗数量低。

(a) 点播（君子兰）

(b) 撒播（一串红）

(c) 条播（孔雀草）

图3-1　播种繁殖

4.播种工序及技术要点

(1)整地做畦

①选地　选择地势平坦、通风向阳、土壤疏松肥沃、排水良好的圃地建床。

②翻土去杂　深翻土壤约30 cm，打碎土块，清除杂物、石块后，施入适量草木灰，拌匀，以利于起苗。

③做床　苗床一般分为低畦和高畦两种，北方少雨适合低畦，南方多雨适合高畦。低畦畦面宽100～150 cm，畦埂宽40 cm，畦面低于畦埂15～20 cm；高畦畦面宽100～120 cm，步道宽40 cm，畦面高于步道10～15 cm。畦长可根据圃地大小及播种规模而定。

④镇压　苗床做好后适当镇压，使土壤形成毛管水，利于种子吸水发芽。

(2)浇底水　播种的前一天下午或傍晚，将苗床浇足底水。不能播种当天浇水，否则土壤过黏不便操作；也不能播后浇大水，否则易淋出或淋失种子。

(3)播种　根据种子的大小和多少选择适合的播种方法播种，要求播种均匀，密度适当。

(4)覆土　播种后要立即覆土。覆土厚度应根据种子大小，苗圃地的土壤及气候等条件而定。一般大粒种子覆土厚度为种子直径的2～3倍，小粒种子以不见种子为度。覆土厚度应适当均匀，以达到出苗一致，生长整齐。

(5)镇压　覆土后立即镇压，使种子与土壤密接，利于种子吸水发芽。

(6)覆盖　春节干旱，蒸发量大的地区，畦面上应覆盖保湿，促进种子萌发。覆盖材料应就地取材，可用草、锯屑、地膜等。生产上常用地膜覆盖，方便管理，床面清洁，保温、保湿性好。

5. 播后管理

(1)发芽前管理　主要是水分管理。发芽前，苗床应始终保持湿润，初期水分要充足，以保证种子吸水膨胀的需要。一般用塑料薄膜覆盖的苗床，因底水充足，种子发芽前可不浇水；用稻草或苇帘覆盖的苗床，发现干燥，及时用细眼喷壶将水直接浇到稻草或苇帘上，使之慢慢渗入土壤，保护种子不被喷淋。浇水要均匀，切忌忽干忽湿。

(2)发芽后管理　种子发芽后，除水分管理外，还要注意及时通风，控制适宜湿度和较低温度，同时保证光照充足。如果空气不流通，温度和湿度过高，会使幼苗细弱徒长，且易患病害。

(3)苗期管理　当真叶出土后，要根据苗的稀密程度和真叶生长情况，及时间苗，适时移栽。

(二)温室花卉播种技术

1. 播种时期

温室花卉的播种时间，主要根据花期需要及种子特点确定。对于含水量多，生命时间短，不耐贮藏的种子，应随采随播，如君子兰、四季秋海棠等；热带和亚热带花卉及部分盆栽花卉的种子，种子随时成熟，温度适合可随时萌发，可周年播种，如中国兰花、热带兰花等；但多数温室花卉以春季1—4月和秋季6—9月播种为宜。

2. 播种容器

(1)穴盘　工厂化育苗常用的播种容器。种类有50穴、78穴、108穴、128穴等规格。育苗时需用轻质的栽培基质，如蛭石、珍珠岩、泥炭等。

(2)普通花盆　可采用瓦盆、陶盆、塑料盆等，以瓦盆最好。

(3)播种盆　采用专用播种浅盆或浅木箱。

3. 播种技术

(1)基质准备　以富含腐殖质的沙质壤土为宜，可采用园土、河沙、腐叶土按一定比例混合，也可用泥炭、水苔、椰糠、蛭石、珍珠岩、陶粒等单独或混合使用。使用前要对培养基质及播种容器消毒。可用5%的福尔马林消毒48 h，待气体全部挥发后使用，也可用0.1%的百菌清或多菌灵溶液消毒20～30 min。

(2)装土　先用碎盆片把盆底的排水孔盖上，再将配制好的基质填入，并将土面刮平、压实，使土面距盆沿1.5～2 cm。

(3)浇底水　容器装土后浇水，待水全部渗下后，刮平、压实土面，稍晾干至土表水分干湿适宜时即可播种。

(4)覆土　播后在土层表面视种子大小撒土覆盖，可选择专用的覆盖材料进行覆土。

(5)覆盖　覆土后挂上标签，标明花卉名称、播种时间等。再用塑料膜覆盖，减少水分蒸发。嫌光性种子需再盖一层报纸。

4. 播后管理

发芽前经常观察基质的干湿情况，保持基质湿润，但不能过湿。发芽后掀去覆盖物，放到通风处，逐渐增强光照。当长出 3～4 片叶时即可分苗移栽，为提早开花，生产中经常提前到 1～2 片真叶时，甚至一些花卉只长出 2 片子叶时即可分苗，如一串红。

任务二　花卉分生繁殖技术

一、分生繁殖的概念及特点

(一)分生繁殖的概念

分生繁殖指将植物体上长出来的新个体与母株分离，另行栽植而成独立的新植株的繁殖方法。

(二)分生繁殖的特点

分生繁殖具有保持母本的优良性状、成活率高、成形早、见效快、简单易行等优点，但繁殖系数小，苗木规格不整齐，不便于大面积生产，多用于少量繁殖和名贵花卉的繁殖。

二、分生繁殖技术的方法

(一)分株法

分株法一般用于宿根花卉及花灌木，当其长到一定阶段，会从根部长出许多幼株萌蘖，将萌蘖及幼株连同须根一起剪下，分离开并另行栽植。常用分株法繁殖的花卉有：芍药、春兰、牡丹、萱草、玉簪、君子兰、麦冬、八仙花、绣线菊、黄刺玫等。

1. 分株时期

春季开花的宿根花卉及灌木，在秋季停止生长后进行分株，如芍药、鸢尾、荷包牡丹、牡丹等；夏、秋季开花的宿根花卉，在早春萌动前进行分株，如萱草、玉簪、荷兰菊、蝎子草等。温室多年生花卉一年四季均可，但仍以春季出室时结合换盆进行分株为多。

分株

2. 分株方法

宿根花卉分株时，先将整个株丛从地里掘起或由盆中倒出，抖去泥土，顺自然分离处分割，使之分为数丛，每一小丛至少应有 2～3 芽，且尽量多带根系，以便分栽后迅速形成株丛。灌木类花木不必全株掘起，可从根际一侧挖出幼株分离栽植。

多浆植物如芦荟、景天、石莲花等，常自根际或地上茎叶腋间生出短缩、肥厚呈莲座状的短枝，称为吸芽，其下部可自然生根，可自母株分离而另行栽植。观赏葱类及百合类花卉卷丹，可自叶腋产生鳞茎状的芽即珠芽，珠芽脱离母株后自然落地即可生根产生新株(图 3-2)。

(二)分球法

将母球自然增殖的新球或子球从母球上分离或分切下来，另行栽种长成新植株的方法(图 3-3)。如百合、水仙等。

图 3-2　分枝繁殖

图 3-3　分球繁殖

1. 分球时期

在植株地上部分枯萎休眠后，将母球与子球从土壤中挖出即可分球。

2. 分球方法

(1)鳞茎类和球茎类　此类花卉栽培一年后，常形成 1～4 个大球及多个子球，将其分离下来，大球栽植当年可开花，小球需培养 2～3 年方可形成大球开花。鳞茎类如水仙、百合、风信子、郁金香等；球茎类如唐菖蒲、小苍兰等。

(2)根茎类　如美人蕉、鸢尾等，可依其肥大根茎上的芽数，用利刀适宜分割为数段后栽植。

(3)块茎类　如大岩桐、球根秋海棠、花叶芋，不易自然分生产生子球，分球时可将老球分切成数块，每块带有 2～3 个顶芽；马蹄莲在块茎上可自然产生小球，分离下来栽植即可形成新球。

(4)块根类　如大丽花、花毛茛，因生于块根与茎的交接处，而块根上没有芽，在分球时应从根茎处进行切割，否则不能发芽产生新株。

任务三　花卉扦插繁殖技术

一、扦插繁殖的概念及特点

(一)扦插繁殖的概念

扦插繁殖是剪取花卉的根、茎、叶、芽等营养器官的一部分，插入基质中，在一定的环境条件下培养，使其生根、发芽成为一个独立的新植株的方法。扦插繁殖的苗叫扦插苗，扦插法育苗所用的繁殖材料称为插条或插穗。

扦插繁殖的基本原理主要是基于植物营养器官具有再生能力，当植物的部分器官脱离母体时，只要条件适合，即可分化出新的根、茎、叶，从而形成新植株。

(二)扦插繁殖的特点

扦插繁殖可以保持母株的优良性状，生长快、开花早；方法简单易行，可进行大量育苗和多季育苗。但在管理上要求比较精细，因插条脱离母体，必须给予适当的温度、湿度等环境条件才能成活；与播种苗相比，根系浅而弱，寿命短。

二、影响扦插成活的因素

(一)内在因素

1. 扦插的遗传特性

扦插成活的难易程度与植物的遗传特性有关，不同种类及品种的花卉，因受自身遗传特性的影响，插穗生根的难易程度不同，如彩叶草、菊花、连翘、迎春花等花卉扦插较易生根；桂花、米兰、含笑等花卉较难生根；鸡冠花、美人蕉等则极难生根。

2. 插条的质量

扦插时，一般选择营养良好、发育正常、无病虫害的枝条作插穗。如扦插时，选取带踵的枝条，其养分含量高，扦插易成活。不能选病弱枝、徒长枝。有花蕾和已结果的枝条，由于营养消耗过多，通常也不能用作插条。

3. 插条的着生位置

不同部位的枝条，其木质化程度即成熟度不同，生根能力也不同。硬枝扦插时取枝条基部的插条生根较好，嫩枝扦插以顶梢作插条比用下部的生根好。

(二)环境因素

1. 温度

温度对插条的成活有极大的影响，不同的花卉扦插生根和发芽的适宜温度不同，一般为15～25℃，原产热带的花卉可在25～30℃。扦插基质的温度若高于气温3～6℃时，有利于插条生根后发芽，成活率高。温度过低，生根慢；过高的温度则抑制生根而导致扦插失败。

2. 湿度

插条自身的水分平衡和环境(包括空气和基质)中水分的含量是扦插成活的重要因素之一。空气干燥、基质含水量低，会加速插条水分蒸发，不利于成活。一般基质内含水量控制在50%～60%，空气湿度为80%～90%，生根后湿度应适当降低。

3. 光照

绿枝扦插和嫩枝扦插带有部分叶片，需要一定的光照进行光合作用，促进碳水化合物的合成，有利于插条生根，提高成活率。但光照度应适宜，过高的光照度，会加速水分蒸发，导致插条水分失去平衡，甚至引起枝条干枯或灼伤，降低成活率。因此，生产中常采用适度遮阳或全光照自控喷雾的办法，待生根后，再逐渐增加光照。

4. 通气情况

插条生根需要一定的氧气。新根发生时呼吸作用增强，应减少浇水量，适当通风以提高基质和空气中的氧气含量。透气性差的黏重土壤或浇水过多的基质，会使通气条件变差，容易缺氧造成插穗窒息腐烂，不利于生根或发芽。因此，扦插时要选用疏松、透气性好的基质，既要保水，又要通气，同时不能扦插过深造成通气不良而抑制生根。

(三)促进扦插生根的因素

1. 机械处理

在植物生长季中,将木本花卉将要剪取的插条下端进行刻伤、环剥或缢伤,阻止枝条上部的营养物质向下运输,使养分在伤口处积累,而后在此剪取插穗进行扦插,有利于生根。

2. 温水浸泡

用温水(30～35℃)浸泡插条基部数小时或更长时间,可除去部分抑制生根的物质,促进生根。

3. 植物激素处理

植物激素能有效促进插条生根,主要用于茎插。常用的植物激素有 ABT 生根粉、萘乙酸、吲哚乙酸、2,4-D、吲哚丁酸等,可使用水剂或粉剂。

用水剂处理插条时,由于此类物质难溶于水,易溶于乙醇,使用时需先用乙醇溶解,再用水定容。稀释的浓度和处理的时间根据插条的种类、扦插材料而异,木本花卉比草本花卉需要激素浓度高。一般浓度高的处理时间短,浓度低的处理时间长。也可在插条基部用粉剂处理,比水剂处理方便,将粉剂按使用浓度配好后,在插条基部蘸上粉末(插条基部过干可先蘸水),再行扦插。

4. 化学药剂处理

高锰酸钾、醋酸、硫酸镁、磷酸、蔗糖等化学药剂,也能促进插条生根。高锰酸钾对多数木本植物效果较好,一般浓度在 0.1%～0.2%,浸泡时间为 24 h;蔗糖对木本和草本植物均有效,处理浓度为 2%～10%,一般浸泡时间也为 24 h,浸泡后用清水冲洗后扦插;醋酸的使用浓度一般为 5%,硬枝插浸泡 12～24 h,嫩枝插浸泡 6～12 h。

(四)扦插繁殖的种类和方法

根据扦插时选取的插条种类不同,可将扦插主要分为枝插、叶插、叶芽插、根插 4 类。

1. 枝插法

用花卉枝条作插条的方法。根据所取部位和枝条成熟度不同,枝插又分为硬枝扦插、绿枝扦插和嫩枝扦插 3 种(图 3-4)。

(a) 硬枝扦插(三角梅)　(b) 绿枝扦插(鹅掌柴)　(c) 嫩枝扦插(吊竹梅)

图 3-4　枝插繁殖

(1)硬枝扦插　利用充分木质化的一、二年生枝条作插条的扦插方法。在秋季落叶后或第二年萌芽前的休眠期进行,多用于落叶花木及苗圃树木育苗,如月季、木槿、紫薇等。

具体方法:采集生长健壮、节间短、无病虫害、长 10～20 cm、具 3～5 个饱满芽的枝条作插条。上剪口在芽上 0.5 cm,于芽的对面向下斜削成马耳形,下端切口斜削,以斜削为佳。扦插深度一般为插条长度的 1/3～1/2,插后压实、喷水。

(2)绿枝扦插　用半木质化带叶片的枝条或新梢作插条的扦插方法。可在生长期进行,多用于常绿木本花卉及多浆植物,如茉莉、一品红、桂花、杜鹃等。

具体方法:选取发育正常、无病虫害的枝条为插条,剪成长 7～15 cm 小段,每段留 3～4 节,上剪口在芽上方约 1 cm,下剪口在下部约 0.3 cm,切口要平滑,去除下部叶片,保留顶端 2～3 片叶,如叶片较大,可只留 1 片,或剪去 1/3～1/2,减少水分蒸腾。先用木棒在基质上插一孔洞,再插入插条的 1/2～2/3,压实,喷水。

(3)嫩枝扦插　采用当年生未木质化的嫩梢作插条的扦插方法。扦插时间以生长旺盛期为宜。多用于温室草本花卉如长寿花、吊竹梅、豆瓣绿、驱蚊草等及一些温室木本花卉如杜鹃、含笑、栀子等。仙人掌及多浆植物如燕子掌、昙花、令箭荷花等也多用嫩枝扦插法繁殖。

扦插

2. 叶插法

利用植物叶片进行扦插的方法。适用于具有粗壮叶柄、叶脉或叶片肥厚,能自叶上产生不定根和不定芽的花卉种类。叶插可分为全叶插和叶片插两种方法(图 3-5)。

(a) 全叶插 (豆瓣绿)　(b) 半叶插 (虎尾兰)　(c) 叶芽插 (绿萝)

图 3-5　叶插、叶芽插繁殖

(1)全叶插　用完整叶片进行扦插,根据生根部位不同,又分为平置法和直插法。生根、发芽部位在叶片的叶缘或叶脉处,可用平置法,将叶片平铺于基质表面,使叶片背面与基质接触,即可产生幼小植株;能在叶片的叶柄基部发生不定根和不定芽的植物,可用直插法,将带有完整叶片的叶柄直插或斜插入沙中,入土约 2 cm,压实,如长寿花、豆瓣绿、叶子掌等。

(2)叶片插　切去叶柄,将叶片分割数段,每段都含有一条主脉,再切去叶缘和上端较薄部分,将下端垂直插入沙中 1/3～1/2,可于每段叶片基部形成不定根和不定芽。如虎尾兰、豆瓣绿、大岩桐等。

3. 叶芽插

也称单芽插,插条仅有一芽带一叶片,芽下带有一盾形茎片或一段茎,插入基质中,仅露出芽尖即可。叶插时易产生不定根的种类,宜采用此方法,如菊花、八仙花、桂花、绿萝等。

4. 根插

用根作为插条的扦插方法。适合能从根上产生不定芽的宿根花卉，如芍药、宿根福禄考、牡丹、玫瑰等。于晚秋或早春进行，若在温室或温床内扦插，则自秋至春可随时进行。

任务四 花卉嫁接繁殖技术

一、嫁接繁殖的概念及特点

(一)嫁接繁殖的概念

嫁接是指将一种植物的枝或芽接到另一种植物的茎或根上，使之愈合生长在一起，形成一个独立新植株的繁殖方法。供嫁接用的枝或芽称为接穗，承受接穗的有根植株称为砧木。以枝条作为接穗的称“枝接”，以芽为接穗的称“芽接”。用嫁接方法繁殖所得的植物称为“嫁接苗”。

温室木本花卉中不易用扦插、压条等无性繁殖的花卉，如山茶、桂花、月季、杜鹃花等，常用嫁接进行大量生产；仙人掌科植物中不含叶绿素的黄、粉、红色品种只有嫁接在绿色砧木上才能生存，如绯牡丹、蟹爪兰、仙人指等常用嫁接法进行繁殖；另外，菊艺栽培如大立菊、嫁接菊的培育等，也采用嫁接繁殖。

(二)嫁接繁殖的特点

嫁接繁殖可保持接穗品种的优良特性；利用砧木的有利特性，促进嫁接品种的生长发育，提早开花结实，并增强抗性和适应性；改变原植株的生长株型，提高观赏价值；克服不易繁殖现象，增加繁殖系数。但繁殖系数低，操作烦琐、技术难度大，较实生苗寿命短。

二、嫁接成活的原理

嫁接成活的生理基础是植物的再生能力和分化能力。嫁接后，砧木和接穗削面的形成层紧密接触，薄壁细胞进行分裂，形成愈伤组织，填满砧木、接穗之间的空隙，并使两者的愈伤组织结合在一起。之后进一步进行组织分化，愈伤组织的中间部分成为形成层，内侧分化为木质部，外侧分化为韧皮部，形成完整的输导系统，并与砧木、接穗的形成层输导系统相连，保证水分、养分的输导，形成一个新的植株。

三、影响嫁接成活的因素

(一)嫁接亲和力

嫁接亲和力是指砧木和接穗经过嫁接能够愈合，并能进行正常生长发育的能力。亲和力是嫁接成活的最基本条件。砧木和接穗的亲和力越强，则嫁接成活率越高；反之，则低或不成活。亲和力主要由砧木和接穗的亲缘关系远近决定，一般亲缘关系越近，亲和力越强。同种间的亲和力最强，如不同品种的月季间嫁接最易成活。同属异种间嫁接，亲和力次之，在生产上应用最广泛。同科异属间嫁接，亲和力一般较弱，但有些植物也能成活，如桂花嫁接在女贞上。不同科的植物间亲和力极弱，嫁接很难成功。

当然，亲缘关系并不是决定亲和力的唯一因素。亲和力与砧木、接穗间细胞组织结构、生理生化特性的差异也有一定的关系。

（二）砧、穗的营养积累及生活力的影响

砧木、接穗生长健壮，营养器官发育充实，贮藏积累的养分多，形成层易于分化，愈伤组织容易生成，嫁接成活率高。如果砧木和接穗一方组织不充实，发育不健全，则直接影响形成层的活动能力，难以充分供应愈伤组织细胞所需的营养物质，影响嫁接的成活率。因此，砧木、接穗的生活力，特别是接穗在运输、贮藏过程中生活力的保持是嫁接成活的关键。

（三）嫁接的技术水平

嫁接技术水平的高低也是影响嫁接成活的一个重要因素。嫁接时砧木和接穗削面平滑，形成层对齐，接口绑紧，包扎严密，操作过程干净迅速，则成活率高。反之，削面粗糙，形成层错位，接口缝隙大，包扎不严，操作不熟练均会降低成活率。嫁接操作要牢记“平、齐、快、净、紧”五字要领。

（四）环境条件的影响

1. 温度

温度高低影响愈伤组织的形成和生长，一般适宜温度为 20～25℃，低于 15℃或高于 30℃，就会影响愈伤组织的旺盛生长。不同植物愈伤组织生长的最适温度也各不相同，这与植物萌芽、生长发育所需的最适温度呈正相关。

2. 湿度

愈伤组织生长本身需一定的湿度条件；接穗在一定湿度条件下，才能保持生活力。空气湿度越接近饱和，对愈合越有利。因此，在砧、穗愈合前要保持接穗及接口处的湿度。生产上常用塑料薄膜包扎或涂上石蜡以保持湿度。但不能使嫁接部位浸水，否则愈伤组织形成不良。

3. 空气

空气是愈伤组织生长的必要条件之一，尤其是砧、穗接口处的薄壁细胞都需要有充足的氧气，才能形成愈伤组织，保持正常的生命活动。因此，低接用培土保湿时，要注意土壤不宜过湿。土壤含水量大于 80%时就会造成空气不足，影响愈伤组织生长，嫁接难以成活。

4. 光照

光照对愈伤组织的生长有较明显的抑制作用，黑暗条件下，有利于愈伤组织生长，愈合效果好。因此，嫁接后创造黑暗条件，可促进嫁接成活。但绿枝嫁接适度的光照能促进同化产物的生成，加快愈合。不过强光易使蒸发量增大，接穗易失水枯萎，一般以适当遮阳条件下的弱光为好。

四、嫁接技术

(一)嫁接时期

适宜的嫁接时期是嫁接成活的关键因素之一,嫁接时期的选择与植物的种类、嫁接方法、物候期有关。一般地,枝接宜在春季芽未萌动前进行,芽接则宜在夏、秋季砧木树皮易剥离时进行,而嫩枝接多在生长期进行。具体嫁接时期如下:

1. 春季嫁接

春季是枝接的适宜时期,主要在 2 月下旬至 4 月中旬,一般在早春树液开始流动时即可进行。可利用经贮藏后处于休眠状态的接穗进行嫁接,如果是常绿花木采用前一年生长未萌动的一年生枝条作接穗。如接穗已萌发,则会影响成活率,但有的花木如蜡梅以芽萌动后嫁接成活率高。春季嫁接,由于气温低,接穗水分平衡好,易成活。但愈合较慢,大部分植物适于春季嫁接。

2. 夏季嫁接

夏季适合芽接和嫩枝接,一般在 5—7 月,尤其以 5 月中旬至 6 月中旬最合适。此时,砧、穗皮层较易剥离,愈伤组织形成和增殖快,利于愈合。常绿树山茶、杜鹃等均可于此时嫁接。

3. 秋季嫁接

秋季也是芽接的适宜时期,从 8 月中旬至 10 月上旬。此时新梢成熟,养分贮藏多,芽已完全形成,充实饱满,也是树液流动形成层活动的旺盛时期,因此,皮层易剥离,最适宜芽接。

(二)砧木与接穗的选择

1. 砧木的选择

砧木对接穗的影响大,且各地可选砧木种类繁多,在选择砧木时应因地制宜,同时要求砧木与接穗的亲和力要强,对栽培地区的适应性强,根系发达,生长健壮,抗性强,对接穗的生长、开花、结果都有很好的影响,来源充足,易于大量繁殖,在运用上能满足特殊的需要等。一般以一、二年生的实生苗作砧木为好。

2. 接穗的选择

接穗应从品种优良、观赏或经济价值高、生长健壮、无病虫害的植株上采取。春季嫁接,一般采取节间短、生长健壮、发育充实、芽体饱满、无病虫害、粗细均匀的一年生枝条。夏季嫁接,一般采用当年生的发育枝上的芽,宜随采随接。秋季枝接、芽接一般都采用当年生健壮枝条。

(三)嫁接方法

嫁接方法很多,常因植物种类、嫁接时期、气候条件、砧木大小、育苗目的不同而选择不同的方法,主要有枝接、芽接、根接和髓心接。

1. 枝接

凡以带芽枝条作接穗的嫁接方法称枝接。枝接成活率较高,嫁接苗生长快,但要求砧木有一定的粗度,且繁殖系数较低。按接口处理的形式,枝接分为劈接、切接、插皮接、靠接等。

(1)劈接　是最常用枝接方法。通常在砧木较粗、接穗较细或砧穗等粗时使用。首先把采下的接穗去掉梢头和基部不饱满芽的部分，剪成 5～8 cm 长，至少有 2～3 个芽的枝段，在芽上方 0.5～0.8 cm 处剪断，并把接穗基部削成楔形，削面长 2.5～3.5 cm，削面要平滑，外侧比内侧稍厚；然后，将砧木在离地面 5～10 cm 处剪断，并削平剪口，用劈接刀从其横断面的中心垂直下切，深 3～4 cm；用劈接刀的楔部撬开劈口，插入已削好的接穗，并使砧、穗一侧的形成层对齐，接穗削面稍厚的一侧朝外，注意露白 2～3 mm，用塑料条捆扎严实

嫁接

(2)切接　切接也是枝接中较常用的方法之一，在砧木略粗于接穗时采用。穗长 5～8 cm，一般不超过 10 cm，带 2～3 个芽。将接穗一侧带木质部削成斜面，长度 2～3 cm，下端背面削成长约 1 cm 的小斜面，削面要平滑；砧木宜选用直径 1～2 cm 粗的幼苗，稍粗些也可以。在距地面 10 cm 左右或适宜高度处剪断，削平断面，在砧木一侧用刀垂直下切，深 2～3 cm；将削好的接穗插入切口中，大的削面向内，使砧、穗的形成层对齐，接穗的上端要露出 2～3 mm，用塑料条捆扎紧密。必要时可在接口处封泥、涂抹石蜡或埋土以保湿(图 3-6)。

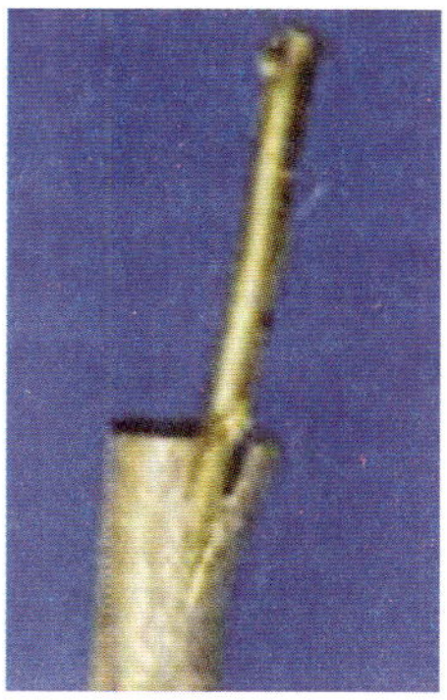

图 3-6　切接

(3)插皮接　适合砧木较粗的花木嫁接，是枝接中容易掌握，成活率较高的方法。在接穗下芽 1～2 cm 背面处，削成 3～5 cm 的大斜面，再在长斜面后削一长 1 cm 的小斜面；在距地面适宜的高度剪断砧木，削平断面，在砧木皮层光滑的一侧纵切一刀，长度约 2 cm，不伤木质部；将削好的接穗大削面向着砧木木质部方向插入皮层之间，接穗插入时要轻，注意露白，最后用塑料条绑缚(图 3-7)。

图 3-7　插皮接

(4)靠接　主要用于培育一般嫁接法难以成活的珍贵花木。要求砧木和接穗均为自根植株，且粗度相近。在嫁接前应移植在一起(或采用盆栽，将盆放置在一起)。具体方法为：将砧木和接穗相邻的光滑部位，各削成长 3～5 cm、大小相同、深达木质部的切口，对齐双方形成层后用塑料条绑缚严密。待愈合成活后，除去接口上方的砧木和接口下方的接穗部分，即成一株嫁接苗。

2. 芽接

凡是用一个芽片作接穗的嫁接方法称芽接。芽接操作简便，嫁接速度快，砧木和接穗利用经济，繁殖系数高，接口易愈合，成活率高，成苗快，适宜嫁接时间长，便于补接。常用的芽接方法有："T"形芽接、嵌芽接。

(1)"T"形芽接　目前，应用较广泛的一种芽接方法，常用在 1～2 年生的实生砧木上。具体方法为：在已去掉叶片仅留叶柄的接穗枝条上，选健壮饱满的芽，在芽上方 0.5 cm 处横切 1 刀，深达木质部，再从芽下 1～2 cm 处用刀向上斜削入木质部，长度至横切口即可，然后用拇指和食指捏住芽片两侧左右掰动，取下芽片；在砧木距地面 5～10 cm 光滑部位横切一刀，切断皮层，再在横切口中间向下纵切一个长 1～2 cm 的切口，在砧木上形成一个"T"形切

口；用芽接刀撬开砧木切口，将芽片插入“T”形切口内，使芽片上部与“T”形横切口对齐，用塑料条将切口自下而上绑扎紧密即可（图 3-8）。

图 3-8 “T”形芽接

（2）嵌芽接　当砧木和接穗不易离皮时选用此法。取芽时先在芽上方 0.8～1 cm 处向下斜切一刀，长约 1.5 cm，深达木质部 0.3 cm 左右，再在芽下方 0.5～0.8 cm 处斜切一刀，至上一刀底部，取下芽片。在砧木距地面 5～10 cm 光滑部位上切相应切口，大小略大于芽片，嵌入砧木切口中，用塑料条绑扎严紧（图 3-9）。

图 3-9 嵌芽接

3. 根接

指用根作砧木进行嫁接，在技术上可使用劈接、切接等方法。具体采用哪种方法，依据砧木和接穗的粗度而定。根据砧木、接穗粗细不同，可在砧木上切口，也可在接穗上切口。此法多在秋季用于芍药嫁接牡丹。也可以秋季将根掘出，嫁接后贮藏在地窖或假植沟内，翌年春季栽植，可降低劳动强度，提高效率。

4. 髓心接

髓心接是接穗和砧木切口处的髓心（维管束）相互密接愈合而成的嫁接方法。常用于仙人掌类的嫁接。在温室内一年四季均可进行。常以仙人掌、仙人球或三棱箭为砧木，观赏价值高的仙人球或蟹爪兰的变态茎为接穗。先在砧木上端适当高度处平切，露出髓心，如用仙人掌嫁接蟹爪兰，也可在砧木侧面横切。把仙人球接穗基部也削一平面，露出髓心，或将蟹爪兰变态茎基部削平并把两侧分别削去一层薄的皮层，把接穗和砧木的髓心（维管束）对准后，牢牢按压对接在一起，并固定好即可（图 3-10）。

图 3-10 髓心接

五、嫁接后的管理

（一）检查成活、解绑与补接

芽接后一般 7～10 d 即可检查成活情况，凡接芽新鲜，叶柄用手一触即落，说明离层已经形成，嫁接成活。如叶柄干枯不落，说明未接活。不带叶柄的接穗，若已萌发生长或仍保持新鲜状态的即已成活。若芽片干枯发黑，则表明嫁接失败。秋季或早春的芽接，接后不立即萌芽的，检查成活率可以稍晚进行。

枝接或根接一般在接后 20～30 d 检查成活率。若接穗保持新鲜，皮层不皱缩不失水，或接穗上的芽已萌发生长，表示嫁接成活。根接在检查成活时需将绑扎物解除，接芽萌动或新鲜、饱满，切口产生愈伤组织的表示已成活。

嫁接失败的，应抓紧时间补接。如芽接失败且已错过补接时间，可采用枝接法补接。枝接失败未成活的，可将砧木在接口下剪除，在其枝条中选留一个生长健壮的进行培养，等到夏、秋季节用芽接或枝接补接。

(二)剪砧

凡嫁接已成活但在接口上方仍有砧木枝条的,要把接芽以上的砧木部分在接穗发芽前剪去,以利接穗萌芽生长。剪砧不宜过早,以免剪口风干和受冻,也不要过晚以免浪费养分。

(三)抹芽与除萌

嫁接成活后,往往在砧木上还会萌发不少萌蘖,要及时去除,以免消耗养分影响接穗生长发育。抹芽和除萌一般要反复进行多次。

(四)其他管理

嫁接成活后,要根据花木生长状况和生长规律,适时灌水、施肥、除草、防治病虫害,以促进其生长。对于草本花卉,许多嫁接苗在设施条件下栽培,因此嫁接后对环境调控非常关键。

1. 温度管理

温度过高或过低均不利于接口愈合,影响成活率。因此早春低温季节嫁接育苗应在温床中进行,待伤口愈合后可转入正常温度条件下管理。

2. 湿度管理

嫁接伤口愈合前,需常浇水,减少蒸发,使空气湿度保持在90%以上,待成活后再转入正常湿度条件下管理。

3. 光照调控

嫁接后3~4 d内需要全遮光处理,以防产生高温,同时也能保持较高湿度。但遮光时间不可过长、过度,否则会影响嫁接苗光合作用,使其养分耗尽以致死亡。因此,全遮光后应逐渐改为早晚见光,并不断增加光照时间。一般弱光条件下,日照时间越长越好,10 d后可恢复正常管理。

任务五　花卉压条繁殖技术

压条繁殖

压条繁殖(layerage)是在枝条不与母株分离的情况下,将枝梢部分埋入土中,或包裹在能发根的基质中,促进枝梢生根,然后再与母株分离成独立的植株的繁殖方式。不仅适用于扦插容易的园艺植物,对于扦插困难的种类和品种更为适用。因为新植株在生根前,其养分、水分和激素等均由母株提供,且新梢埋入土中又有黄化作用,所以容易生根。缺点是繁殖系数低,不能大量繁殖花卉。果树上应用较多,花卉中仅有一些温室花卉采用压条法繁殖。采用刻伤、环剥、绑缚、扭枝、黄化等处理和生长调节剂处理等可促进压条生根。其优点是:成活率高、开花早;操作简便,不需要特殊的养护管理条件;能保存母株的优良性状,可以弥补扦插、嫁接不足之处。

(一)单枝压条

从母株中选靠近地面的成熟健壮的一年生枝条，在其附近挖沟，将压条枝条的中部弯曲压入沟底，在弯曲部位处进行环剥，有利于生根。固定，使枝条的中段压入土中，其顶端要露出土外，在枝蔓弯曲部分填土压平，使枝蔓埋入土中的部分生根，露在地面的部分继续生长。入冬前或翌春将生根枝条与母株剪下，即可成为一独立植株。绝大多数花灌木、草本、藤本都可采用，如石榴、玫瑰、金莲花等可用此法。见图 3-11。

(二)波状压条

适合于枝条长而容易弯曲的花卉种类。将枝条弯曲牵引到地面，在枝条上刻伤数处，将每一刻伤处弯曲后埋入土中，用小木杈固定。待其生根后，分别切断移植，即成为数个独立的植株。如美女樱、葡萄、地锦、迎春等。见图 3-12。

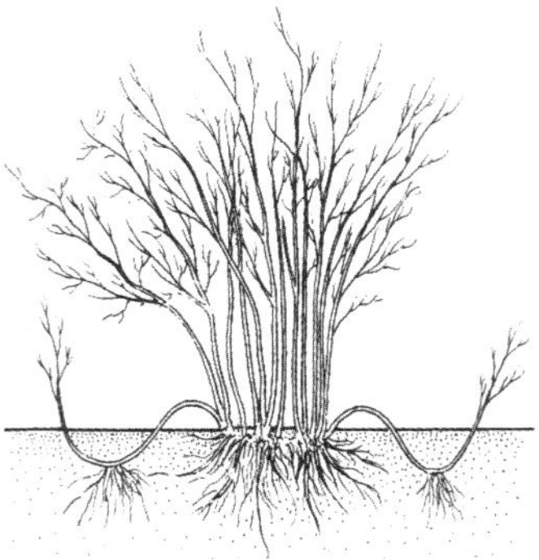

图 3-11　单枝压条

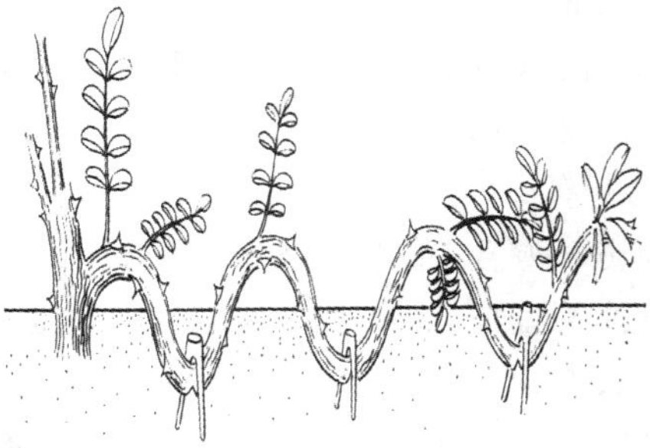

图 3-12　波状压条

(三)直立压条

直立压条又称垂直压条和培土压条，选用丛生性的种类的花卉。第一年春天，栽植母株，按 2 m 行距开沟作垄，沟深、宽均为 30～40 cm，垄高 30～50 cm。第二年春天，腋芽萌动前或开始萌动时，母株的基部留 2 cm 左右剪截，促使基部发生萌蘖；当萌蘖新梢长到 15～30 cm 时，对新梢基部进行第一次培土，培土厚度为新梢高度的 1/2，培土前可将新梢的基部几片叶摘除，也可同时刻伤；约一个月新梢长到 40～50 cm 时，进行第二次培土，在原土堆上再增加 10～15 cm。每次培土前要视土壤墒情灌水，保证土壤湿润。一般培土后 20 d 左右，即可生根。入冬前或第二年春萌芽前即可分株起苗。起苗前先扒开土堆，自每根萌蘖的基部，靠近母株处留 2 cm 短截，未生根的萌蘖也要短截，起苗后盖土，可继续繁殖。常用于牡丹、木槿、紫荆、大叶黄杨、锦带花、贴梗海棠等。见图 3-13。

(四)空中压条

适合于小乔木状枝条硬直花卉。在我国古代就已用此法繁殖，所以又叫中国压条法。技术简单、成活率高，但对母株损伤较重。在整个生长季节均可进行，但是春季和雨季最好。选择离地面较高且充实的 2～3 年生枝条，在适宜部位进行环剥，环剥后用 5 g/L 的吲哚乙酸或萘乙酸涂抹伤口，以利于伤口生根。在环剥处包上一包能生根的基质，用塑料薄膜包紧，2～3 个月后生根，剪下即可。此法适用于基部少分枝又不宜弯曲作普通压条的花卉，常用的花卉如米兰、杜鹃、月季、栀子、佛手、金橘、叶子花、变叶木、扶桑、龙血树、白兰花、山茶花等。见图 3-14。

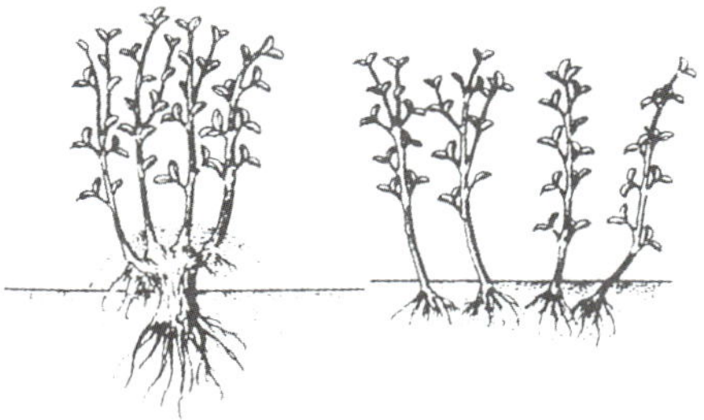

图 3-13　壅土压条

图 3-14　高空压条

练习题

一、选择题

1. 一般中、小粒种子采用的播种方法是(　　)。

A. 宽幅条播　B. 撒播　C. 点播　D. 条播

2. 种子萌发的外界条件是(　　)。

A. 适宜的温度　B. 适当的水分　C. 充足的氧气　D. 以上三者都是

3. 扦插繁殖属于(　　)。

A. 实生繁殖　B. 营养繁殖　C. 有性繁殖　D. 组织培育

4. 不能促进扦插生根的物质是(　　)。

A. 蔗糖　B. 吲哚乙酸　C. 吲哚丁酸　D. 硫酸亚铁

5. 为了提高嫩枝扦插成活率，插穗上应保留(　　)。

A. 全部叶片　B. 部分叶片　C. 不留叶片　D. 越多越好

6. 嫁接砧木一般选用(　　)。

A. 分生苗　B. 扦插苗　C. 嫁接苗　D. 实生苗

7. 枝接最佳的季节是(　　)。

A. 春季　B. 夏季　C. 秋季　D. 冬季

8. 检查枝接成活率一般应在嫁接后(　　)。

A. 15 d　B. 1 个月　C. 1 个半月后　D. 2 个月

9. 劈接时，砧木的劈口应在(　　)。

A. 髓心处　B. 直径的 1/4　C. 直径的 1/2　D. 靠近形成层

10. 一串红和孔雀草常用的繁殖方式是(　　)。

A. 扦插　B. 播种　C. 嫁接　D. 压条

二、判断题

1. 播种后，覆土厚度对种子发芽没有影响。（　　）
2. 点播适用于小粒种子。（　　）
3. 植物的根、茎、叶都可以作为扦插的材料。（　　）
4. 扦插后应立即灌足第一次水，以后应经常保持土壤和空气的湿度。（　　）
5. 光照是种子发芽的首要条件。（　　）
6. 所有的种子都是先生理成熟而后形态成熟。（　　）
7. 嫩枝扦插是利用当年生半木质化带叶的枝条作插穗。（　　）
8. 插穗的年龄与插穗的分生能力、切口愈合生根有关，一般以1年生枝最好。（　　）
9. 绿萝主要以种子繁殖为主。（　　）
10. 插条内贮存的营养物质丰富，有利于扦插成活，一般认为碳水化合物含量高的插穗生根较易。（　　）

三、填空题

1. 常见的一年生花卉播种期在________________。
2. 花卉播种方式有________________、________________、________________。
3. 枝插分为________________、________________等。
4. 影响嫁接成活的关键因素是____。
5. 营养繁殖主要包括________________、________________、________________、________________。

四、名词解释

1. 绿枝扦插
2. 嫁接繁殖
3. 分生繁殖

五、论述题

1. 简述影响扦插成活的因素。
2. 简述蟹爪兰嫁接繁殖的技术要点。

学习情境3 习题答案

学习情境 4

花期调控技术

课件（PC 端下载）

试题库

课程思政元素

培养学生运用现代化的科学技术，生产出优质的花卉的能力；培养学生科学严谨的学习态度。

知识目标

1. 了解常见花卉花期调控技术意义及原理。
2. 了解花卉花期调控途径和方法。
3. 熟悉常见花卉花期调控技术。

能力目标

制定本地常见的 3～4 种花坛草花的花期调控方案。

本情境导读

花卉花期调控技术是花卉生产和应用的关键技术，由于花卉种类繁多、特性差异较大，结合花期调控原理和当地实际情况，可以选择多样方法，技术等应用灵活多变，是花卉生产中非常重要的环节，也是保障开花的重要技术措施。花期调控历史悠久，技术发展迅速，为现代城市生活和居家装饰等提供了有力保障。

任务一　花期调控原理

一、花卉花期调控历史及发展

我国花卉种质资源丰富，更有悠久的栽培历史与精湛的技艺。花期的调控技术又称催延花期，我国自古就有花期调控技术，有开出“不时之花”之记载。花卉的促成和抑制栽培的历史已经非常悠久了，社会的需求促进了花卉促成与抑制栽培。人们利用各种栽培技术，使花卉在自然花期之外，按照人们的意愿，适时开放，即所谓“催百花于片刻，聚四季于一时”。武则天调令百花在隆冬开花，牡丹违命，被贬赴洛阳，至今引为趣谈。唐宋是我国历史上政治稳定，文化、经济发展昌盛的时期，花卉事业也随之得到发展。当时宫廷与民间养花、插花之风盛行。北方冬季常用暖室以火炕增温的办法使牡丹、梅花等提前于春节盛开。明朝《帝京景物略》(1635年)载：“草桥惟冬花，支尽三季之种，坏(意：埋)土窖藏之，蕴火炕烜之，十月中旬，牡丹已进御矣。”清代陈吴子在《花镜》“变花催花”一节中写有“橐驼之技名于世，往往能发非时之花”。该书还具体介绍了催花及延迟花期的方法：“凡欲催其早放，以硫黄水灌其根，便隔宿即开，或用马粪水浇根亦易开。花欲缓放，以鸡子清涂蕊上，便可迟两三日。”这些记载说明我国早有催花技术，在技术上也有一定的发展。但应用范围小，方法也不多。

随着科学理论的提高与现代技术的发展，人们控制花期的理论依据更加符合客观规律，采取的措施更加先进有效。在现代花卉栽培中花期催延技术(即花期控制技术)应用更为普遍，花卉栽培者、花卉研究者及花卉爱好者在这方面所做的试验研究工作也更多、更广、更深入。

我国对菊花、大丽花、一品红、百合、唐菖蒲、朱顶红、茉莉、紫薇、丁香等花卉的花期控制已有较为成熟的经验和配套技术，如上海、北京、南京、广州、深圳、郑州等大中城市的花卉栽培者都能通过控制花期而使百花齐放。上海园林部门最早开展花期控制的研究工作，在菊花、唐菖蒲、大丽花、百合、球根鸢尾、朱顶红等调控花期方面取得了成功经验，参加过1955年冬季的农业展览会。1959年为庆祝建国十周年，在上海动物园举办了大型百花齐放展览会，使四季名花同时怒放。1960年，分别在一年6个节日中举办了展览会，取得了上海地区不同季节花期控制的经验。1977年10月，在上海复兴公园举行第二次全市百花齐放展览会，品种增加到200多种，牡丹、茶花、紫藤都茂盛开花，网球石蒜随展出的需要随时开放。

由于促进开花具有缩短栽培期的效果，故有较高的生产价值。把花期控制的方法应用在一品红上，在不足一年的时间里可以连续开花3次，使原来需要一年的养护时间减少为3～4个月。用于菊花栽培，4个月就可开花。用于紫薇、丁香、黄金条等，在一年中可开两次花。用于茉莉、硬骨凌霄，也能增加开花次数。这些都说明花期控制在生产上巨大的应用价值。

花卉控制技术应用越来越广泛，特别是一些重大节日，如元旦、春节、妇女节等，都能通过促成栽培而使很多花卉应时开放，使节日花卉市场绚丽多彩。

二、花期调控的概念及意义

(一)概念

花期调控是指利用人为的调控措施控制开花时间,使之在自然花期之外开放的技术。即以人为的方法改变植物的开花期的措施。花期调控在花卉生产中,为配合市场需要,经常使用人工的方法,控制花卉的开花时间和开花量。比自然花期提前或者缩短栽培周期的栽培称促成栽培。比自然花期延迟的栽培称抑制栽培。

(二)意义

1. 均衡生产,满足周年供应市场的需要

花期调控技术的应用,使花卉能均衡生产,解决市场上的旺淡矛盾以及花卉周年生产满足市场需求。体现在:一方面根据生产的季节性与消费需求的常年性、均衡性矛盾,要求调节花期使其满足人类的需要;另一方面只有最大限度地满足市场需求花卉生产者才能够获得最大的经济效益。

2. 满足节日、庆典装饰、定时用花的需要

花期控制可使花卉集中在同一个时候开花,以举办展览会。通过花期调控技术能为节日或其他需要提供定时用花,解决定时用花需求。

3. 利于育种,满足科学研究的需要

使不同时期开花的父母本花卉植物,通过花期调控使得花卉能够同时开花,解决花卉植物在杂交授粉上的矛盾,有利于育种工作。

4. 降低生产成本,提高开花率,满足缩短栽培期的需要

在掌握开花规律后把一年一开改为一年二开或二开以上,缩短栽培期,可提高开花率,创造更高的价值。

三、影响花卉植物成花的因素

要使观赏植物按照人们的意愿、应用需求等应时开花,必须首先掌握花卉的生长发育规律以及它们对环境条件的具体要求,然后采取适当的控制技术达到所需的目的。

影响植物开花的因素不外乎内因与外因。内因指植物的营养生长状态、养分的积累、遗传性、内源激素条件等。外因指植物所处的生长环境因子,如温度、光照、土壤条件、水分,肥料等。

(一)内因

1. 营养生长

植物开花之前必须有一定的营养生长,以积累足够的营养物质,才能进入花的分化,否则不能开花或开花不良。紫罗兰长到 15 片叶时才能进入生殖生长期;球根花卉的开花球必须达到一定的大小规格才能正常开花,否则栽植当年难以开花或开花细弱;风信子球径应不低于 8 cm;郁金香要有 4～5 片叶。从观赏角度看,开花植物也应有适当大小的体型,才能显示出花叶并茂的美丽。

2. 花芽分化

植物由营养生长期进入生殖生长期的标志是花芽分化，花芽分化前的营养状态必须达到开花时的标准。根据“碳/氮比学说”理论，植物只有经过营养生长积累了充足的碳水化合物而含氮量中等时才能进行花芽分化；植株过分徒长，以致含氮量过高则不利于花芽分化；营养生长不足，能量贮备不足，碳/氮比率过低，也不能顺利进行花芽分化。这种学说现在虽有争议，但从生产实践上观察，对植物供肥太多，就会只长叶不开花，供肥太少植物过分瘦弱，往往也不开花。花芽分化前的营养状态应当是中庸的、充实的。

花芽分化还对温度有一定的要求。各种植物花芽分化的温度各不相同，生长的适温也不一定相同，有的需要高温才分化花芽，有的需要低温才分化花芽。高于或低于其花芽分化的临界温度时，就不能分化花芽。有的植物如冬性花卉花芽分化前还必须经过低温阶段(春化阶段)，如三色堇、报春花等。

植物的花芽分化还受光周期影响，其需要光周期的时数因植物种类不同而不同，品种间也有差异。短日照植物只能在短日照条件下完成花芽分化，如菊花、一品红等；长日照植物则正相反，如凤仙花、紫薇等。植物感受光周期的部位，主要是充分展开的成熟叶，而反应效果则表现在芽上，且可通过嫁接方法诱导植物叶子的感受，传递到未被诱导植物的先端使其花芽分化。

3. 花器官的形成与发育

花芽分化后不一定都能顺利地形成各种花器官或不一定能正常地生长发育而开出高质量的花朵。首先，要求有适当的温度和光照，如很多花卉在春末夏初就完成了花芽分化，但是必须到秋季花芽才能膨大发育至开花；另一方面若光照不足就会只长叶片而不能形成花朵，甚至花芽萎缩、掉蕾。如月季在适宜温度条件下，产花量及花朵的大小、质量等与光照呈正相关关系。其次，光周期也影响一些花器官的形成与发育，如菊花须在短日照条件下进行花芽分化，而且花蕾的形成与发育也必须在短日照下进行，否则会出现花蕾畸形或逆转到营养生长阶段。但是，大多数花卉器官的形成与发育不受光周期的影响。

4. 休眠

多年生球根花卉，宿根花卉以及木本花卉，通常都有一个休眠期。

导致休眠的因子主要是日照，其次是温度和干旱。秋季短日照和低温使很多植物进入休眠，夏季的长日照、干旱、高温也能导致一些植物进入半休眠。一旦环境条件转变，就能迅速恢复生长。长日照、高温也能促使一些球根休眠。在休眠期中，植物内部仍进行复杂的生理生化活动，很多植物的花芽分化也就在休眠期中进行。一般北方植物休眠所需要的低温偏低，时间较长；而南方植物休眠所需的低温偏高，时间较短。

延长低温时间，可使植物继续休眠。在花卉栽培中经常人为地延长或缩短休眠期，以控制花期。如将种球贮藏在低温干燥的环境中，就要延长休眠时间，从而延迟栽种期和开花期。

5. 植物的开花习性

植物花的形成与开花因种类、品种而异，有春夏开花的，有秋冬开花的。有 1 年多次开花的，有 1 年或 2 年以上开一次花的，更有几年才开一次花的。一、二年生草本花卉、球根花卉，达到开花年龄时间的迟早依各自的遗传特性所决定，是有很大差异的。

幼嫩的植物未达到成熟期前，是不会开花的，成熟期以前的这一阶段为幼年期。从幼年期到成熟之间的变化称为阶段化。这个变化虽然与年龄、体量有关，但不完全取决于这两者，关键在于植物体在个体发育过程中必须完成一定的生理变化。

不同植物通过幼年期所需时间长短也不同。草本植物所需要的时间较短，如短日照花卉矮牵牛，当种子萌芽 2～3 d 后，在子叶期，给以短日照处理，就可以接受诱导而开花。木本植物则需要较长的时间，俗话说“桃三李四杏五年”，即桃、李、杏从嫁接至开花结实需要的时间分别是 3、4 和 5 年。需要时间较短的有矮生花石榴，自播种至开花仅需要 7～8 个月，丁香、连翘需要 3～5 年，玉兰需要 7～8 年。多年生木本植物虽达到成熟期的时间长短不同，但一旦达到成熟期后，只要养护管理适当，则可连年开花。剑麻、龙舌兰、铁树等达到开花年龄所需的时间较长，十几年才可开花。毛竹如栽培管理精细，生长势强可几十年都不开花，一旦开花即进入衰老以致死亡，在一个生命周期内只开一次花。

(二)外因

每种植物正常开花都要求在一定的环境条件下，若环境条件不符合植物的基本要求，即使花芽分化正常、花蕾发育正常，也会因为环境不适而很快落蕾或萎缩的。如蜡梅、梅花、水仙等都不能在夏季常温下开花。主要影响的外部因素有光照、温度和干旱。

1. 光照

光照对花的形成起着最有效的作用，阳性植物只能在阳光充足的条件下才能形成花芽而开放。以水生的荷花为例，在阳光不甚充足的遮阳条件下，叶面舒展肥大，生长旺盛，但往往达不到开花的目的。对阴生花卉而言，光照不足也形不成花芽，以茶花为例，在花芽分化的夏季，在荫棚下养护，叶色油绿，枝条茂盛，节间较长，但形不成花芽。植物只有在阳光充足之地，花芽形成较多，这主要是由于阳光充足时，促进了光合作用，植物体的有机营养物含量有所积累，为花的形成打下了物质基础，同时光照促进细胞的分化，以利于花原基的形成。

昼夜长短影响植物开花的现象称为光周期现象，是诱导花芽形成最有效的外因，光周期是指一定时间内光的明暗变化，它对植物从营养生长到花原基的形成至开花，常起到决定性的作用。每种植物都需要一定的日照长度和相应的黑夜长度的相互交替，才能诱导花的发生和开花。光周期反应不需要在植物全部生活期进行，只需要在生殖器官形成以前较短的一段时间内，得到所要求的长日照或短日照就行了。

光周期处理的主要作用：对长日照花卉和短日照花卉，可人为控制日照时间，以提早开花，或延迟其花芽分化或花芽发育，调节花期。花卉植物感受部位是叶片，光照强度一般在 30～50 lx 有日照效果，达到 100 lx 有完全的日照作用，其中以红光最为有效，波长为 630～660 nm 作用最强，其次是蓝紫光。

大多数开花植物均在光照下开花，而昙花则喜在黑暗条件下开花，一般在夜间开放。牵牛花只在清晨开花，日照强时则闭合，开花时间仅几小时。合欢、荷花、牡丹、扶桑等和多种花卉均白天开花，傍晚光弱时闭合，半枝莲大多品种只能在强光下盛开。这些均属于特殊的光反应。

光周期反应有时也受到温度的影响，如一品红夜温在 17～18℃时表现为短日性，一旦温度降到 12℃时，则又表现为长日性。圆叶牵牛也是在高温下为短日性，而在低温下则为绝对的长日性花卉。

2. 温度

温度是影响成花的主要环境因素之一，不同的植物，花芽分化与发育所需要的温度也不同，有的需高温，有的需低温。

(1)高温　春、夏播种夏秋开花的一年生草本花卉，如百日草、凤仙花、鸡冠花、美女樱、向日葵、万寿菊、孔雀草等，播种后种子萌发，当营养生长完成后，在高温的夏季，气温达 24℃时进行花芽分化，花芽形成后，在高温条件下发育、开花。

当年开花的木本花卉如千子石榴、紫薇、木槿、珍珠梅、月季、海州常山、广东象牙红，在夏季高温下花芽分化与发育较快，在 40～50 d 内，即可完成花芽分化而开花。

秋季栽植，春季开花的郁金香、风信子、水仙及葡萄风信子等属于高温花芽分化类型，但必须经过低温阶段而开花的花卉。一般均在夏季 6—9 月高温下休眠，花芽分化均在休眠期进行。但必须经过冬季低温阶段后至春季气温转暖时方可开花。郁金香如不经过较长时间的低温阶段，是不会开花的，常会形成盲花。郁金香花芽分化要求 20℃，花芽伸长最适温度为 9℃。风信子花芽分化需 25～26℃，花芽伸长需 13℃。中国水仙自田间掘起，放在 32℃高温条件下 4 d，可加速花芽的分化。

春季开花的木本花卉，如牡丹、榆叶梅、桃花、梅花、连翘、樱花、茶花、杜鹃花等在高温下进行花芽分化，经低温休眠后并在气温转暖时开花的木本花卉。这一类花木，在夏季高温约 25℃以上时进行花芽分化，至秋季气温逐渐下降时，花芽分化基本完成。在冬季低温休眠期，休眠芽接受自然界 0℃以下低温的影响后，于翌年春季气温转暖时进行花芽发育而开花。牡丹、桃花等落叶灌木要求的低温在 0℃左右，而常绿的茶花宜经过 5～8℃的低温，花芽才能很好地发育，茶花花芽分化后，如果继续长时间维持高温，则花芽极易脱落。

(2)低温　低温可以诱导花芽分化。有些花卉在生长发育过程中必须经过低温的春化阶段，才能诱导花芽分化。许多越冬的二年生草本花卉及宿根花卉，如雏菊、金盏花、金鱼草、桂竹香、紫罗兰、石竹、矢车菊、花葵、毛蕊花、月见草、虞美人、花菱草、东方罂粟、蜀葵、毛地黄等均属此类。秋播后萌发的种子或幼苗通过冬季低温阶段即可进行花芽分化。一般要求低温为 0～5℃，经过 10～45 d 即可通过春化阶段，气温逐渐升高，花芽即可发育开花。这一类花卉如需春季播种，夏、秋季开花，必须经过人工春化处理，将萌发的种子给予低温处理后再播种，也可以使其当年开花，但生长期短于秋播，植株相对的比较矮小。有些花卉，如雏菊、金盏花等如不经过人工春化处理，虽也能开花，但花朵稀疏，色彩淡，观赏价值不高。多年生鸢尾、芍药也需要冬季的低温才能形成较好的花朵。

秋季气温下降至相对低的条件下才花芽分化的木本花灌木有麻叶绣球、太平花、绣线菊等，夜温在 15℃以下时花芽分化。山茶花当日温达 26℃以上、夜温在 15℃左右时花芽才能分化。

低温除了对花芽分化起到一定作用外，对某些秋季开花植物的花芽发育也起到一定作用，如桂花、菊花等。影响其发育的主要因素是夜温。桂花是 25℃以上高温下进行花芽分化，当秋季夜温降至 18℃以下时仅需 3～5 d，即可促使开花。

很多花卉的花芽分化与开花和夜温有密切关系，除了二年生草本花卉的幼苗必须在夜温降至 0～10℃，受低温刺激后才能开花外，瓜叶菊在夜温达 12～15℃时才能正常开花，温度过高时，则开花不整齐且花朵稀疏。

3. 干旱

夏季的短期干旱，对高温下进行花芽分化的木本植物花芽形成起到有效的促进作用。在暂时缺水的条件下，能促使植株顶芽提前停止营养生长，转入到夏季休眠或半休眠状态，从而分化出大量花芽。梅花、榆叶梅等花卉的栽培中在夏季适当控制水分，在营养生长后期，连续 3～5 d，将其处于比较干旱的条件下，可获得较高质量的花芽。

任务二　花期调控技术措施

一、花期调控途径

(一)温度处理

1. 打破休眠

增加休眠胚或生长点的活性，打破营养芽的自发休眠，使之萌发生长。

2. 春化作用

在花卉生活期的某一阶段，在一定的低温条件下，经过一定的时间，即可完成春化阶段。使花芽分化得以进行。春化作用是花芽分化的前提，不同的植物对通过春化的温度、时间有差异。

如秋播的二年生花卉需 0～10℃才能通过春化，而春播的一年生花卉则需较高温度即可通过春化，花卉通过春化阶段在适宜的温度下才能分化花芽。

花卉植物有三种春化型。

(1)种子春化型　如香豌豆、秋播一年生草本花卉。

(2)器官春化型　如郁金香。

(3)植物体整株春化型　如榆叶梅。

3. 花芽分化

花卉的花芽分化，要求一定的温度范围，只有在此温度范围内，花芽分化才能顺利进行，不同的花卉适宜温度不同。

4. 花芽发育

有些花卉在花芽分化完成后，花芽即进入休眠状态，要进行必要的温度处理才能打破休眠而开花，花芽分化和花芽发育需要不同的温度条件。

5. 影响花茎的伸长

有些花卉的花茎需要一定的低温处理后，才能在较高的温度下伸长生长，如风信子、郁金香、君子兰、喇叭水仙等。也有一些花卉的春花作用需要低温，也是花茎的伸长所必需的，如小苍兰、球根鸢尾、麝香百合等。

由此可见，温度对打破休眠、春化作用、花芽分化、花芽发育、花茎伸长均有决定性作用。因此采取相应的温度处理，即可提前打破休眠，形成花芽，并加速花芽发育，提早开花。反之可延迟开花。

(二)光照处理

对于长日照花卉和短日照花卉，可人为控制日照时间，以提早开花，延迟其花芽分化或花芽发育，调节花期。具体方法如下：

1. 缩短光照时间

短日照花卉在长日照季节采用遮光处理，可人为地缩短日照条件，促进其提前开花。遮光处理可用黑纸、黑布或黑塑料薄膜。处理过程中要保持连续性和严密性，不能漏光。如果能放在暗室内处理效果最好。

2. 延长光照时间

对于长日照花卉，在冬季短日照条件下要采用人工延长光照时间的方法，促进其提前开花。如要延迟开花，只要采取相反的方法即可。

(三)药剂处理

主要用于打破球根花卉和花木类花卉的休眠，提早开花。常用的药剂主要为赤霉素类药剂。

(四)栽培措施处理

通过调节繁殖期或栽植期，采用修剪、摘心、施肥和控制水分等措施，可有效地调节花期。

二、花期调控方法

人们在长期的花卉生产实践中，根据不同的气候、温度、花卉植物本身的特性创造出许多花期控制的有效方法。近年来，科学技术突飞猛进，日新月异，花卉花期控制技术也得到很大的发展。尤其是温度控制花期技术发展的迅猛，对花卉生产的普及起到推波助澜的作用。应用花期调控技术，可以增加节日期间观赏植物开花的种类；延长花期，满足人们对花卉消费的需求；提高观赏植物的商品价值，对调整产业结构、增加种植者收入有着重要的意义，花卉花期调控技术主要表现在促成栽培和抑制栽培调控技术两大方面，主要包括模拟自然生境法、温度处理法、光照处理法、栽培管理法和植物生长调节剂控花法等。

(一)模拟自然生境法

若使当地或外地引进的花卉适时开放或改变花期，采用与花卉原产地相同的生长发育温度、湿度、光照等条件栽培管理，一般可获得成功。例如，若使从荷兰引进的夏季开花的唐菖蒲在我国北方冬季开花，可将其种球进行催芽处理，打破休眠，放在温室中栽培，保持温度15～25℃，相对湿度60%～80%，每晚增加光照2～3 h，经过100～120 d即可开花。

(二)温度调控法

在日照条件满足的前提下，温度是影响开花迟早极为有效的促控因素。人为地创造出满足花卉植物花芽分化、花芽成熟和花蕾发育对温度的需求，创造最适宜的开花条件，便可达到控制花期的目的。

1. 增加温度法

主要用于促进开花，提供花卉植物继续生长发育以便提前开花的条件。特别是在冬春季节，天气寒冷，气温下降，大部分的花卉植物生长变缓，在5℃以下大部分花卉植物停止生长，进入休眠状态，部分热带花卉受到冻害。因此，增加温度阻止花卉植物进入休眠，防止热带花卉受冻害，是提早开花的主要措施。如瓜叶菊、牡丹、杜鹃、绣球花、金边瑞香等经过加温处理后，都能够提前开花。另外，河南洛阳、山东菏泽的牡丹花名扬天下，每年5月份牡丹花盛开，吸引了不少的中外宾客。广东地区，每年春节的年宵花上市，广东人都能够目睹牡丹花的娇姿，并能买上一盆放到家里欣赏，比河南、山东牡丹故乡的人们提早享受牡丹的艳丽3～4个月。牡丹花提前开放，采用的主要就是温度控花法的加温手段来实现的。

(1)利用设施增加温度的方法

①利用南方冬季温度高的气候优势进行提前开花处理　牡丹花在经过北方寒冷冬季的自然低温处理后，运输到南方，利用南方的自然高温，打破牡丹花植株的休眠，经过1个多月的精心管理，牡丹花盛开，这是典型的利用地区性自然温差促使提前开花的处理方法。

②利用温室保温、加温　在秋末、初冬和初春时期，天气较冷，温室内的温度往往较室外高，如果在室内多加一层薄膜，保温的效果会更好。如果温度太低，只能通过电热加温(包括电热器、电热风扇、电炉、红外线加热管、高温灯泡等)对温室进行加热，以达到提高温室温度的目的。

③采用发电厂热水加温　有条件的地方，可以利用火力发电厂的水冷却循环系统通过温室内，再循环回电厂，这样可以大大减少能源消耗，降低加温成本，提高花卉产品的竞争力，是一种廉价高值的加温手段。

④利用地热加温　有地热条件的地方，可以用管道将热水接到温室里，提高温室的温度，既可以增加温室里的湿度，又可以降低成本，大量生产鲜花，提高经济效益。

(2)具体案例

①促进开花　多数花卉在冬季加温后都能提早开花，如温室花卉中的瓜叶菊、大岩桐等。春季开花的木本花卉及露地草本花卉加温后也能提早开花，如牡丹、落叶杜鹃、金盏菊等。牡丹及落叶杜鹃在入冬前就能形成花芽，但由于入冬后温度较低而处于休眠状态，若移入温室给予较高的温度(20～25℃)，并经常喷雾、增加湿度(空气相对湿度80%以上)，就能提早开花。开始加温至开花的天数因花卉种类、温度高低及养护方法等而有所不同，温度高、湿度适中的适应的要快些；温度偏低、湿度不够的则要慢些。

②延长花期　有些花卉在适宜的温度下，有不断生长、连续开花的习性，但在秋、冬季节气温降低时，就停止生长和开花。若能在开花停止前，使其不受低温影响，就能不断生长开花。例如，要使非洲菊、茉莉花、大丽花等在秋季、初冬期间继续开花就要早做准备，在温度下降之前及时增温、施肥、修剪，可确保其继续生长开花。

2.降低温度法

降低温度原则：在花卉花期控制过程中，每种花卉植物都有自己的温度范围(这个范围包括两个范畴：一个是营养生长的范围，另一个是生殖生长的范围)，这个温度范围各不相同，主要体现在温度高低和持续时间的长短上。

(1)完成花芽发育成熟，促使开花提前　许多球根花卉的种球，在完成营养生长，形成球根发芽过程中，花芽的分化阶段已经通过，但这时把球根从土壤里挖起晾干，不经低温处理再栽种，这些种球开不出花来或者开出的花质量难以与经过低温处理的花相媲美。可以说球根花卉除了少数几个品种可以不用低温处理能够正常开花外，绝大多数的品种在花芽发育阶段必须经低温处理，才能提前开出高质量的鲜花。这种低温处理种球的方法，常称为冷藏处理。在进行低温处理时，必须根据各种类的球根花卉与其处理目的，选择最适低温。确定冷藏温度之后，除了冷藏期间连续保持稳定温度范围之外，还要注意逐渐降低温度或者逐渐提升温度的方法。如果把已在4℃低温条件下冷藏几个月的种球，取出后立即放到25℃的高温环境中或立即种到高温地里，由于温度条件急剧变化，引起种球内部生理紊乱，会严重影响其开花质量与开花期，造成不必要的损失。所以，在做低温处理时，冷藏温度一般要经过 4～7 d 的逐步降温(1 d 降低 3～4℃)，直至降至所需低温；在把已经完成低温处理的种球从冷藏库取出之前，也需要经过 3～5 d 的逐步升温过程，才能保证低温处理种球的质量。其他花卉植物进行低温处理过程中也应按照以上方法去做。

(2)低温春化，促使开花提前　一般二年生草本花卉属于耐寒与半耐寒性的花卉。从二年生草本花卉的生长特性来看，它们严格要求低温春化过程，才能形成花芽，花芽的发育成熟在低温环境中完成，然后在高温环境下开花。

一般来说，花卉进冷库之前要选择生长健壮，没有病虫危害，已达到成熟阶段的植株进行低温控制花期处理。否则，难以使受处理的花卉达到预期目的。入冷库控花处理的花卉植株，每隔几天要检查一次干湿情况，发现土壤干的要适当浇水。冷库中必须要安装照明设备。花卉植株在冷库中长时间没有光照，不能进行光合作用，势必会影响植株的生长发育、因此，在冷库中接受低温处理的花卉植株，每天应当给予几小时的光照时间，尽可能减少长期黑暗给花卉开花带来的不良影响。初出冷库时，要将植株放在避风、避光、凉爽处，喷些水，使处理后的植株有一个过渡期，然后再逐渐增加光照，浇水，精心管理，直至开花。

另外，人为模拟春化作用而提早开花。改秋播为春播的草花，欲使其在当年开花，可用低温处理萌动的种子或幼苗，使之通过春化作用而在当年开花，适宜温度为 0～5℃。

(3)利用热带高海拔山区进行花期调控　除了球根类花卉的种球要用冷库进行冷藏处理外，在南方的高温地区，建立高海拔(800～1 200 m)花卉生产基地，无疑是一种低成本、易操作、能大规模批量调控花期的理想方法。由于气温是大多数花卉植物生长发育的最适温度范围，昼夜温差大，花卉植株在此温度条件下，生长速度快，病虫危害相对较小，有利于花芽的分化、花芽成熟以及打破休眠，为花期调控减少了大量的电能消耗，大大加强了花卉商品的竞争力。计划大规模生产花卉的企业，应当十分重视高海拔花卉生产基地的选择，它将会给你预想不到的收获。

(4)延迟花期　利用低温使花卉植株产生休眠的特性，一般 2～4℃ 的低温条件下，大多数的球根花卉的种球可以较为长期贮藏，推迟花期，在需要开花前取出进行促成栽培，即可达到目的。在低温的环境条件下，花卉植物生长变缓慢，延长发育期与花芽成热过程，也就延迟了花期。

①延长休眠期以延迟开花　耐寒花木在早春气温上升之前还处于休眠状态，此时将其移入冷室，可使其继续休眠而延迟开花。此法适合于耐寒、耐阴的植物，冷室温度以 1～3℃为宜，不耐寒花卉可略高些，品种以晚花种为佳，移入冷室前要施足肥料。冷室内光线应弱些，每天开灯几个小时即可。每隔几天要检查干湿度，并及时浇水。花卉贮藏在冷室中的时间要根据计划开花日期的气候条件而定。出冷室初期，要将花卉放在避风、避阳、凉爽的地方，几天后可见些晨夕阳光，并喷水、施肥，细心养护。

②减缓生长以延迟开花　较低的温度能减缓植物的新陈代谢，延迟开花。此法多用在含苞待放或初开的花朵上，如菊花、唐菖蒲、月季、水仙等，处理的温度因花卉种类而异。例如，若使水仙在元旦、春节期间盛开，可在此前 5～7 d 观察水仙花蕾总苞片内的顶花，如已膨大欲顶破总苞，就应将其放在 1～4℃的冷凉地方，到节日前 1～2 d 再放回室温 15～18℃的环境中，就能使其适时开放，如发现花蕾较小，可将其放在 20℃以上的地方，盆内浇 15～20℃的温水，夜间补以充足光照，就能适时开花。

3.变温法

变温法催延花期，一般可以控制较长的时间。此法多用于重大节日用花时，具体做法：将一些已形成花芽的花木先用低温使其休眠，要求既不让花芽萌动，又不使花芽冻伤。热带、亚热带花卉给予温度2～5℃；温带、寒带木本落叶花卉给予温度－2～0℃，到计划开花日期前1个月左右，再将花卉放到15～25℃(逐渐增温)的室温条件下养护管理。花蕾含苞待放时，为了加速开花，可将温度增至25℃左右。如此管理，一般花卉都能预期开花。

(1)元旦、春节开花的促花处理　以迎春花为例，需元旦开花的迎春花可在节日前20～25 d从越冬的低温温室移至向阳温室，元旦前10 d加温至17～18℃即可开花；需春节开花的迎春花一般只需在节日前10 d左右移至光照良好的温室中就能适时开花，如在春节前5 d左右还未开放，可加温至17～18℃，即可适时开花。

(2)国际劳动节开花的控花处理　需国际劳动节开放的花卉可在节日前50～60 d从低温越冬处移至18～25℃光照较好的温室中，加强肥水管理，一般都能适时盛开。如草本花卉中的大丽花、芍药、水葱，木本花卉中的榆叶梅、丁香、连翘等。

(3)国庆节开花的控花处理　需国庆节开放的花卉可将已形成花芽的花木在2月下旬至3月上旬，叶、花芽萌动前放到低温环境中强制其进行较长时间的休眠，到节日前1个月左右移至15～25℃的环境中栽培管理，即可适时开放。如草本花卉中的芍药、荷包牡丹，木本花卉中的樱花、榆叶梅、丁香等。

(三)光照调控法

一般花卉在植株长成到开花需要一个光周期诱导阶段。在此期间，花卉即使处在非常适合的温度条件下，但光照时间不合适，也会影响花芽的形成，导致不能如期开花，甚至开不了花，这与花卉在原产地长期形成的适应性有关。花卉按对光照时间的需要可分为短日照、长日照和中日照花卉3类，如果在非开花季节，按照花卉所需的光照长度人为地给予处理，就能使其开花。此外，光暗颠倒也会改变花卉的开花时间。

1.控光控花法

不同的花卉植物对光照强度、光照时间的需求是不同的，同一植物不同生长发育期对光照的需求也是不同的。但影响花卉花期的光照因素主要是光周期：

(1)短日照处理法　在长日照的季节里(一般是夏季)，要使长日照花卉延迟开花，就需要遮光；使短日照花卉提前开花也同样需要遮光；可用于短日照处理的花卉有菊花、一品红、叶子花等。如菊花、一品红在下午5时至翌日上午8时，置于黑暗中，一品红经40 d处理即能开花；菊花经50～70 d才能开花。采用短日照处理的植株一定要生长健壮，有30 cm高度，处理前停施氮肥，增施磷、钾肥。长日照花卉的延迟开花和短日照花卉提前开花都需要采取遮光的手段，就是在光照时数达到满足花卉生长时，在长日照季节里可将此类花卉用黑布、黑纸或草帘等遮暗一定时数，使其有一个较长的暗期，可促使其开花。使它们在花芽分化和花蕾形成过程中人为地满足所需的短日照条件。这样使受处理的花卉植株保持在黑暗中一定的时数。每天照此方法做，一段时间之后，花芽分化完成，就可以不用遮光了。在长日照条件下仍然可以长期保持处理后的效果，直到开花，以使组织充实，见效会更快。

(2)长日照处理法　在短日照的季节里(一般是冬季)，要使长日照花卉提前开花，就需要人工辅助光照；要使短日照花卉延迟开花，也需要采取人工延长光照。长日照花卉的提前开花和短日照花卉延迟开花都需要采取人工辅助灯光的处理手段。在太阳下山之前，就要把电灯打开，延长光照 5～6 h；或者在半夜用辅助灯光照 1～2 h，以中断暗期长度，达到调控花期的目的。如菊花是对光照时数非常敏感的短日照花卉，在 9 月上旬开始用电灯给予光照，在 11 月上、中旬停止人工辅助光照，在春节前菊花即可开放。电灯泡安置在距菊花顶梢上方 1 m 处，100 W 灯泡的有效光照面积为 4 m^2。利用增加光照或遮光处理，可以使菊花一年之中任何时候都能开花，满足人们周年对菊花切花的需要。

生产上最常见的品种唐菖蒲自然开花期是在日照最长的夏季，要求 12～16 h 的光照时间。我国北方冬季种植唐菖蒲时，欲使其开花，必须人工增加光照时间，每天 16 时以后用 200～300 W 的白炽灯在 1 m 左右距离补充光照 3 h 以上，同时给予较高的温度，经过 100～130 d 的温室栽培，即可开花。

2. 颠倒昼夜处理法

有些花卉植物的开花时间在夜晚，给人们的观赏带来很大的不便。例如，昙花，它总是在晚上开放，从绽开到凋谢至多 3～4 h。所以只有少数人能够观赏到昙花的艳丽丰姿。为了改变这种现象，让更多的人能欣赏到昙花一现的美妙之处，我们可以采取颠倒昼夜的处理方法，使昙花在白天开花。我们的处理方法是：当花蕾长至 6～9 cm 的植株，白天放在暗室中不见光，晚上 7 时至翌日上午 6 时用 100 W 的强光给予充足的光照，一般经过 4～5 d 的昼夜颠倒处理后，就能够改变昙花夜间开花的习性，使之白天开花，并可以延长开花时间。

3. 遮光延长开花时间处理法

有部分花卉植物不能适应强烈的太阳光照，特别是在含苞待放之时，用遮阳网进行适当的遮光，或者把植株移到光照较弱的地方，均可延长开花时间。如把盛开的比利时杜鹃放到烈日下暴晒几个小时，就会萎蔫；但放在半阴的环境下，每一朵花和整棵植株的开花时间均大大延长。牡丹、月季花、康乃馨等需要较强光照的花卉，开花期适当遮光，也可使每朵花的观赏期延长 1～3 d。因此，在花卉植物开花期间，一是不要让阳光直接晒到花朵，二是尽可能降低温度，这样鲜花才能延长它的观赏期。

(四)栽培管理法

1. 播种期调节法

播种期在除了种子的播种时间之外，还包括了球根花卉种球下地时间及部分花卉植物扦插繁殖时间；一、二年生的草本花卉大部分是以播种繁殖为主的，种子的保存对种子的发芽率起着极为重要的作用。种子保存的好，贮存的时间长。用调节播种时间来控制开花时间是比较容易掌握的花期控制技术，什么品种的花卉在什么时期播种，从播种至开花需要多少时间，这个问题解决了，就可确定其播种时间。如在南方天竺葵从播种到开花大约是 120～150 d，天竺葵在春节前（春节在 2 月中旬）开花，那么，在 9 月上旬开始播种，即可按时开花。球根花卉的种球大部分是在冷库贮存，冷藏时间满足花芽完全成熟后，从冷库中取出种球，放到高温环境中进行促成栽培。在较短的时间里，冷处理过的种球会适时开花。如郁金香、风信子、百合花、唐菖蒲等。从冷库取出种球在高温环境中栽培至开花的天数，就是我们进行球根花卉控制花期所要掌握的重要依据。有一部分草本花卉是以扦插繁殖为主的，从扦插开始到扦插苗开花就是我们需要我们掌握的花期控制依据。如四季海棠、一串红、菊花等。

调节播种期案例：

需“五一”国际劳动节开放的花卉，如金鱼草可在 8 月上旬播种，三色堇、雏菊、紫罗兰可在 8 月中旬播种，金盏菊可在 9 月初播种。需“十一”国庆节开放的花卉，如一串红可在 4 月上旬播种，鸡冠花可在6月上旬播种，万寿菊、旱金莲可在6月中旬播种，百日草、千日红可在7月上旬播种。如"五一"上市的一串红可于8月下旬播种，冬季温室栽培，不断摘心，"五一"前25～30 d，停止摘心，可"五一"时盛开。金盏菊于9月播种，冬季低温温室栽培，12月至次年1月开花。

需"十一"国庆节上市的花卉，播种时间：百子石榴3月中旬；一串红4月初；半枝莲（摘心2次）5月初；马利筋5月下旬；鸡冠花6月初；翠菊、圆绒鸡冠、美女樱、银边翠、旱金莲6月中旬；大花牵牛花、茑萝、万寿菊6月中旬；千日红、凤仙花、百日草、孔雀草7月上旬；矮翠菊7月20日。

2.控水控肥控花法

水、肥在花卉植物的整个生命周期中是必不可少的重要条件。在健壮的花卉植株上采用人为开花处理手段，才可能取得令人满意的效果。部分木本植物在遇到恶劣的环境时（例如，干旱、严重的虫害等），为了本身延续后代的需要，它们会在很短的时间内完成开花、结果的整个繁殖后代的过程。利用木本花卉的此种特性，采取控制水分的措施，达到提前开花的目的。例如，深圳市的花勒杜鹃，在它长大成株后，停止往花盆里浇水，直到梢顶部的小叶转成红色后再浇水，很快就会开花。开花后浇水的量一定要控制在3～4 d浇一次，土表湿润即可，才能保持延续不断开花。如浇水过量，其很快转为营养生长，不开花了。在球根花卉的种球采取低温处理时，一定要控制湿度，湿度过大易感病、提前抽芽；湿度低有利于种球的贮存。种球含水量越少花芽分化越早。郁金香、风信子、百合等种球都是如此。在花期控制处理阶段，必须控制施用肥料的种类及施用量，尽量少施或不施氮肥，以磷、钾肥为主；氮肥过多，影响花芽分化，只是抽梢长叶，而不开花，从而造成控花失败。

有些花木在营养生长后期或春季开花后，就要积累养分形成花芽，准备在秋季或翌年开花。在此期间如果肥水管理适当就能促进花芽分化，使日后开花更加繁茂。如桃、李、杏、梅、海棠、连翘等花木，春季过后就应尽早修剪、追肥，促进新枝健壮生长，夏季形成花芽应增施磷肥，适当控水，花芽形成后先降温、疏叶，再放在低温下使其休眠，到计划开花前1个月，将其放在15～25℃的环境下，正常肥水管理，就能适时开花。

3.调节气体控花法

花卉植物在生长发育过程中需要不断地进行新陈代谢活动，在植物的整个呼吸过程中，除了主要吸入二氧化碳外，还有氮、氧等空气中含有的其他气体成分，如果我们在花卉植物生长的环境中人为地增加不同成分的气体，植物吸收后对其体内的生理生化反应起作用，从而达到打破休眠，提早开花的目的。例如，对休眠的洋水仙、郁金香、小苍兰等球茎用烟熏的方法来打破休眠，从而使它们提前开花。1893年人们就发现在温室中燃烧木屑可以诱导凤梨开花。这主要是烟雾中存有乙烯的缘故。用大蒜挥发出的气体处理唐菖蒲球茎4 h，可以缩短唐菖蒲的休眠期，比未处理的球茎提前开花，花的质量也好。

4.修剪控花法

修剪主要是指用以促使开花，或再度开花为目的的修剪。如一串红、天竺葵、金盏菊等都可以在开花后修剪，然后再施以水、肥，加强管理，使其重新抽枝、发叶、开花。不断地剪除月季花的残花，就可以让月季花不断开花。

摘心处理：一是有利于植株整形、多发侧枝；二是延迟花期。重要节日用如一串红、荷兰菊等，如任其自然开放，不按期摘心控制，常在节日前开败.若使其适时开放，一般需在节日前

20～30 d进行摘心处理。例如，菊花一般要摘心3～4次；一串红也要摘心2～3次(最后一次摘心的时间就是控制开花的处理时间)再让其开花，就能生产出株型理想、开花及时的商品花。

摘叶处理：榆叶梅于9月上旬摘除叶片，则9月底至10月上旬开花。有些木本花卉春季开完花后，夏季形成花芽，到翌年春季再次开放。若使其在当年再次开花，可用摘叶的方法，促使花芽萌发、开花。如桃、杏、李、梅等，当花芽长到饱满后进行摘叶，经过20 d左右就能开花。

修剪处理为“十一”上市的花卉案例：①早菊的晚花品种7月1—5日、早花品种于15—20日修剪。荷兰菊于3月上盆后，修剪2～3次，最后一次于“十一”前20 d进行。②月季从一次开花修剪到下次开花一般需45 d，欲使其在国庆节开放，可在8月中旬将当年发生的粗壮枝叶从分枝点以上4～6 cm处剪截，同时将零乱分布的细弱侧枝从基部剪下，并给予充足的水肥和光照，就能适时盛开。

(五)植物生长调节剂控花法

植物生长物质是一些调节控制植物生长发育的物质。植物生长物质分为两类：一类叫作植物激素(对花期控制有重要作用的主要是赤霉素及6-苄基嘌呤)；另一类叫作植物生长调节剂(主要有乙烯利、矮壮素、多效唑、缩节胺等)。植物生长调节剂在生产上的应用效果是多方面的，除了能够诱导花卉植物开花外，它还能使植物矮化，促进扦插条生根，防止落花落果、形成无核果实、催熟果实及田间除草等，它既能防止植物落花落果，又能疏花疏果；既能促进发芽，又能抑制发芽。这都是由于植物生长剂的种类或浓度不同的结果。因此，在使用植物生长调节剂处理花卉植物的花期时，首先要清楚该物质的使用范围和作用，然后一定要清楚施用浓度，才能着手处理。虽然植物生长调节剂使用方便、生产成本低、效果明显，但不能把它看成万应灵药。如果施用不当，不仅不能收到预期的效果，还会造成生产上的损失。

1. 几种主要植物生长调节剂的种类及用途

(1)赤霉素(GA_3)　赤霉素微溶于水，易溶于乙醇(酒精)、丙酮、乙酸乙酯等。使用时先将结晶溶于95%的酒精中到全溶为止，配成20%酒精溶液，然后将酒精倒入一定量水中再定容，切忌将水倒入酒精中，否则会出现结晶。

赤霉素的主要生理作用：

①促进细胞伸长；

②代替长日照或低温诱导开花；

③诱导雄花形成；

④代替低温打破休眠；

⑤延缓花朵脱落。

(2)乙烯利(Ethrel)　乙烯利为乙烯释放剂，无色结晶。国产的一般为40%的水剂，易溶于水、稀乙醇和乙二醇。

乙烯利的主要生理作用：

①诱导雌花形成；

②促进部分花卉植物开花；

③抑制细胞伸长生长；

④促进细胞横向扩大。

(3)矮壮素(CCC)　矮壮素为季铵型化合物，纯品为白色结晶，易溶于水，在水温20℃时溶解度大于100%，国产的一般为40%水剂，稀释于水后即可使用。叶面喷洒往往会引起叶片尖端产生暂时黄色斑点，在花卉植物中大多采用土壤浇灌。矮壮素在土壤中很容易因酶的作用而降解，但不影响土壤微生物活动。

(4)丁酰肼(B_9) B9为琥珀酸类化合物，纯品为白色结晶，生产上应用一般含量为95%的浅灰色粉剂，易溶于水，亦能溶于丙酮、甲醇。粉剂可贮存4年以上，配制成液体后需当日使用完。使用时一般为叶面喷洒，由于叶片表面的角质层会影响药剂吸收，可以加入0.1%中性洗衣粉或扩展剂，以利于植物充分吸收，植物吸收后才能见效。如果处理6 h内下雨，需要重喷。植物处于干旱或水涝条件下，应暂不处理。B9遇碱时，会影响药效，不宜与其他药剂或农药混合使用。

(5)多效唑(PP_{333}) 多效唑为白色结晶，难溶于水，可溶于氯仿、二氯甲烷等有机溶剂，国产商品含量95%左右。为淡褐色粉剂，可溶于水，稍有杂质沉淀。一般适于采用土壤浇灌，药效长，活性比矮壮素高，是观赏植物中有应用潜力的矮化剂。

(6)缩节胺(Pix) 缩节胺为白色结晶，易溶于水。一般作叶面喷洒，能通过叶面吸收，并在植物体内传导，药效比矮壮素缓和，与乙烯利混合物的商品名为Terpal，对延缓植物生长的效果比单用好。

(7)6-苄基嘌呤(6-BA，也称细胞分裂素) 6-苄基嘌呤为碱性化合物，难溶于水；配制时先称取结晶，完全溶解在少量浓盐酸中，然后将盐酸溶液稀释到一定量的水中；6-苄基嘌呤调节开花的使用时期很重要，在花芽分化前营养生长时期处理，可增加叶片数目；在临近花芽分化期处理，则多长幼芽；只有在花芽开始分化后处理，才能促进开花，增加花蕾数目；现蕾后处理，就无明显促进开花的效果。6-苄基嘌呤可以促进郁金香、仙客来、石斛兰、杜鹃等开花。

2.植物生长调节剂处理方法

花卉植物的花期控制是十分重要的，首先为适应市场和节日的需要，控制开花植物的开花时间；其次是延缓或促进开花，使多种不同时期开花的品种，改变花期，同步开花，以达到百花同期盛开的壮观场面。广东的年宵花市正是应用各种花期控制技术来达到这样效果的。为了达到周年或反季节供花的目的，除了花卉植物的南调北运、品种培育、分期分批播种(种子与球根)外，生产实践中主要通过光照、温度和肥水的调节与控制来实现 利用植物生长调节剂诱导或延缓开花和增加花朵数目也能起到一定的作用。

(1)代替日照长度、促进开花 有许多花卉植物在短日照下呈莲座状，只有在长日照下才能抽薹开花。而赤霉素有促使长日照花卉在短日照下开花的趋势，如紫罗兰、矮牵牛等，但不能取代长日照。赤霉素促进长日照花卉在非诱导条件下形成花芽，起作用的部位可能是叶片，对大多数短日照花卉来说，赤霉素则起到抑制开花的作用。但对少数短日照花卉如菊花、凤仙花也能促进开花。用赤霉素多次点滴生长点，可使短日照菊花提前开花。

(2)打破休眠，代替低温 赤霉素有助于打破休眠，可以完成代替低温。对杜鹃花来说，赤霉素处理比贮存在低温下，对开花更有利。用赤霉素100 mg/kg每周喷杜鹃植株1次，约喷5次，直到花芽发育健全为止，可以有效地控制杜鹃花不同花期长达5周，能保持花的质量，使花的直径增大，且不影响花的色泽。仙客来在开花前60～75 d用25 mg/kg赤霉素处理，即可达到按期开花的目的。用100～150 mg/kg赤霉素浸泡郁金香鳞茎，可以代替冷处理，使之在温室中开花，并且加大花的直径。一些人工合成的植物生长调节剂如萘乙酸(NAA)、2,4-二氯苯氧乙酸(2,4-B)、苄基腺嘌呤(BA)等都有打破花芽和贮藏器官休眠的作用。

(3)促进花芽分化　采用植物生长调节剂如赤霉素、乙烯利、矮壮素、比久等，可诱导花卉植物的花芽分化及促进开花，甚至在一般不开花的环境中也可以诱导开花。现已清楚，一些生长抑制剂对原产于热带和亚热带的花卉植物，有促进花芽分化的作用。如生长抑制剂对比利时杜鹃(西洋杜鹃)的花芽分化有刺激作用。6-苄基嘌呤在7—8月期间叶面喷洒蟹爪兰，可以促进花芽分化，增加花的数目。

(4)延迟开花　植物生长抑制剂比久、矮壮素、多效唑等，出于延缓植物营养生长，使叶色浓绿，花梗挺直，增加花的数目，促进开花。在花卉生产中，利用植物生长抑制剂来延迟开花及延长花期是屡见不鲜的。植物生长抑制剂可广泛用于木本花卉如杜鹃、月季花、茶花等。用0.15%矮壮素处理土壤，可以促进天竺葵提前7 d开花，并减少败育。多效唑浇灌土壤，可促进龙船花开花。1 000 mg/kg 比久喷洒杜鹃蕾部，可延迟杜鹃开花达10 d。如用100～500 mg/kg 的萘乙酸及2,4-D处理菊花，就可以延迟菊花的花期，若混用500 mg/kg的赤霉素，效果则更好。

3.促进开花的应用案例

(1)满天星　选择生育期75 d以上的植株，用200～300 mg/kg 赤霉素喷洒叶面，每隔3 d喷洒一次，连喷3次。夏花型在2月底喷洒，可提前半个月开花；冬花型在10月中旬喷洒，可提前1个月开花。用250 mg/kg 细胞分裂素喷洒植株后，不经低温处理也能在15℃以上、长日照条件下抽薹开花。

(2)小苍兰　用5 mg/kg 乙烯利浸泡种球24 h，可打破休眠，室温贮存1个月后种植，可提前7～10 d开花；将种球用10～30 mg/kg 赤霉素浸泡24 h，在10～12℃下贮存45 d后种植，可提前3个月开花；在种球低温处理前，用10～40 mg/kg 赤霉素浸泡24 h，可提前40 d开花。

(3)菊花　用2,4-D 5 mg/kg 喷洒植株，可延迟1个月开花；用50 mg/kg 萘乙酸50 mg/kg 赤霉素混合液处理或用200 mg/kg 乙烯利喷洒植株，可抑制花芽形成；用300～400 mg/kg 细胞分裂素喷洒叶面，可抑制花茎伸长、延迟开花。

(4)万寿菊　用500～2 000 mg/kg 比久每周喷洒植株中上部叶片1次，共3次，可延迟8～10 d开花。

(5)一品红 在短日照自然条件下，用40 mg/kg 赤霉素喷洒叶面，可延迟开花。

4.几种常见的花卉花期调控技术

牡丹：为供应春节用花，11月下旬要移入温室，5～6 d后开始加温，栽植时充分灌水，以后每天喷水1次，可望春节开花。一般栽植50～60 d后可开花，温度稍高时开放早些。

梅花：如春节用花，可于入冬后将盆梅移入温室阳光下，并每天在顶端适当洒水，温度保持8～10℃，待花蕾略显色后，渐增至15～20℃。如要“五一”节开花，则可将头年长满花芽的盆梅置于比0℃稍高的冷室中，而在翌年4月上、中旬逐步移放室外。

杜鹃：盆栽杜鹃于冬季或早春移入20℃温室，约2周后，即能开花。如在早春萌动前，在3～4℃冷藏，夏、秋时移出室外，2周后可开花。借助于温度的调节，杜鹃盆栽四时都可开花。

菊花：菊花为短日照开花植物，可以通过控制日照长度来提前或错后花期。提前花期，在生长期间用黑布遮光处理，每日只给予8～10 h光照，则70～75 d可以开花。推迟花期，在9月初开始，每夜给予3 h电灯照明，在停止光照后，即起蕾开花。间断黑夜可起到延长日照的作用。

唐菖蒲：若需唐菖蒲在早春开花，就应在 12 月底或 1 月初，将种球上盆在 15℃的温室中催芽，待放叶后，再将其移入冷室地栽。

练习题

一、选择题

1. 花期调控的内因是(　　)。

A. 环境因子　　B. 生长调节剂

C. 栽培品种及其生长发育规律　　D. 修剪

2. (　　)是实现花期调控比较实用的方法。

A. 提高温度　　B. 利用自然季节的环境条件

C. 降低温度　　D. 补光

3. 为实现“催百花于片刻，聚四季于一时”，可以通过(　　)来实现。

A. 花期调控　　B. 设施栽培

C. 工厂化栽培　　D. 露地栽培

4. (　　)属于环境因子调控花期的方法。

A. 温度调节　　B. 种植时期时间调节

C. 肥水管理调节　　D. 整形修剪调节

5. 花期调控又称为(　　)。

A. 促成栽培　　B. 催延栽培

C. 抑制栽培　　D. 保护地栽培

6. 为提供春节开花的盆栽牡丹，主要采取(　　)的方法来实现。

A. 置于 2～4℃的冷库中　　B. 冬季上盆，在室内逐渐升温栽培

C. 遮光　　D. 补光

7. 为使牡丹春节开花，需采取(　　)方法。

A. 促成栽培　　B. 延迟栽培

C. 自然栽培　　D. 催延栽培

8. 秋菊是典型的(　　)。

A. 长日花卉　　B. 短日花卉

C. 日中性花卉　　D. 对日长不敏感的花卉

9. 遮光处理会使一品红(　　)。

A. 提前开花　　B. 推迟开花

C. 延长开花时间　　D. 开花不受影响

10. 菊花喜光，花芽分化与花芽发育对日长的要求因品种而异，通常长日条件促进(　　)。

A. 营养生长　　B. 生殖生长

C. 花芽分化　　D. 分蘖

11. 一品红是典型的(　　)。

A. 长日性花卉　　B. 短日性花卉

C. 日中性花卉　　D. 对光照长度无要求的花卉

12. 花期控制的方法很多，下列（　　）的方法不属于花期控制。

A. 调节土壤 pH　　B. 调节温度

C. 调节光照　　D. 控制水肥

13. 下列选项中，（　　）可以用延长光照时间促进早开花。

A. 菊花　　B. 唐菖蒲

C. 长寿花　　D. 一品红

二、判断题

1. 在紫薇花后种子形成之前对枝条进行断截，可促发形成新的花芽并于当年再次开花。（　　）

2. 凤仙花依花期迟早需要进行 1～3 次摘心。（　　）

3. 鸡冠花的花期为 5—6 月。（　　）

4. 地被菊可用扦插繁殖。（　　）

5. 紫茉莉为一年生草本花卉，在南方可多年栽培。（　　）

6. 三色堇一般在 8—9 月播种育苗，花期通常为 3—6 月。（　　）

7. 羽衣甘蓝花期通常为 4 月。（　　）

8. 欲使菊花国庆开花，应在 6 月中、下旬进行 40～50 d 的遮光。（　　）

三、填空题

1. 短日照花卉有菊花、__________、牵牛花等。

2. 长日照花卉有凤仙花、__________、水仙等。

3. 需要摘心的花卉主要有__________、__________等。

4. 不需要摘心的花卉主要有__________等。

四、名词解释

1. 花期调控

2. 促成栽培

3. 延迟栽培

五、论述题

1. 控制花期的主要技术措施有哪些？各举一例说明。

2. 试述菊花如何使用植物生长调节剂来调控花期。

3. 简述一串红的栽培技术要点。为了供“五一”节花坛用的一串红，如何安排播种时间？

学习情境 4 习题答案

学习情境5

露地花卉生产技术

课件(PC端下载)

试题库1

试题库2

试题库3

试题库4

试题库5

课程思政元素

教师通过讲述案例，让学生树立责任意识、诚信意识，提升技术能力；树立终身学习理念、强化生活中的规则意识。

知识目标

1. 掌握露地花卉常用的繁殖方法。
2. 熟记常见的露地花卉。
3. 了解露地花卉的养护及用途。

能力目标

1. 掌握露地花卉的园林应用。
2. 掌握露地花卉的修剪技术。

本情境导读

露地花卉是园林绿化中应用最广泛的花卉，其繁殖方法简便，栽培管理技术简单。露地花卉种类繁多、花色丰富多彩且花期长，既可单株观赏，也可布置花坛、花境、花台、花柱、花篱等。露地花卉中宿根花卉和球根花卉也可一次种植连续多年观赏。有些露地花卉还可以自播，省去了每年播种的烦琐技术。露地花卉对环境条件的适应性强，可以自行调节水分、温度等，达到自身生长的需求。因此，露地花卉更适合园林绿化的需求。

任务一　一、二年生花卉生产技术

一、矮牵牛

矮牵牛(*Petunia hybrida* Vilm.)别名:碧冬茄、番薯花。科属:茄科,矮牵牛属,见图5-1。

图5-1　矮牵牛

(一)形态特征

一年生或多年生草本,北方地区多作一年生栽培。株高10～60 cm,茎直立或匍匐生长,全株被短毛。茎梢直立或倾卧,上部叶对生,中下部互生,叶片卵圆形,全缘,先端尖。花单生于枝顶或叶腋间,花冠漏斗状,花径5～8 cm,花筒长6～7 cm,花萼5深裂,花色丰富,有紫、白、粉、红、雪青等,有一花一色的,也有复色和镶边品种。花萼5深裂,雄蕊5枚,花瓣变化多,有单瓣、重瓣,有的花瓣边缘波皱。花期长,北方可从4月开到10月,南方冬季也可常年开花。蒴果卵形,成熟后呈两瓣裂,种子细小,千粒重0.16 g,种子寿命3～5年。

(二)类型及品种

1. 单瓣型

红瀑布(red cascade)、苹果花(apple blossom)、蓝霜(blue frost)、狂欢之光(razzle dazzle)、夏季之光(summer sun)。

2. 重瓣型

蓝色多瑙河(blue danube)。矮生种:超红(ultra red)、超粉(ultra pink)。

矮牵牛还可以根据株型分类,株型有高(40 cm以上)、中(20～30 cm)、矮丛(低矮多分枝)、垂吊型;花色有红、紫、白、粉、黑色以及各种斑纹。

(三)生态习性

原产南美,由南美的野生种经杂交培育而成,目前世界各地都广为栽培。性喜温暖,不耐寒,耐暑热,在干热的夏季也能正常开花。最适生长温度,白天27～28℃,夜间15～17℃,喜光,耐半阴,忌雨涝,疏松肥沃的微酸性土壤为宜,种子的发芽率为60%。

(四)生产技术

1. 繁殖技术

有播种和扦插两种繁殖方法。以播种繁殖为主,可春播或秋播。露地春播在4月下旬进行,如欲提早开花可提前在温室内进行盆播;秋播通常于9月份进行。矮牵牛种子细小,播种应精细,可用育苗盘进行撒播,一般播种量1.5～2 g/m^2。将床土先压实刮平,用喷壶浇足底水,播后覆细土0.2～0.3 cm,并覆盖地膜。地温控制在20～24℃,白天气温25～

30℃,5 d左右出苗,出苗后及时揭去地膜。有一片真叶出现时即可移植。终霜后定植于露地或上盆。

重瓣或不易结实品种可采用扦插繁殖,在5—6月或8—9月时扦插成活率较高。截取插条的母株时应将老枝剪掉,利用根际处萌蘖出的嫩枝作插穗较好。在20~23℃环境中,15~20 d即可生根。扦插繁殖还利于保持优良品种特性,为保存大花重瓣优良品种的繁殖材料,每年秋季花谢后,应挖一部分老株放入温室内贮存越冬。

2.生产要点

矮牵牛移栽时,根系受伤后恢复较慢,故在移苗定植时应多带土团,最好采用营养袋育苗,脱袋定植。露地定植时,株距为30~40 cm。主茎应及时进行摘心,促使侧枝萌发,增加着花部位。土壤肥力要适当,土壤过肥,植株易过于旺盛生长,易倒伏。

矮牵牛常见病害有叶斑病、白霉病、病毒病等,叶斑病和白霉病可用75%百菌清700~800倍水溶液喷洒防治,并及时清除发病严重的病株。病毒病主要由于媒介昆虫(蚜虫)、汁液接触、种子或土壤传毒。高温干旱时期容易发病,要及时消灭媒介昆虫(蚜虫),可在蚜虫发生期喷洒10%吡虫啉可湿性粉剂1 000倍液。另外,预防人为接触传播,加强栽培管理,促进植株生长健壮,减少发病率和降低传病率,减轻对植株的危害。

(五)园林应用

矮牵牛花大,色彩丰富,花期长,在温室中栽培可四季开花,是目前最为流行的花坛和盆栽花卉之一。目前流行的品种一般均为F_1代杂交种,品种极为丰富。大花重瓣品种多用作盆栽造型。长枝种、垂吊种还可作为窗台、门廊的垂直美化材料。种子入药,有驱虫之功效。

二、一串红

一串红(*Salvia splendens* Ker-Gawl.)别名:墙下红、爆竹红、撒尔维亚。科属:唇形科,鼠尾草属。见图5-2。

(一)形态特征

多年生亚灌木,生产栽培多作一年生栽培。茎直立,四棱形,幼时绿色,后期呈紫褐色,基部半木质化,全株光滑,株高30~80 cm。叶对生,卵形或三角状卵形、心脏形,有长柄,长6~12 cm,顶端尖,叶缘有锯齿。轮伞状花序顶生,密集成串,每序着花4~6朵。花冠唇形,伸出萼外,花萼筒状,和花冠同为红色。花有红、紫、白、粉等色。花期7—10月。小坚果卵形,黑褐色,似鼠粪,千粒重2.8 g,种子寿命1~4年。

图5-2　一串红

(二) 类型及品种

同属常见栽培品种的还有以下几种:

朱唇(*S. coccinea*):别名红花鼠尾草。原产北美南部,多作一年生栽培。花萼绿色,花冠鲜红色,下唇长于上唇两倍,自播性强,栽培容易。

一串紫(*S. horminum*):原产南欧,一年生草本。具长穗状花序,花小,有紫、雪青等色。

一串蓝(*S. farinacea*):别名粉萼鼠尾草。原产北美南部,在华东地区作多年生栽培,华北地区多作一年生栽培。花冠青蓝色,被柔毛。此外还有一串粉、一串白。

(三)生态习性

原产于南美巴西。喜温暖湿润气候,不耐寒,怕霜冻。最适生长温度20～25℃,当温度低于14℃时,降低茎的伸长生长。喜阳光充足环境,也稍耐半阴。幼苗忌干旱又怕水涝。对土壤要求不严,在疏松而肥沃的土壤上生长良好。

(四)生产技术

1.繁殖技术

采用播种、扦插和分株等方法繁殖,以播种繁殖为主,播种温度20～22℃,低于10℃不发芽,扦插在春、秋两季都可进行。分批播种可分期开花,如北京地区“五一”用花需秋播,10月上旬假植在温室内,不断摘心,抑制开花,于“五一”前25～30 d,停止摘心,“五一”繁花盛开;“十一”用花,可于早春2月下旬或3月上旬在温室或阳畦播种,冬季温室播种育苗,4月即可栽入花坛,5月开花;在3月份露地播种,可供夏末开花。播种量15～20 g/m^2,播后覆细土1 cm。为加大花苗繁殖量,从4—9月即可结合摘心剪取枝条先端的枝段,长5～6 cm进行嫩枝扦插,10 d左右生根,30 d就可分栽。

2.生产要点

一串红对水分要求较为严格,苗期不能过分控水,否则容易形成小老苗,水分过多,则会导致叶片脱落。幼苗长出真叶后,可进行第一次分苗,5～6片叶时,可进行第二次分苗,育苗移栽时需带土球。当幼苗高10 cm时留两片叶摘心,促使多萌发侧枝。以后生长可反复摘心,摘心25 d后即可开花,故可通过摘心控制花期。一串红苗期易得猝倒病,育苗时应注意预防。育苗前用50%多菌灵或50%福美双可湿性粉剂500倍液对土壤进行浇灌灭菌消毒,出苗后,向苗床喷施50%多菌灵可湿性粉剂800倍液,连喷2～3次。生长期施用1 500倍的硫酸铵以改变叶色。花前追施磷肥,开花尤佳。一串红的种子易散落,应在早霜前及时采收。

(五)园林应用

一串红花色艳丽,是重要的花坛材料,可单一布置花坛、花境或花台,也可作花丛和花群的镶边。上盆后是组摆盆花群不可缺少的材料,可与其他盆花形成鲜明的色彩对比。一串红全株均可入药,有凉血消肿的功效。它还对硫、氯的吸收能力较强,但其抗性弱,所以既是硫和氯的抗性植物,又是二氧化硫、氯气的监测植物。

三、三色堇

三色堇(*Viola tricolor*),别名:蝴蝶花、猫儿脸。科属:堇菜科,堇菜属。见图5-3。

(一)形态特征

多年生草本,多作二年生栽培,北方则常作一年生栽培用。株高15～30 cm,全株光滑,分枝多。叶互生,基生叶卵圆形或圆心脏形,有叶柄;茎生叶较长,披针形,具钝圆状锯齿。花顶生或腋生,挺立于叶丛之上;花大,花瓣5片,上面1片先端短钝,下面的花瓣有腺形附属体,并向后伸展,花冠状似蝴蝶。花色绚丽,有黄、白、紫三色,花瓣中央还有一个深色图的“眼”状斑纹。除一花三色外，还有纯黄、纯蓝、纯白、褐、红等单色品种。花期通常为 3—6 月，南方可在 1—2 月开花。蒴果椭圆形，呈三瓣裂。种子倒卵形，果熟期 5—7 月，千粒重 1.16 g，种子寿命 2 年。

图 5-3　三色堇

(二) 类型及品种

目前常见栽培的有杂种 1 代和杂种 2 代品种。

同属种类有香堇(*V. odorata*)，被柔毛，匍匐茎，花有深紫、淡紫、粉红和白色，有芳香，2—4 月开花。

角堇(*V. cornuta*)，茎丛生，花紫色，品种有复色、白色、黄色，微香。

(三)生态习性

原产南欧，性喜光，喜冷凉气候条件，略耐半阴，较耐寒而不耐暑热。可露地越冬，为二年生花卉中最为耐寒的品种之一。要求肥沃湿润的沙质壤土，在瘠薄的土壤上生长发育不良。

(四)生产技术

1. 繁殖技术

主要采用种子繁殖。通常秋季播种，8—9 月间播种育苗，发芽适宜温度 19℃，分苗后可移栽到营养钵，供春季花坛栽植应用，南方可供春节观花。目前，多采用温室育苗，采用育苗盘播种，覆土 0.6～1 cm，控制地温 18℃左右，7 d 左右即可出苗。北京地区秋播后可在阳畦越冬，供"五一"花坛用花。

也可在夏初剪取嫩枝进行扦插繁殖，供秋季花坛用花。夏季凉爽的地区老株如能安全度夏，秋后可分株移栽于温室，越冬后再移植入花坛。

2. 生产要点

三色堇喜肥，种植前需精细整地并施入大量基肥，最好是氮磷钾全肥。生长期内则应做到薄肥勤施。起苗移植时要多带土团，南方于 11 月上旬移植，做好越冬保护工作，可于 2—3 月开花；北方 3—4 月间定植，4 月中、下旬即可开花。栽植后保持土壤湿润，但要注意排水防涝。

三色堇稍耐半阴，在北方炎夏干燥的气候或烈日下往往开花不良，为此常栽植于有疏荫环境的花境或花带中，或植入树旁和林间隙地。三色堇生长期间，有时会发生蚜虫危害，可喷施 10%吡虫啉 2 000～3 000 倍的溶液防治。

(五)园林应用

三色堇花期长，开花早，色彩丰富，是优良的春节花坛材料。也常用于花境及镶边，或用不同花色品种组成图案式花坛。也可与开花较晚的花卉间种，提高绿化效果。由于其花型奇特，也可作盆栽或剪取作插花素材。

四、金盏菊

金盏菊(*Calendula officinalis* L.)，别名：金盏花、长生菊。科属：菊科，金盏菊属。见

图 5-4 金盏菊

图 5-4。

(一)形态特征

多年生草本,作一、二年生栽培。株高 50～60 cm,全株被毛。单叶互生,全缘,椭圆形或椭圆状倒卵形,基生叶有柄,上部叶基抱茎。头状花序单生,花径 4～10 cm,舌状花一轮或多轮平展,金黄或橘黄色,筒状花,黄色或褐色,盛花期 3—6 月。瘦果弯曲,呈船形,种子千粒重 11 g。果熟期 5—7 月。

(二)类型及品种

园艺品种有重瓣、卷瓣等,重瓣品种有平瓣型和卷瓣型。国外还选育出不少单瓣、重瓣的种间杂交种。有托桂型变种和株高 20～30 cm 的矮生种。

(三)生态习性

原产南欧,适应性强,我国各地均有栽培。喜光,耐寒,不耐阴,忌酷暑,炎热天气通常停止生长,对土壤要求不严格,但疏松肥沃土壤生长良好,尤其幼苗在含石灰质的土壤上生长较好,适宜的 pH 为 6.5～7.5,能自播。

(四)生产技术

1. 繁殖技术

多采用种子繁殖,优良品种也可用扦插繁殖。9 月初将种子播于露地苗床,因金盏菊的发芽率相对较低,播种时需注意两点,一是覆土宜薄,二是播种量要大。保持床面湿润,7～10 d 即可发芽。也可于春季进行撒播,但形成的花常较小且不结实。

2. 生产要点

幼苗生长迅速,应及时进行间苗和定苗,2～3 片叶时移植于冷床越冬,冬季加强覆盖防寒越冬,防止幼苗受冻。金盏菊 5～6 片真叶时进行摘心,促使多生分枝。生长期每 15 d 施肥一次,并保持土壤湿润。生长期需日照充足,如光照不足,基部叶片易发黄,甚至腐烂。在第一茬花谢后立即进行抹头,能促发侧枝再度开花。盆栽时,要选择肥沃、疏松的盆土,若上盆后在温室越冬,则花期提早,能使整个冬、春季开花不断。

金盏菊在 5—6 月易遭蚜虫、红蜘蛛的危害,用 2 500 倍的净粉剂连续喷 2～3 次即可防治。

(五)园林应用

金盏菊植株矮生,花朵密集,花色鲜艳,开花早,花期长,适合作切花和室内早春盆栽,是良好的晚秋、早春花坛、花境材料。金盏菊多黄色,把其盆栽摆放于广场中心、车站等公共场所,呈现一幅堂皇富丽的景象。对二氧化硫、氟化物、硫化氢等有害气体均有一定的抗性。全草入药,性辛凉,微苦。

五、羽衣甘蓝

羽衣甘蓝(*Brassica oleracea*),别名:叶牡丹、花甘蓝、花菜。科属:十字花科,甘蓝属。

见图 5-5。

(一)形态特征

图 5-5 羽衣甘蓝

二年生草本植物。茎基部木质化,直立无分枝,株高达 30～60 cm。叶互生,倒卵形,宽大,平滑无毛。集生茎基部,被有白粉。叶缘皱缩,外部叶呈粉蓝绿色,内部叶色丰富,白、紫红、黄绿等,不包心结球,叶柄较粗壮。总状花序顶生,十字形花冠,花小、花淡黄色,花葶较长,花期 4 月。长角果细圆柱形,种子球形,成熟期 6 月,千粒重 1.6 g。

(二)类型及品种

栽培品种以高度来分,有矮型和高型品种;从叶型上可分为皱叶、圆叶和深裂叶等品种。依据叶色分为边缘深红色、灰绿色、红紫叶和翠绿色、白绿叶。前一类心部呈紫红、淡紫或血青色,茎紫红色,种子红褐色。后一类心部呈白色或淡黄色,茎部绿色,种子黄褐色。目前常用分为切花用品种和盆花、花坛用品种。

(三)生态习性

原产西欧,我国中、南部广泛栽培。喜光,喜冷凉,喜肥,耐寒性强,幼苗经过锻炼能忍受短期 3～8℃的低温,并且羽衣甘蓝只有经过低温才能结球良好,次年抽薹开花;喜湿,有一定的耐旱性;喜疏松肥沃的沙质壤土,我国各地均能良好生长。

(四)生产技术

1. 繁殖方法

常用播种繁殖,播种时间南方一般 7—8 月进行,北方早春在温室播种育苗。因其易与其他十字花科植物自然杂交,最好不要用栽植过同属种植物的土壤配制床土。羽衣甘蓝需肥多,配制的床土应肥沃。其花薹高,应设立支架以免倒伏。育苗盘应放在露地的半遮阳防雨棚中,4 d 左右出苗整齐。播后 3 个月即可达观赏效果。

2. 生产要点

羽衣甘蓝播后及时浇足水,若光照强,还要进行覆盖遮阳。有 3～4 片真叶时开始分苗,7～8 片真叶时,可再移植一次,11 月定植。9—10 月天气凉爽生长快,此时应供应充足的水肥,地栽每月施粪肥 2～3 次,盆栽 7～10 d 施肥一次。可适度剥离外部叶子,以利于亦生长,避免其叶片生长过分拥挤,通风不良。期间容易受食叶虫侵食,要注意做好蚜虫及菜青虫的防治工作,以免影响观赏效果。幼虫危害期喷施青虫菌 6 号或 Bt 乳剂 600 倍液防治。若需留种,则注意母株的隔离,避免品种间或种间杂交。

(五)园林应用

羽衣甘蓝叶色鲜艳美丽,耐寒性强,是著名的冬季露地草本观叶植物。羽衣甘蓝是用于布置冬季城市中的大型花坛、中心广场、交通绿地的盆栽摆花良好材料,也可盆栽观赏。全株可作饲料。

六、彩叶草

彩叶草(*Coleus blumei*),别名:五色草、洋紫苏、锦紫苏、老来少。科属:唇形科,彩叶草属。见图 5-6。

图 5-6 彩叶草

(一)形态特征

多年生草本作一年生栽培。株高 30～50 cm,少分枝,茎四棱。叶对生,菱状卵形,两面有软毛,先端长渐尖或锐尖,常有深缺刻,叶表面绿色而有紫红色斑纹。叶具多种色彩,且富有变化,故称彩叶草。顶生总状花序,一般花上唇白色,下唇蓝色或淡紫色,花期夏、秋。小坚果平滑,种子千粒重 0.15 g。

(二)类型及品种

彩叶草的栽培品种很多,常见园艺变种有五色彩叶草(var. *verschaffeltii* Lem),又名皱叶彩叶草。叶片上有淡黄、桃红、暗红色等斑纹,绿色的边。生长势强健,叶边缘锯齿较深,还有细裂品种。

(三)生态习性

原产印度尼西亚,在我国南北各地常用作盆花培养。喜温暖湿润的气候条件,喜光,但在强光照射下叶面粗糙,叶色发暗,以疏荫环境为好。不耐寒,当气温接近 12℃时,叶片开始脱落,其中以皱叶彩叶草的耐寒力稍强。对土壤要求不严,以疏松、肥沃而排水良好的沙质壤土为宜。彩叶草叶大质薄,需水量大,但切忌积水,以免引起根系腐烂。

(四)生产技术

1. 繁殖技术

彩叶草常用播种或扦插繁殖。播种可于 2—3 月温室内盆播,发芽适温 25～30℃,10 d 左右发芽。出苗后间苗 1～2 次。扦插一年四季均可进行,多在春、秋季扦插。扦插后需保持湿度及温度,约 1 周发根。也可用叶插繁殖。

2. 生产要点

彩叶草生长健壮,栽培管理较粗放。播种苗抽出真叶后,进行分苗和上盆。盆土用 3 份壤土、1 份腐叶土并适量加沙。可用有机肥及骨粉作基肥。生长期要经常浇水和进行叶面喷水,但水量要控制,以防苗株徒长和感染苗腐病。切忌施用过量氮肥,否则节间过长,叶片稀疏。苗期进行 1～2 次摘心,促使多发分枝,增大冠幅,养成丛株,使株型丰满、美观。留种植株,夏季不能放在室外,在日照强烈时放荫蔽处,并防止暴雨强风危害。若不采种,以观叶为主,为避免养分消耗,最好在花穗形成初期将其摘掉。花后老株修剪可促生新枝,但老株下部叶片常脱落,株型不佳,观赏价值会大大降低,故常作一、二年生栽培。栽培管理过程中,如果浇水湿度过大,易感染灰霉病,可用 65%甲霜灵可湿性粉剂 1 500 倍液或 60%防霉宝超微粉剂 600 倍液防治。

(五)园林用途

为优良盆栽观叶植物，也可供夏、秋花坛用，色彩鲜艳，非常美观，适用于毛毡式花坛。此外，还可剪取枝叶作为切花或镶配花篮用。

七、凤仙花

凤仙花(*Impatiens balsamina*)，别名：指甲花、急性子、透骨草。科属：凤仙花科，凤仙花属。见图 5-7。

图 5-7　凤仙花

(一)形态特征

一年生草本，株高 20～80 cm。茎直立，多分枝，表面光滑，节部明显膨大，呈肉质状而多汁，颜色因花色而不同，茎呈青绿、红褐和深褐色。单叶互生，长达 15 cm，呈披针形至宽披针形，先端锐尖，叶缘有小锯齿，叶柄两侧具腺体，肉质多汁。花大，花两性，数朵或单朵着生于上部叶腋间。总状花序，花瓣 5 枚，花萼 3 片，后叶有矩，花冠侧垂生长，具短梗。花色有白、粉、玫瑰红、洋红、大红、紫、雪青等色，花期 5—9 月。蒴果呈纺锤形，上面密被白色茸毛。种子球形，褐色，6—10 月陆续成熟，成熟后果实立即开裂种子弹出，千粒重 9.5 g，种子寿命 5～6 年。

(二)类型及品种

凤仙花栽培品种繁多，有爱神系列、俏佳人系列、精华系列、邓波尔系列；按株型可分为直立型、开展型、龙爪型；按花型可分为单瓣型、顶花型、玫瑰型、山茶型；按株高可分为高型、中型、矮型。其中有高型的可达 1.5 m 的品种，冠幅可达 1 m，花多为单瓣；中型高 40～60 cm；矮型高 20～30 cm。同属种类有苏丹凤仙(*I. sultanii*)、何氏凤仙(*I. holstii*)等。

(三)生态习性

凤仙花原产于我国南方、印度及马来西亚一带，现世界各地均有栽培。喜阳光充足温暖湿润的气候条件，不耐寒冷，耐炎热，怕霜冻。对土壤适应性强，喜湿润而排水良好肥沃的沙质土壤，不耐干旱，遇缺水会凋萎造成叶片脱落而枯萎。能自播繁衍。

(四)生产技术

1. 繁殖技术

凤仙花多采用播种繁殖。播种期为 3—4 月，可先进行露地苗床育苗，也可在花坛内直播。在 22～25℃下环境下，4～6 d 即可发芽。凤仙花的自播能力强。上年栽过凤仙花的花坛，次年 4—5 月会陆续长出幼苗，可选苗进行移植。播种到开花需 7～8 周，可利用调节播种期来调节花期。

2. 生产要点

幼苗期生长快，需及时间苗 2～3 次，保证每株苗的营养面积，使幼苗健壮。3～4 片真叶时移栽定植。全株水分含量高，因此，不耐干燥和干旱，水分不足时，易引起落花落叶现象，影响生长及观赏性。定植后应注意灌水，尤其7—8月干旱时，要及时灌溉，防止植株凋萎，花期也要保湿土壤湿润。雨水过多应注意排涝，否则根、茎易腐烂。耐移植，盛开时仍可移植，恢复容易。苗期应勤施追肥，可10～15 d追施1次氮肥为主，或氮、磷、钾结合的液肥。如延迟播种，分苗上盆，可于国庆节前后开花。依花期迟早需要进行1～3次摘心。在果皮开始发白时即行摘果，需上午采收种子，避免碰裂果皮，弹失种子，晾干脱粒。夏季高温干旱时，应及时浇水，并注意通风，否则易受白粉病危害。可用50%甲基托布津可湿性粉剂1 000倍液喷洒防治。据试验，7月初播种，遮阳保湿，出苗后加强管理，可在国庆节开花，所需肥水也较多。

(五)园林应用

凤仙花很早就受到我国人民的喜爱，妇女和儿童常用花瓣来涂染指甲。因其花色品种极为丰富，是花坛、花境中的优良用花材料，也可栽植成花丛和花群。它也是氟化氢的监测植物。种子在中药中叫“急性子”，可活血、消积。

八、万寿菊

万寿菊(*Tagetes erecta*)，别名：臭芙蓉、蜂窝菊、臭菊。科属：菊科，万寿菊属。见图5-8。

图5-8 万寿菊

(一)形态特征

一年生草本花卉。茎粗壮而光滑，株高20～90 cm，全株具异味。叶对生或互生，有锯齿，单叶羽状全裂，裂片披针形，裂片边缘有油腺点。头状花序，着生枝顶，黄、橙色或橘黄色。舌状花有长爪，边缘皱曲，总花梗上部肿大。瘦果线形黑色有毛，种子千粒重3 g。

(二)类型及品种

万寿菊栽培品种多，有高生和矮生种。目前市场流行的万寿菊品种多为进口的F_1代杂交种，主要包括两大类，一类为植株低矮的花坛用品种，一类为切花用品种。花坛用品种的植株高度通常在40 cm以下，株型紧密丰满，既有长日照条件下开花的品种，如万夏系列、丽金系列、四季系列；也有短日照品种，如虚无系列。切花品种一般植株高大，株高60 cm以上，花径10 cm以上，茎秆粗壮有力，并且多为短日照品种，如欢呼系列、明星系列、英雄系列、丰富系列等。

(三)生态习性

原产于墨西哥及中美洲地区，我国南北方均可栽培。喜温暖，要求阳光充足，稍耐早霜和半阴，较耐旱，抗性强，但在多湿、酷暑下易生长不良。对土壤要求不严，适宜pH为5.5～6.5。耐移植，生长迅速，病虫害少；能自播繁殖。

(四)生产技术

1.繁殖技术

主要采用播种和扦插法繁殖。万寿菊一般春播,发芽适温在21～24℃,70～80 d即可开花,夏播50～60 d即可开花。可根据应用需要选择合适的播种日期,如早春在温室中育苗,出苗后分苗一次即可移栽,可用于“五一”花坛;夏播可供“十一”花坛用花。开花后部分万寿菊可结种子,但种子退化严重,一般需要连年买种。扦插繁殖在生长期进行,6—7月采取嫩枝长5～7 cm作为插穗,扦插后略遮阳,极易成活。两周生根,1个月即可开花。

2.生产要点

万寿菊生长适应性强,在一般土壤上均能生长良好,极易栽培。苗高15 cm可利用摘心促发分枝。万寿菊对土壤要求不严,栽植前结合整地可少施一些薄肥,苗期生长迅速,对水肥要求不严,以后可不必追肥。开花期每月追肥可延长花期,但注意氮肥不可过多;在干旱时期需适当灌水。植株生长后期易倒伏,应设立支架,并及时剪除残花。万寿菊常有蚜虫为害,可用烟草水50～100倍液或抗蚜威2 000～3 000倍液防治。

(五)园林应用

万寿菊花大色艳,花期长,适应性强,其矮生品种最适宜布置花坛、花丛、林缘花境,还可盆栽欣赏;高生品种花梗长,切花水养持久。万寿菊的抗二氧化硫及氟化氢性能强,同时也能抗氮氧化物、氯气等有害气体,并吸收一定量的铝蒸气,可用作工厂抗污染花卉。

九、五色草

五色草(*Alternanthera bettzickiana* Nichols.),别名:模样苋、红绿草。科属:苋科,虾钳菜属。见图5-9。

(一)形态特征

多年生草本。分枝多,呈密丛匍匐状。单叶对生,披针形或椭圆形,叶片常具彩斑或色晕,叶柄极短。头状花序生于叶腋,花白色,花期较晚,12月至翌年2月。胞果,种子少,常含一粒种子,北方通常不结种子。

(二)类型及品种

五色草常见品种主要有:小叶绿,茎斜出,叶片狭长,嫩绿色或具黄斑;小叶红,茎平卧状,叶狭,基部下延,叶暗紫红色;小叶黑,茎直立,叶片三角状卵形,茶褐色至绿褐色。

图5-9　五色草

(三)生态习性

原产南美巴西一带,我国南北各地均有栽培。喜光,喜温暖湿润的环境条件,不耐干旱及寒冷,也忌酷热。要求土壤通透性好,以排水好的沙质土为宜。

(四)生产技术

1. 繁殖技术

扦插繁殖为主。需留种植株在秋季移入温室内越冬，3月中旬将母株移至温床，4月就可在温床内剪取枝条扦插，5—6月可在露地进行扦插繁殖，当土温到达20℃左右时，扦插苗经5 d左右即可生根。

2. 生产要点

扦插苗定植后，在生长期要及时修剪。选取枝壮叶茂的植株作为母株，开花时及时摘除花朵，以降低营养消耗，可用2%的硫酸铵液作追肥，每半个月施肥一次，越冬温度保持在13℃以上。为了较快地获得更多的扦插苗用于布置花坛、花境等应用，常对成龄植株进行修剪，把剪下的枝条作为插穗再扦插。用于布置模纹花坛的五色草，一般植株保持在10 cm高，为保持花纹形状，经常修剪。

(五)园林应用

五色草植株低矮，耐修剪，分枝性强，可用不同色彩配置成各种花纹、图案、文字等平面或立体的造型，最适用于布置模纹花坛。也可用于花境边缘及岩石园的造景。

十、鸡冠花

鸡冠花(*Celosia cristata*)，别名：红鸡冠、鸡冠。苋科属：苋科，青葙属。见图5-10。

图5-10　鸡冠花

(一)形态特征

一年生草本。株高20～150 cm，茎直立粗壮，上部有棱状纵沟，少分枝。单叶互生，有叶柄，卵形或线状披针形，全缘或有缺刻，有红、黄、绿、黄绿等色。穗状花序顶生，花序梗扁平肉质似鸡冠，中下部集生小花，细小不显著。花萼膜质，5片，花萼及苞片有深红、红黄、橙和玫瑰紫等色。花期6—10月。胞果卵形，亮黑色，种子细小多数，千粒重约为1 g。

(二)类型及品种

鸡冠花园艺变种、变型很多。按花型可分为头状鸡冠和凤尾鸡冠；按高矮株型分为：高型鸡冠(80～120 cm)，中型鸡冠(40～60 cm)，矮型鸡冠(15～30 cm)。

(三)生态习性

原产印度、美洲热带，我国各地广泛栽培。鸡冠花生长期内喜高温，喜光及炎热干燥的气候，较耐旱而不耐寒，不耐涝。属短日照花卉；喜肥沃湿润弱酸性的沙质壤土。种子自播能力强，可自播繁殖。

(四)生产技术

1. 繁殖技术

鸡冠花多采用播种繁殖。露地播种期为4—5月，3月可播于温床。种子细小，撒播且覆土宜薄，发芽适温 20℃以上，夜间气温不低于 12℃，约 10 d 出苗。4～5 枚叶时即可移植，鸡冠花属直根性，不宜多次移栽。

2. 生产要点

鸡冠花在生长期间特别是炎热夏季，需充分灌水，保持土壤湿润，但忌水涝。常用草木灰、油粕、厩肥作基肥。开花前到鸡冠形成后，可施薄肥，促其生长。如欣赏主枝花序，则要摘除腋芽，且苗期不宜施肥，因多数品种腋芽易萌发侧枝，肥后侧枝生长茁壮，会影响主枝发育。如要丛株欣赏，则要保留腋芽，不能摘心。播前用 40% 福尔马林 200 倍液处理土壤，以防苗期感染猝倒病，发病期喷施和浇灌 50% 福美双 500 倍液可抑制此病发生。

(五)园林应用

鸡冠花色彩丰富，花序形状奇特，花期长，植株耐旱适应性强，适用于布置秋季花坛、花丛和花境，也可盆栽。其高型品种可作切花，水养持久，如制成干花，经久不凋。鸡冠花对二氧化硫抗性较强。鸡冠花的花序、种子都可入药，还有茎叶用作蔬菜的品种。

十一、虞美人

虞美人(*Papaver rhoesa*)，别名：丽春花、赛牡丹、小种罂粟花。科属：罂粟科，罂粟属。见图 5-11。

(一)形态特征

二年生草本花卉。株高 40～80 cm，茎枝细弱，具白色乳汁，全身披短硬毛。叶互生，主要着生于分枝基部，有叶柄，叶片羽状深裂，裂片披针形，顶端尖锐，叶缘具粗锯齿。花蕾单生于长花梗的顶端，开放前弯曲下垂，开后花梗直立。萼片 2 枚，绿色，开花即落，花瓣 4 枚，组成圆盘形花冠，薄而有光泽，边缘呈浅波状，花色多样，有粉、白、红、深红、紫红及复色的品种，花期 4—7 月。蒴果倒卵形，种子褐色，细小而多，千粒重 0.33 g，种子寿命 3～5 年。

图 5-11 虞美人

(二)类型及品种

同属其他种的品种还有：冰岛罂粟，多年生草本，丛生，叶基生，花单生，红色及橙色；东方罂粟，多年生直立草本，茎部不分枝，少叶，花猩红色。

(三)生态习性

原产欧洲中部及亚洲东北部，我国各地广为栽培。虞美人喜阳光充足的温凉气候，较耐寒而怕暑热，在盛夏到来前完成其开花结实阶段。喜高燥、通风，喜排水良好，疏松而又肥沃的沙壤土。

(四)生产技术

1. 繁殖技术

虞美人多采用播种繁殖。我国大部分地区作二年生草花栽培,可于9—10月播种,种子细小,覆土宜薄,冬季可覆盖保护越冬,翌年早春即可开花。夏季凉爽的地区,如东北和西北,4月初可露地直播,夏初开花。能自播繁衍。

2. 生产要点

虞美人在长出4片真叶时移植,定植需带土球,否则易出现叶片枯黄现象。在花坛直播的,出苗后可间苗2次,使之簇状生长,开花后可布满畦面。肥水管理要适当,不宜过度,以防止枝茎纤细,长得太高。忌连作与积水,否则易出现开花前死苗和因湿热而造成落花落蕾。

(五)园林应用

虞美人花色鲜艳,花姿轻盈,是观赏价值较高的春季美化花坛、花境及庭院的良好材料,成片栽植时效果更佳。

十二、藿香蓟

藿香蓟(*Ageratum conyzoides* L.),别名:胜红蓟、蓝绒球、蓝翠球、咸虾花。科属:菊科,藿香蓟属。见图5-12。

图5-12 藿香蓟

(一)形态特征

一年生草本花卉,株高40~60 cm。茎披散,被白色柔毛。叶对生或顶部互生,卵圆形或卵圆状三角形,基部圆钝,少数呈心形,有钝圆锯齿,叶皱有柄,叶脉明显。株丛紧密。头状花序呈聚伞状着生枝顶,无舌状花,全为筒状花,呈浓缨状,直径0.5~1 cm,花色有蓝、天蓝、淡紫、粉红或白色,花冠先端5裂。花期5月至霜降。瘦果,易脱落。种子千粒重0.15 g。

(二)类型及品种

常见栽培为F_1代杂种,有株高1 m的切花品种,也可用于园林背景花卉;另有矮生种(高15~20 cm)和斑叶种。同属栽培种有大花藿香蓟(*A. houstonianuma*),又名四倍体藿香蓟,多年生草本,作一、二年生栽培,株高30~50 cm,整株披毛,茎松散,直立性不强,叶对生,卵圆形,有锯齿,叶面皱褶,头状花序,花径可达5 cm,花为粉红色。

(三)生态习性

藿香蓟原产墨西哥。喜光,不耐寒,喜温暖气候,怕酷热。对土壤要求不严,耐修剪。

(四)生产技术

1. 繁殖技术

藿香蓟可用播种和扦插法繁殖。以播种繁殖为主,3—4月将种子播于露地苗床。种子发芽适温 22℃，要求充足的阳光。床土过湿易得病，因种子细小，为播种均匀，应将种子拌沙，撒播于露地苗床。也可在冬、春季节于温室内进行扦插繁殖，室温保持在 10℃，极易生根。藿香蓟的花期控制可通过播种期和扦插时间来调控。一般藿香蓟播种到开花需 60 d 左右，可根据需要调整播种期。也可以根据需要确定具体扦插时间，1—2 月扦插供春季花坛，5—6 月扦插供夏秋花坛。

2. 生产要点

苗期由于发芽率高，生长迅速，需及时间苗，经一次移植，苗高达 10 cm 时定植，株距 30～50 cm，喜日照充足的环境，光照是其开花的重要因子，栽培中应保持每天不少于 4 h 的直射光照射。过分湿润和氮肥过多则开花不良。栽培时可视需要进行修剪。因种子极易脱落，故需分批及时采收。藿香蓟易感染白粉病，栽植时密度要适当，保持通风透光良好；发病初期喷洒 20%粉锈宁乳油 1 200 倍液。

(五)园林应用

藿香蓟色彩淡雅，花朵繁多，株丛有良好的覆盖效果。可用于布置花坛、花境，还可作地被植物。高生种可以作切花、盆花等。又可在花丛、花群或小径沿边种植，还能点缀岩石园。修剪后能迅速开花。

十三、波斯菊

波斯菊(*Cosmos bipinnatus* Cav.)，别名：秋英、扫帚梅、大波斯。菊科，秋英属。见图 5-13。

(一)形态特征

一年生草本花卉，株高 1～2 m，茎纤细而直立，有纵向沟槽，幼茎光滑，多分枝。单叶对生，呈二回羽状全裂，裂片线形，较稀疏。头状花序顶生或腋生，有长总梗，总苞片二层，内层边缘膜质，花盘边缘具舌状花 1 轮，花瓣 7～8 枚，有白、粉、红等不同花色，中心花筒状黄色，花期 7—10 月。瘦果线形。千粒重 6 g 左右，种子寿命 3～4 年。

图 5-13　波斯菊

(二)类型及品种

变种有：白花波斯菊，花纯白色；大花波斯菊，花较大，有白、粉红、紫诸色；紫花波斯菊，花紫红色。有重瓣、半重瓣和托桂种。

同属常见的有：硫黄菊(*C. sulphureus*)，又名硫华菊、黄波斯菊，一年生草本，株高 60～90 cm，全株有较明显的毛，茎较细，上部分枝较多，叶对生，二回羽状深裂，裂片全缘，较宽，头状花序顶生或腋生，梗细长，花黄色或橙黄色，花期 6—10 月。

(三)生态习性

原产墨西哥。种植成活率高，容易成活，花期比较长，现全国各地均有种植。喜光，耐贫瘠土壤，忌肥，土壤肥沃，常引起徒长，开花少且易倒伏。性强健，忌炎热，对夏季高温不适应，不耐寒。忌大风，宜种背风处。具有极强的自播繁衍能力。

(四)生产技术

1. 繁殖技术

我国北方一般4—6月播种,6—8月陆续开花,8—9月气候炎热,多阴雨,开花较少。秋凉后又继续开花直到霜降。如在7—8月播种,则10月份就能开花,且株矮而整齐。波斯菊的种子有自播能力,一经栽种,以后就会生出大量自播苗,若稍加保护,便可照常开花。可于4月中旬露地床播,如温度适宜6～7 d小苗即可出土。在生长期间可行扦插繁殖,于节下剪取15 cm左右的健壮枝梢,插于沙壤土内,适当遮阳及保持湿度,6～7 d即可生根。中南部地区4月春播,发芽迅速,播后7～10 d发芽。也可用嫩枝扦插繁殖,插后15～18 d生根。

2. 生产要点

幼苗具4～5片真叶时移植,并摘心,也可直播后间苗。如栽植地施以基肥,则生长期不需再施肥,土壤若过肥,枝叶易徒长,开花减少。7—8月高温期间开花者不易结子。波斯菊为短日照植物,春播苗往往枝叶茂盛开花较少,夏播苗植株矮小、整齐、开花不断。苗高5 cm即行移植,叶7～8枚时定植,也可直播后间苗。如栽植地施以基肥,则生长期不需再施肥,土壤若过肥,枝叶易徒长,开花减少。或者在生长期间每隔10 d施5倍水的腐熟尿液一次。7—8月高温期间开花不易结子。种子成熟后易脱落,应于清晨采种。波斯菊为短日照植物,春播苗往往叶茂花少,夏播苗植株矮小、整齐、开花不断。其生长迅速,可以多次摘心,以增加分枝。

波斯菊植株高大,在迎风处栽植应设置支柱以防倒伏及折损。一般多育成矮棵植株,即在小苗高20～30 cm时去顶,以后对新生顶芽再连续数次摘除,植株即可矮化;同时也增多了花数,栽植圃地宜少施基肥。采种宜于瘦果稍变黑色时采摘,以免成熟后散落。波斯菊在夏末秋初,易感染白粉病,发病初期可喷施25%的粉锈宁可湿性粉剂1 500倍液。

(五)园林应用

波斯菊植株高大,花朵轻盈艳丽,开花繁茂自然,有较强的自播能力,成片栽植有野生自然情趣,可成片配置于路边或草坪边及林缘,是良好的花境和花坛的背景材料,也可杂植于树边、疏林下增加色彩,还可作切花。可入药,有清热解毒、明目化湿之用。种子可榨油。

十四、雏菊

图 5-14 雏菊

雏菊(*Bellis perennis* L.),别名:春菊、延命菊、马兰头花。科属:菊科,雏菊属。见图5-14。

(一)形态特征

多年生草本,多作二年生栽培,株高15～30 cm。基生叶从生呈莲座状,叶匙形或倒卵形,先端钝圆,边缘有圆状钝锯齿,叶柄上有翼。花序从叶丛中抽出,头状花序辐射状顶生,舌状花为单性花,为雌花,有平瓣与管瓣两种,中心花为两性花,花有黄、白、红等色,花期3—5月。瘦果扁平,较小,果熟期5—7月。种子千粒重0.21 g,寿命2～3年。

(二)类型及品种

有单瓣和重瓣品种,园艺品种多为重瓣类型。有各种花形:蝶形、球形、扁球形。

(三)生态习性

原产西欧,我国园林中栽培极为普遍。喜光,喜凉爽气候,较耐寒,寒冷地区需稍加保护越冬,怕炎热;喜肥沃、湿润、排水良好的肥沃壤土;忌涝;浅根性。

(四) 生产技术

1. 繁殖技术

可播种、扦插、分株繁殖。9 月初将种子播于露地苗床,种子细小,略覆盖即可,发芽适温 20℃,约 7 d 可出苗。扦插在 2—6 月,剪取根部萌发的芽插于沙土中,浇水遮阳。分株繁殖,在夏季到来前将宿根挖出栽入盆内,荫棚内越夏,秋季再分株种植。

2. 生产要点

幼苗经间苗、移植一次后,北方于 10 月下旬移至阳畦中过冬,翌年 4 月初即可定植于露地。雏菊耐移植,即使在花期移植也不影响开花。生长期间保证充足的水分供应,薄肥勤施,每周追肥一次。夏季花后,老株分株,加强肥水管理,秋季又可开花。雏菊易感染白粉病,发病初期喷洒 25%粉锈宁可湿性粉剂 1 500 倍液,每隔 7~10 d 喷洒 1 次,连续喷洒 3~4 次。

(五)园林应用

植株娇小玲珑,花色丰富,为春季花坛常用花材,是优良的种植钵和边缘花卉,还可用于岩石园。

十五、醉蝶花

醉蝶花(*Cleome spinosa* L.),别名:西洋白花菜、风蝶草、紫龙须。科属:白花菜科,醉蝶花属。见图 5-15。

(一)形态特征

一年生草本,株高 80~100 cm,全株被黏质腺毛;叶互生,5~7 裂掌状复叶,小叶长椭圆状披针形;小叶柄短,总叶柄细长,基部具刺状托叶一对。总状花序顶生,花多数,白色到淡紫色,花瓣 4 枚,有长爪,淡红、紫或白色。雄蕊 6 枚,蓝紫色,伸出花冠外 2~3 倍,状如蜘蛛,颇为显著。花期 7 月至降霜。蒴果圆柱形;种子小,千粒重 1.5 g。

图 5-15　醉蝶花

(二)类型及品种

航选 1 号醉蝶花、皇后醉蝶花等。

(三)生态习性

原产美洲热带西印度群岛。我国各地均有栽培,不耐寒,喜通风向阳的环境,在富含腐殖质、排水良好的沙质壤土上生长良好。

(四)生产技术

1. 繁殖技术

播种繁殖，4 月初播于露地苗床，覆土后保持湿润即可。

2. 生产要点

幼苗生长较慢，宜及时间苗，2 枚叶后可移植一次，5 月下旬可定植园地，株距 30～40 cm；生长期间，控制施肥，以免植株长得过于高大。在开花前可追肥 2～3 次。蒴果成熟时能自行开裂散落种子，故采种应在蒴果绿中发黄时，逐荚采收，晾干脱粒。

(五)园林用途

为优良的蜜源植物，是盆花和花境材料，也可丛植于树边空隙地。如于秋季播种，可在冬春于室内开花，是一种很好的抗污花卉，对二氧化硫、氯气抗性均强，种子入药。

十六、半枝莲

半枝莲（*Portulaca grandlifora*），别名太阳花、日晒花。科属：属于马齿苋科，马齿苋属。见图 5-16。

图 5-16　半枝莲

(一)形态特征

为一年生草本花卉，植株低矮，高 10～15 cm，茎近匍匐生长，肉质多汁，其上疏生细毛。叶互生或散生，肉质，有两种叶形者：一为棍棒状圆柱形，二为倒卵状椭圆形。花单生或簇生于枝顶，每枝着花 1～4 朵，单朵花径 2.5～4 cm，单瓣或重瓣，基部叶状苞片 8～9 枚，密生白色茸毛，单瓣者花瓣 5 枚，倒卵形，顶端微凹。花色有红、黄、紫、白、粉、橙和复色、杂色的。日出开花，日落闭合，阴天少开，花期 6—10 月。果为蒴果，内含种子多数，成熟后蒴果顶盖开裂。种子细小，银黑色，千粒重 0.1～0.14 g，种子寿命 3～4 年。

(二)类型及品种

园艺品种很多，有单瓣、半重瓣、重瓣之分。

(三)生态习性

原产南美巴西。性喜温暖和充足阳光，不耐寒冷。喜疏松的沙质土，耐瘠薄和干旱。

(四) 生产技术

1. 繁殖技术

播种和扦插法繁殖。3—4 月精细整地后直播于花坛或花境。成苗后可摘取嫩枝扦插，不必遮阳，只要土壤湿润即可插活。能自播繁衍，华南冬季温暖，茎枝不死，来春萌出新枝即可摘取扦插繁殖。

2. 生产要点

播种苗如过于稠密，应做好间苗、除草工作。事先育苗的可裸根移栽花坛。播种或栽苗前施基肥，生长期中不需施肥太多，可粗放管理。半枝莲植株低矮，繁花似锦，花色丰富而鲜艳，是栽植毛毡式花坛的良好材料，也可作大面积花坛、花境的镶边。

(五)园林用途

半枝莲植株矮小，茎、叶肉质光洁，花色丰艳，花期长。宜布置花坛外围，也可栽植为专类花坛。全草可入药，半枝莲花茎和花含甜菜花青素，主要为甜菜苷，苷元是甜菜素。性味：苦，寒。半枝莲功效：清热，解毒，治咽喉肿痛，烫伤，跌打刀伤出血，湿疮。咽喉肿痛捣汁含漱，其他捣糊外敷。染料用途：全草可提取黑色染料。

十七、紫茉莉

紫茉莉(*Mirabilis jalapa*)，别名：草茉莉、胭脂花、宫粉花。科属：属于紫茉莉科，紫茉莉属。见图5-17。

(一)形态特征

为一年生草本花卉，在南方可多年栽培。主茎直立，侧枝散生，节部膨大。株高可达1 m左右。单叶对生，三角状卵形。花数朵顶生，萼片瓣化呈花瓣状，花冠小喇叭形，直径2.5～3 cm。花色红、紫、白、粉、黄等，并有条纹或斑块状复色的。具清淡的茉莉香气。坚果卵圆形，黑色，表面密布皱纹。种子白色。千粒重100 g，种子寿命2年。花期5—10月。

图5-17　紫茉莉

(二)类型及品种

单从花色来说，有单紫色的，有红黄双色的，还有粉白双色的。

(三)生态习性

原产于南美热带地区，性喜温暖而湿润的气候，不耐寒，冬季地上部枯死，在江南地区地下块根和茎宿存，来春可萌发幼芽长出地面。要求深厚、肥沃而疏松的土壤。怕暑热，夏季如能在疏荫下则生长开花较好。

(四)生产技术

1.繁殖技术

以小坚果为种子，3—4月直播于露地，5—6月即可逐渐开花能直播繁衍，一年种植，年年有苗。南方留宿根分栽，成株快，开花也更早。

2.生产要点

植株长势强，露地定植株距可大些，普通品种应50～60 cm，矮生种可达30 cm，其他管理可较粗放。一般作花境栽植，或散植、丛植于园林空地上组成花群。因其株型比较松散，不适合作花坛栽植，也不适合作背景材料。具有抗二氧化硫特性，常用于工矿污染区栽种。

(五)园林用途

用于夜游园,纳凉场所的布置,也可作夏秋季花坛、花境材料和林缘的绿化。叶、胚乳可制化妆用香粉;根、叶可入药;花可入药,治下痢。

十八、茑萝

茑萝(*Quamoclit pennata*),别名:游龙草、羽叶茑萝。科属:旋花科,茑萝属。见图 5-18。

图 5-18　茑萝

(一)形态特征

为一年生蔓生草本花卉。茎长达 4 m,光滑。单叶互生,羽状细裂状,裂片线形,约有 12 对;托叶与叶片同形。聚伞花序腋生,花小,花冠高脚碟状,深红色,外形似五角星。蒴果卵圆形。

(二)类型及品种

圆叶茑萝:叶子如牵牛,呈心状卵圆形。

裂叶茑萝:又称鱼花茑萝,叶心脏形,具 3 深裂,花多,二歧状密生。

掌叶茑萝:又名槭叶茑萝,叶呈掌状分裂,宽卵圆形。

(三)生态习性

原产墨西哥等地,我国广泛栽培。喜光,喜温暖湿润园地,不耐寒。能自播。花期 8—10 月,果熟期 9—11 月。

(四) 生产技术

1. 繁殖方法

4 月中旬将种子播于露地苗床,发芽整齐。茑萝繁殖用播种法。

2. 生产要点

一般于早春 4 月在露地直播,当苗高 10 cm 时定苗,种在庭院篱笆下或棚架两旁,疏垂细绳供其缠绕,极为美观。长江流域于早春 4 月在露地播种,因其为直根性植物,多行直播。当小苗长出 3～4 片真叶时定植,若待苗很大时再移植就不容易成活。居住楼房的可用浅盆播种。如用浅盆播种,随着幼苗生长,及时用细线绳牵引,或用细竹片扎成各式排架,做成各式花架盆景。生长季节,适当给予水肥。地栽茑萝每 7～10 d 浇水一次,开花前追肥一次。盆栽的上盆时盆底放少量蹄片作底肥,以后每月追施液肥一次,并要经常保持盆土湿润。

(五)园林用途

茑萝蔓叶纤细秀丽,花叶俱美,细致动人,是庭院花架、花窗、花门、花篱、花墙以及隔断的优良绿化植物。也可盆栽陈设于室内,盆栽可用金属丝扎成各种屏风式、塔式。花开时节,其花形虽小,但星星点点散布在绿叶丛中,活泼动人。茑萝可入药,具有清热消肿功效,能治耳疔、痔瘘等。

十九、花菱草

花菱草(*Eschscholtzia californica*),别名:金英花、人参花。科属:罂粟科,花菱草属。见图 5-19。

(一)形态特征

在北方作二年生花卉,在南方作多年生栽培。茎铺散状,有分枝,多汁,株高约 50 cm,全株被白粉。叶互生,多回三出羽状分裂,裂片线形。花单生枝顶,具长梗,径 5~8 cm。萼片 2 枚,花开时便脱落。花瓣 4 枚,橙黄色,基部色深。蒴果细长,种子球形。

图 5-19 花菱草

(二)类型及品种

海滨花菱草(*E. californica* subsp. *californica* var. *maritima*),分布在加州的蒙特利至圣米格尔岛的海边。多年生植物,寿命长,叶灰绿色,植株矮小匍匐生长,花黄色。橙色花菱草(*E. californica* subsp. *californica* var. *crocea*),多年生植物,生长在内陆的非干旱地区。植株较高,花橙色。半岛花菱草(*E. californica* subsp. *californica* var. *peninsularis*),一年生植物或偶为一年生植物,生长在内陆的干旱地区。墨西哥花菱草(*E. californica* subsp. *mexicana*),原产于索若拉沙漠。

(三)生态习性

原产美国加利福尼亚州。较耐寒,喜冷凉干燥气候,不易湿热,宜疏松肥沃,排水良好、上层深厚的沙质壤土,也耐瘠土。主根长,肉质,大苗移植困难。花期 5—6 月。

(四)生产技术

1. 繁殖方法

9 月初将种子播于露地苗床或直播于园地,出苗不整齐。也可 4 月播种,花期夏、秋季。

2. 生产要点

常直播园地,经间苗后即定苗,保持株距 40 cm,若需移植,趁苗小时带土掘取,以利成活。沪、宁一带能露地越冬,寒地必须保温防寒才能越冬。春季要防雨水积涝,避免花株根颈霉烂。培养花菱草时应注意:

花菱草的主根较长,不耐移栽。在播种前施些腐熟的豆饼作基肥,将种子直接播于盆内。花菱草的根肉质,怕水涝,在多雨季节,根颈部四周易发黑腐烂,因此露地栽培夏季要注重及时排水,盆栽浇水要适量。生长旺季及开花前,浇水也不宜过多,每月施 1 次腐熟的稀薄饼肥水,使植株生长良好。生长期间白粉虱的危害较多,要注重以防为主,防治结合。果皮变黄后,应在清晨及时采收,否则种子极易散落。晾晒蒴果时,注意在容器上加盖玻璃,因为晒干后,果皮的爆裂非常剧烈,会将种子弹出容器外,这样不利于种子的采收。

(五)园林用途

花菱草茎叶嫩绿带灰色,花色鲜艳夺目,是良好的花带、花径和盆栽材料,也可用于草坪丛植。此植物有一定的毒性，直接接触其叶子可能会感觉瘙痒。

二十、长春花

长春花[*Catharanthus roseus*（L.）Don]，别名：日日春、日日草、日日新、三万花、四时春、时钟花、雁来红。科属：属于夹竹桃科，长春花属。见图 5-20。

图 5-20 长春花

(一)形态特征

长春花为多年生草本。茎直立，多分枝。叶对生，长椭圆状，叶柄短，全缘，两面光滑无毛，主脉白色明显。聚伞花序顶生。花有红、紫、粉、白、黄等多种颜色，花冠高脚碟状，5 裂，花朵中心有深色洞眼。长春花的嫩枝顶端，每长出一叶片，叶腋间即出两朵花，因此它的花朵特多，花期长，花势繁茂。从春到秋开花从不间断，所以有“日日春”之美名。

(二)类型及品种

最新品种有：阳台紫(balcony lavender)，花淡紫色，白眼；樱桃吻(cherry kiss)，花红色，白眼；加勒比紫(caribbean lavender)，花淡紫色，具紫眼。

(三)生态习性

原产地中海沿岸、印度、热带美洲。喜温暖、稍干燥和阳光充足环境。生长适温 3—7 月为 18～24℃，9 月至翌年 3 月为 13～18℃，冬季温度不低于 10℃。长春花忌湿怕涝，盆土浇水不宜过多，过湿影响生长发育。

(四)生产技术

1. 繁殖技术

长春花多为播种育苗，也可扦插育苗，但扦插繁殖的苗木生长势不如播种实生苗强健。用撒播法播种，1 000 粒/m^2 左右。播种后要用细薄沙土覆盖，勿使种子直接见光，用细喷壶浇足水，盖上薄膜或草帘以保持土壤湿润，7～10 d 即可出苗。扦插多在 4—7 月进行，扦插繁殖时应选用生长健壮无病虫害的成苗嫩枝为插穗，一般选取植株顶端长 10～12 cm 的嫩枝，插穗长度以 5～7 cm 为宜。扦插基质选用素沙、蛭石、草炭的混合基质，在插条基部裹上一小泥团，扦插于冷床内，室温 20～24℃，经 20 d 左右生根，待插穗生根成活后即可移植上盆。因为扦插繁育的苗木长势不如播种实生苗，故在栽培上很少采用。

2. 生产要点

长春花可以不摘心，但为了获得良好的株型，需要摘心 1～2 次。第一次在 3～4 对真叶时；第二次，新枝留 1～2 对真叶。当幼苗经过第一次摘心缓苗后进行正常的水肥管理，每 7～10 d 浇一次 150 mg/kg 的复合肥液，氮、磷、钾的比例为 1∶1∶1，避免复合肥液中氮的比例高于磷、钾，易造成叶片生长过于茂盛，而开花数量却减少。追肥每 30～40 d 一次，各种有机肥料或复合肥均可，施用适宜浓度为 150～500 mg/kg，在施肥同时还要注意避免盐分的累积，盐分过量会引起植物根部的疾病。

(五)园林用途

长春花不仅姿态优美，花期特长，适合布置花坛、花境，也可作盆栽观赏，同时还是一种防治癌症的良药。据现代科学研究，长春花中含 55 种生物碱，其中长春碱和长春新碱对治疗绒癌等恶性肿瘤、淋巴肉瘤及儿童急性白血病等都有一定疗效，是目前国际上应用最多的抗癌植物药源。

二十一、千日红

千日红(*Gomphrena globosa* L.)，别名：火球花、红光球、千年红。科属：苋科，千日红属。见图 5-21。

(一) 形态特征

一年生直立草本，株高 20～60 cm。全株密被灰白色柔毛。茎粗壮，有沟纹，节膨大，多分枝，单叶互生，椭圆形或倒卵形，全缘，有柄；头状花序单生或 2～3 个着生枝顶，花小，每朵小花外有两个蜡质苞片，并具有光泽，颜色有粉红，红、白等色，观赏期 8—11 月，胞果近球形，种子细小橙黄色。

图 5-21　千日红

(二)类型及品种

栽培中常有白花变种：千日白，小苞片白色；千日粉，小苞片粉红；此外，还有近淡黄和近红色的变种。

(三)生态习性

原产亚洲热带。现各地均有栽培，喜温暖、喜光，喜炎热干燥气候和疏松肥沃土壤，不耐寒。要求肥沃而排水良好的土壤。

(四)生产技术

1. 繁殖技术

常用种子繁殖。春季播种，因种子外密被纤毛，易相互粘连，一般用冷水浸种 1～2 d 挤出水分，然后用草木灰拌种，或用粗沙揉搓使其松散便于播种。发芽温度 21～24℃，播后 10～14 d 发芽。矮生品种发芽率低。出苗后 9～10 周开花。

2. 生产技术

如苗期需移栽，栽后需遮荫，保持湿润，否则易倒苗。幼苗具 3～4 枚真叶时移植一次，生长旺盛期及时追肥，6 月底定植园地，株距 30 cm。花谢后可整枝施肥，重新萌发新枝，再次开花。常见病害有千日红病毒病，发现病株应及时拔除销毁；农事操作中减少植株之间的相互摩擦；及时防治蚜虫，清洁田园，减少农田杂草与 CMV 传染源。

(五)园林应用

植株低矮，花繁色浓，是布置夏秋季花坛的好材料。也适宜于花境应用。球状花主要是由膜质苞片组成,干后不凋,是优良的自然干花材料,也可作切花材料。千日红对氟化氢敏感,是氟化氢的监测植物。

任务二　宿根花卉生产技术

一、菊花

菊花(*Dendranthema × grandiflorum*)别名:黄花、节花、秋菊、金蕊。科属:菊科,菊属。见图 5-22。

图 5-22　菊花

(一)形态特征

多年生宿根草本花卉。株高 30～150 cm,茎直立多分枝,基部半木质化,小枝绿色或带灰褐,被柔毛。单叶互生,有柄,边缘有缺刻状锯齿,托叶有或无,叶表有腺毛,常分泌一种菊叶香气,叶形变化较大,是识别品种的依据之一。头状花序单生或数个聚生茎顶,花序边缘为舌状花,多为不孕花,俗称"花瓣",花色丰富,有黄、白、红、紫、灰、绿等色,浓淡皆备。中心为筒状花,俗称"花心",多为黄绿色。花期一般在 10—12 月,也有春季、夏季、冬季及四季开花等不同生态型。瘦果细小,褐色,寿命 3～5 年。

(二)类型及品种

中国菊花是种间天然杂交而成的多倍体,经我国历代园艺学家精心选育而成,后传至日本,又掺入了日本若干野菊血统。目前菊花品种遍布全国各地,世界各国也广为栽培。我国目前栽培的菊花有观赏菊和药用菊两大类。药用菊有杭白菊、徽菊等。

菊花经长期培育,品种十分丰富,园艺上的分类,常按开花季节、花型和花茎大小等进行。

1. 按开花季节分类

春菊:花期 4 月下旬至 5 月下旬。

夏菊:花期 6—9 月,日中性,10℃左右进行花芽分化。

秋菊:花期 10 月中旬至 11 月下旬,典型的短日照花卉,15℃以上进行花芽分化。

寒菊:花期 12 月至翌年 1 月,花芽分化、花蕾生长、开花都要求短日照条件。15℃以上进行花芽分化,高于 25℃,花芽分化缓慢,开花受抑制。

四季菊:四季开花,花芽分化及花蕾生长,要求中性日照,且对温度要求不严。

2. 按花型变化分类

在大菊系统中按花瓣类型分五大类,即平瓣、匙瓣、管瓣、桂瓣和畸瓣,下面又进一步分花型和亚型。

3. 按花茎大小分类

大菊系：花序直径 10 cm 以上，一般用于标本菊的培养。

中菊系：花序直径 6～10 cm，多供花坛或作切花及大立菊栽培。

小菊系：花序直径 6 cm 以下，多用于悬崖菊、塔菊和露地栽培。

4. 依栽培和应用方式分类

(1)盆栽菊　栽种在花盆里的低矮菊花。

独本菊：一株一花。

立菊：一株多干数花。

案头菊：与独本菊相似但低矮，株高 20 cm 左右，花朵硕大。

(2)造型菊

大立菊：一株数百至数千朵花。

嫁接菊：在一株的主干上嫁接各种花色的菊花。

悬崖菊：通过整枝修剪，整个植株体成悬垂式。

菊艺盆景：由菊花制作的桩景或盆景。

(三)生态习性

菊花原产我国，至今已有 2 500 年以上的栽培历史，世界各地广为栽培。菊花适应性很强，喜冷凉环境，较耐寒、耐干旱，忌积涝。生长适温 16～21℃，地下根茎能耐－10℃低温，喜阳光充足，但也稍耐阴。喜地势高燥、土层深厚、疏松肥沃而排水良好的沙壤土，在微酸性至中性土壤中均能生长，忌连作。菊花属短日照花卉。

(四)生产技术

1. 繁殖技术

以扦插繁殖为主，也可用嫁接、分株、播种的方法繁殖。

(1)扦插繁殖

①嫩枝扦插　是常用的繁殖方法。在 4—6 月，剪取宿根萌芽条具 3～4 个节的嫩梢，长 8～10 cm 作为插穗，留 2～3 叶片，如叶片过大可剪去一半，然后插入苗床或盆内。扦插株距 3～5 cm，行距 10 cm。插时用竹签开洞，深度为插条的 1/3～1/2，后将周围泥土压紧，立即浇透水，并保持土壤湿润，3 周后生根，生根 1 周后即可移植。

②芽插　多用根际萌发的脚芽进行扦插。在 11—12 月菊花的花期时，挖取长 8 cm 左右的脚芽，选芽头丰满、距植株较远的脚芽为宜。然后剥去下部叶片，按一定株行距栽植，并保持 7～8℃的室温，至次年 3 月中下旬移栽，此法多用于大立菊、悬崖菊的培育。

若遇开花时缺乏脚芽，可用茎上叶腋处的芽带一叶片作插条进行腋芽插，此芽形小细弱，养分不足，插后需精细管理。腋芽插后易生花蕾，故应用不多。

(2)嫁接繁殖　菊花嫁接多采用黄蒿(*Artemisia annua*)和青蒿(*A. apiacea*)作砧木。黄蒿的抗性比青蒿强，生长强健，但青蒿的茎较高大，宜嫁接塔菊。可于 11—12 月选取色质鲜嫩的健壮植株，挖回上盆，在温室越冬或栽于露地苗床内，此时需加强肥水管理，使其生长健壮，根系发达。嫁接可在 3—6 月进行，多采用劈接法。砧木在离地面 7 cm 处切断(也可以进行高接)，切断处不宜太老，如发现髓心发白，表明已老化，不能用了。接穗粗细最好与砧木相似，选取充实的顶梢，长 5～6 cm，留顶叶 1～2 枚，茎部两边斜削成楔形，再将砧木在剪断处劈开相应的长度，然后嵌入接穗，接着用塑料薄膜绑住接口，松紧要适当。嫁接后置于阴凉处，2～3 周后可除去缚扎物，并逐渐增加光照。

(3)播种繁殖　一般用于培养新品种。将种子掺沙撒播于盆内，后覆土、浸水。播后盖上玻璃或塑料薄膜，并置于较暗处，晚上需揭开玻璃，以通风透气，4～5 d 后发芽，出芽不整齐，要全部出齐需 1 个月左右。发芽后要逐渐增加光照，并减少灌水，幼苗出现 2～4 片真叶时，即可移植。

(4)分株繁殖　菊花开花后根际发出较多蘖芽，可在 11—12 月或次年清明前将母株掘起，分成若干小株，并适当修除基部老根，即可进行移栽。

2. 生产要点

菊花的栽培因造型不同、栽培目的不同，差别很大。

(1)标本菊的栽培　一株只开一朵花，又称标本菊或品种菊。标本菊由于全株只开一朵花，其花朵无论在色泽、花型及瓣形上都能充分表现该品种的优良特性，因此在菊花品种展览中多采用此形式。标本菊有多种整枝及栽培方法。现以北京地区的菊花栽培为例，介绍如下。

①冬存　秋末冬初时，在盆栽母株周围选取健壮脚芽进行扦插育苗。多置于低温温室内，温度维持在 0～10℃，精心养护。

②春种　清明节前后分苗上盆，盆土可用普通腐叶土，不加肥料。

③夏定　7 月中旬前后通过摘心、剥侧芽，促进脚芽生长。此时从盆边生出的脚芽苗中选留一个发育健全、芽头丰满的苗，其余的可除掉，待新芽长至 10 cm 高时，换盆定植。定植时用加肥腐叶土并换入大口径的盆中，并施入基肥。新上盆的苗第 1 次填土可只填到花盆的 1/2 处。注意夏定时间不可过早或过晚，否则发育不良。

④秋养　8 月上旬以后，夏定的新株已经长成，此时可将老株齐土面剪掉，松土后，进行第 2 次填土，使新株再度发根。9 月中旬花芽已全部形成并进入孕蕾阶段，需架设支架，以防秋风刮起。秋养过程中要经常进行追肥，可每 7 d 追施一次稀薄液肥，至花蕾现色前为止。10 月上旬起要及时进行剥蕾处理，防止养分分散，为了延长花期，可放入疏荫下，减少浇水。

(2)大立菊的栽培　一株可着生花达数百朵至数千朵以上的巨型菊花。大菊和中菊的有些品种，生长健壮、分枝性强，且根系发达、枝条软硬适中、易于整形，最适于培养成大立菊。一般栽培整形出一株大立菊要 1～2 年的时间，多用扦插法进行栽培。特大立菊则常用蒿苗嫁接。

在每年的 11 月，挖取菊花根部萌发的健壮脚芽扦插，生根后移入口径 25 cm 的花盆，在低温温室中培养。多施基肥，待苗高 20 cm 左右，有 4～5 片叶片时，陆续进行 5～7 次摘心工作，直至 7 月中、下旬为止，并逐渐移栽换入大盆。每次摘心后要培养出 3～5 个分枝，这样就可以分枝养成数百个至上千个花头。为了便于造型，植株外围下部的花枝要少摘心一次，使枝展开阔。每次摘心后，可施用微量速效化肥催芽。夏季 10 d 左右施用 1 次氮磷钾复合肥。7 月下旬末次摘心后，施用充分腐熟的饼肥，并于 15 d 后再施用 1 次，9 月下旬后，每周追液肥 1 次，直至花蕾露色为止。

立秋后加强肥水管理，经常进行除芽、剥蕾。为了使花朵分布均匀美观，要套上预制的竹箍，并用竹竿作支架，用细铅丝将蕾逐个进行缚扎固定，以形成一个微凸的球面。当花蕾发育定型后，即开始标扎，使花朵整齐，均匀地排列在预制的圆圈上。花蕾上架标扎时，盆土稍微干燥，不使枝叶水分过多，以免上架折断花枝。最好在午后进行，此时枝叶含水量少，易弯曲，易牵引。

(3)悬崖菊培育　小菊的一种整枝形式，是仿效山野中野生小菊悬垂的自然姿态，经过人工栽培、固定而进行欣赏的。通常选用单瓣品种，且分枝多、枝条细软、开花繁密的小花品种。

可在 11 月进行室内扦插，生根后移栽上盆。悬崖菊主枝不摘心，苗高 40～50 cm 时，用细竹竿绑扎主干，将主干作水平诱引。随着植株主干不断地向前生长，对其进行逐级绑扎于竹竿上。待侧枝长出，依其不同部位进行不同长度的摘心，基部侧枝要稍长，中部侧枝稍短，顶部侧枝更短，仅留 2～3 片叶摘心。以后再生下一级侧枝时，均在 4～5 片叶时留 2～3 片叶摘心。如此进行多次摘心，以促发分枝。最后一次摘心的时间在 9 月上、中旬。小菊顶端的花朵先开，顺次向下部开放。上、下部位花蕾开花期相差 10 d 左右，欲使花期一致，下部需提前摘心 10 d，然后中部，再后上部。

花蕾形成在 10 月上旬，若为地栽悬崖菊，此时应将其带土坨移入大盆种植。掘起时尽量不要碰碎土球，上盆后置荫处 2～3 d，每天喷水 2 次，防止叶片萎蔫。花蕾显色后停止喷水，以免使花朵腐烂。悬崖菊在布置观赏时，宜在高处放置，因其是用竹竿作水平诱引，主干横卧，将其拔掉竹竿后，主干成自然下垂之姿，甚为雄壮秀丽。

(4)塔菊培育　通常是以黄蒿和白蒿为砧木嫁接的菊花。北京地区约在 6 月下旬至 7 月上旬进行培养。砧木主枝不进行截顶，并将其养至 3～5 m 高，形成多数侧枝。将花期相近、大小相同的各种不同花型、花色的菊花在侧枝上分层嫁接，均匀分布。开花时，五彩缤纷，又因其越往高处，花数越少，层层上升如同宝塔，故称塔菊。

(5)案头菊　也是一种矮化的独本菊，高仅 20 cm，可置于案头、厅堂，颇受人们的喜爱。栽培过程中，需用矮壮素比久 2%水溶液喷 4～5 次，以实现其矮化效果。另外注意品种的选择，宜选花大、花型丰满、叶片肥大舒展的矮形品种。

在 8 月下旬选择嫩绿、茎粗壮、无腋芽、无病虫害侵染、长 6～8 cm 的嫩梢。除去基部 1～2 片叶，插穗蘸取萘乙酸或吲哚丁酸粉剂后进行扦插，插后采用高湿全光育苗，生根后立即移栽，定植于小花盆中。栽后放在荫棚下，可每天喷 2～3 次水，10 d 左右增加光照，可移至阳光充足、通风透光之地。此时开始施用稀薄液肥，同时施用 0.2%的尿素，促使其长叶。20 d 后，加入 0.1%的磷酸二氢钾一起施用，同时也可用同浓度的磷酸二氢钾进行叶面喷肥，待现蕾后，加大肥水用量，追肥可用充分腐熟的花生麸，少量多次。

案头菊浇水不宜过多，以避免菊苗徒长，保持表土湿润即可，且浇水宜在午前进行。午后菊花如出现略萎蔫，可进行叶面喷雾，要防止过度萎蔫。案头菊一盆只开一朵花，因此只留主蕾，侧蕾全部摘除。如要使菊花矮化，扦插成活后，可用 2%比久水溶液进行处理，第一次激素处理在成活后喷在其顶部生长点，第二次要在上盆一周后进行全株喷洒，以后每隔 10 d 喷洒一次，至现蕾为止，喷洒时间以傍晚为好，以免产生药害。

菊花常见的病害有：菊花叶斑病和白粉病。菊花白粉病的防治，发病初期可喷洒 36%甲基硫菌灵悬浮剂 500 倍液，严重时用 25%敌力脱乳油 4 000 倍液防治。菊花叶斑病的防治可在夏末开始每隔 7～10 d 喷洒一次 0.5%的波尔多液或 70%代森锰锌 400 倍液。

(五)园林用途

菊花是我国的一种传统名花，花文化丰富，被赋予高洁品性，为世人称颂和喜爱。它品种繁多，色彩丰富，花型各异，每至深秋，很多地方都要举办菊展，供人观摩和欣赏。菊花造型多种多样，可制作成大立菊、塔菊、悬崖菊、盆景等，也可用作切花，供瓶插或制成花束、花篮。近年来，各地开始发展地被菊，做地被花卉使用。菊花具有抗二氧化硫、氯化氢、氟化氢等有毒气体的功能，也是厂矿绿化的良好材料。菊花还可供食用及药用。

二、芍药

芍药（*Paeonia lactiflora* Pall.），别名：将离、婪尾春、白芍、没骨花、余容。科属：芍药科，芍药属。见图 5-23。

图 5-23　芍药

（一）形态特征

多年生宿根草本。具肉质、粗壮根，纺锤形或长柱形；茎簇生，高 60～120 cm，初生茎叶褐红色，二回三出羽状复叶，小叶通常三深裂，椭圆形至披针形，全缘微波。花具长梗，着生于茎顶或近顶端叶腋处，单瓣或重瓣，原种花外轮萼片 5 片，绿色，宿存。花色多样，有白、黄、绿、粉红、紫红等混合色。蓇葖果 2～8 枚离生，内含黑褐色球形种子 1～5 粒。

（二）类型及品种

芍药同属植物约 23 种，我国有 11 种。目前世界上芍药的栽培品种已达 1 000 余个。园艺上常按花型、花期、花色、用途等方式分类。按花型常分为单瓣类、千层类、楼子类和台阁类。

按花期分为早花种（花期 5 月上旬）、中花品种（5 月中旬）、晚花品种（5 月下旬）。按花色分为红色类、紫色类、墨紫、黄色类、绿色类和混色类。按用途分为园艺栽培品种和切花品种。

1. 单瓣类

花瓣宽大，1～3 轮，多圆形或长椭圆形，雄雌蕊发育正常。如紫玉奴、紫蝶献金等。

2. 千层类

花瓣多轮，内层排列逐渐变小，无内外瓣，雌蕊正常或瓣化，雄蕊生于雌蕊周围，而不散生于花瓣间，全花扁平。

3. 台阁型

全花可分为上下两层花，在两花之间可见有明显着色的雌蕊瓣化瓣或退化雌雄蕊。

（三）生态习性

芍药原产于我国北部、日本、朝鲜和西伯利亚地区，现世界各地广为栽植。适应性强，较耐寒，我国北方大部分地区可露地越冬。喜阳光充足，也稍耐阴，光线不足时也可开花，但生长不良。忌夏季酷热。好肥，忌积水，要求土层深厚、肥沃而排水良好的沙壤土，黏土、盐碱土都不宜栽种，尤喜富含磷质有机肥的土壤。开花期因地区不同略有差异，一般在 4 月下旬至 6 月上旬之间。10 月底经霜后地上部分枯死，地下部分进入休眠状态。

(四)生产技术

1. 繁殖技术

芍药以分株繁殖为主,也可以用播种和根插繁殖。

(1)分株法　即分根繁殖,这样可以很好地保持品种特性,分根时间以 9 月至 10 月上旬进行为宜,若分株过迟,地温低将会影响须根的生长。我国花农有"春分分芍药,到老不开花"的谚语,春季分株,将损伤根系,对开花不利,所以切忌春季分根。分株时将植株掘起,去掉附土,芍药的粗根脆嫩易折断,新芽也易碰伤,要特别小心。然后根据新芽分布状况顺着自然纹理切开分成数份,每份需带 2～4 个新芽及粗根数条,切口涂以草木灰或硫黄粉,放背阴处稍阴干待栽。一般花坛栽植,可 3～5 年分株 1 次。

(2)播种繁殖　种子成熟后要随采随播,播种越迟,发芽率会越低。也可沙藏于阴凉处,并保持湿润,在 9 月中、下旬播种,秋季萌发幼根,翌年发芽,4～5 年后即可开花。芍药有上胚轴休眠的习性,需经低温打破休眠。最适萌芽温度 11℃,生根温度 20℃,播种前可用 1 000 mg/L 赤霉素浸种催芽,可提高萌芽率。

(3)根插繁殖　根插与分株季节相同,在秋季分株时,收集断根,分成 5～10 cm 的切段作为插条,插在整好的苗床内,沟深 10～15 cm,覆土 5～10 cm,浇透水。翌年春季可生根,萌发新株。

2. 生产要点

(1)定植　芍药根系较深且发生大量须根,栽培前土地应深耕、疏松,并充分施以基肥,如厩肥、腐熟堆肥、油粕等。栽植时深度要合适,如过深芽不易出土,过浅则植株根颈露出地面,不易成活。根颈覆土 2～4 cm 为宜,并适当压实。

(2)管理　芍药喜湿润土壤,也能稍耐干旱,但在花前如保持土壤湿润可使花大而色艳。此外早春出芽前后需结合施肥浇一次透水。在 11 月中、下旬浇一次"冻水",以利于越冬和保墒。芍药喜肥,除栽前施足底肥外,还要根据其不同生长时期的需要,追肥 2～3 次。显蕾期,绿叶全面展开,花蕾发育旺盛,此时需肥量大。花后孕芽,消耗养料很多,是整个生长生育过程中需肥料最迫切的时期。为促进萌芽,霜降后,结合封土施一次冬肥。施用肥料时,应注意氮、磷、钾肥料的结合,特别是含有丰富磷质的有机肥料。此外,在施肥、浇水后,应结合中耕除草,尤其在幼苗期更需要适时除草,加强管理,并适度遮荫,促使幼苗健壮生长。芍药还可根据应用需要进行花期调控,促成栽培可在冬季和早春开花,抑制栽培可在夏、秋季开花。

(3)病虫害　芍药生长过程中,易受红斑病、白粉病、蚜虫、红蜘蛛等危害,必须注意病虫害的防治。芍药红斑病的防治,要及时清理并烧毁枯枝落叶,并摘除病叶,注意通风透光,增施磷钾肥。白粉病的防治,秋季需彻底清除销毁地面枯病枝叶,防止栽植过密,以利通风。红蜘蛛的防治,可在螨体侵叶盛期,每周喷洒 1.8%爱福丁乳油 3 000 倍液,连续 3～4 次。

(五)园林应用

芍药为我国的传统名花,因其与牡丹外形相似而被称为"花相"。芍药的适应性强,品种丰富,花期长,观赏效果佳,是重要的露地宿根花卉。可布置花坛、花境、花带和芍药专类园。我国古典园林中常置其于假山湖畔来点缀景色,以展现芍药色、香、韵的特色。除地栽外,芍药还可盆栽欣赏或作切花材料。芍药还有药用价值,其根经加工后即为"白芍",有多种疗效。

三、萱草

萱草（*Hemerocallis*），别名：忘忧草、黄花菜。科属：百合科，萱草属。见图 5-24。

图 5-24　萱草

（一）形态特征

宿根草本，根肥大呈肉质纺锤形。叶基生成丛，带状披针形，花茎高出叶丛，花葶 90～110 cm，上部有分枝。圆锥花序，花大，花冠漏斗形，花被 6 片，分成内外两轮，每轮 3 片，橘红至橘黄色，花期 7—8 月。亦有重瓣变种，原种单花开放 1 d，花朵开放时间不同，有的朝开夕凋，有的夕开次日清晨凋谢，还有夕开次日午后凋谢的。蒴果背裂，内含少数黑色种子。

（二）常见栽培种

园林中常用的栽培种类有如下几种。

1. 萱草（*H. fulva*）

别名：忘忧草。株高 60 cm，花茎高达 120 cm，具短根状茎及膨大的肉质根，叶基生，长带形。花茎粗壮，盛开时花瓣裂片反卷。有许多变种：千叶萱草（var. *kwanso*），重瓣，橘红色；长筒萱草（var. *disticha*），花被管细长，花色橘红色至淡粉红；斑花萱草（var. *maculata*），花瓣内部有红紫色条纹。多倍体萱草是国外引进的优良园艺杂交种，茎粗，叶宽，花色丰富。花大，花径可达 19 cm，开花多，一个花葶上可开花 40 余朵，整株花期达 20～30 d。生长健壮，病虫害少，栽培容易，对土壤要求不严，北京地区也可露地越冬。

2. 大花萱草（*H. middendorfii*）

原产中国东北、日本及西伯利亚地区。株丛低矮，叶较短窄，花期早，花茎高于叶丛，花梗短，2～4 朵簇生顶端。

3. 小黄花菜（*H. minor*）

原产中国北部、朝鲜及西伯利亚地区。植株小巧，高 30～60 cm。叶纤细，根细索状。花茎高出叶丛，着花 2～6 朵，黄色，小花芳香，傍晚开放，次日中午凋谢花期 6—8 月。干花蕾可食。

4. 黄花菜（*H. citrina*）

别名黄花、金针菜，原产中国长江及黄河流域。具纺锤形膨大的肉质根。叶带状，2 列基生。生长强健而紧密。花茎稍长于叶，有分枝，着花多达 30 朵，花淡黄色，芳香，花期 7—8 月，夜间开放，次日中午闭合。干花蕾可食。

（三）生态习性

萱草原产于我国中南部，现各地园林广泛栽培。性强健适应性强，耐瘠薄和盐碱，也较耐旱，耐寒力强，在华北大部分地区可露地越冬，东北寒冷地区需做好防寒措施。喜阳光充足，也耐半阴。对土壤要求不严，但富含腐殖质、排水良好的沙质壤土最适。

(四)生产技术

1. 繁殖技术

萱草以分株繁殖为主,春、秋两季均可进行。分株选在秋季落叶后或早春萌芽前将老株挖起分栽,每丛带 2~3 个芽。栽植后次年夏季开花,一般 3~5 年分株 1 次。

扦插繁殖时可剪取花茎上萌发的腋芽,按嫩枝扦插的方法进行繁殖。夏季需在荫蔽的环境下,2 周即可生根。

播种繁殖春、秋季均可。采用上一年秋季的沙藏种子,进行春播,播后发芽迅速而整齐。9—10 月进行露地秋播,翌春发芽,实生苗一般 2 年开花。萱草宜秋播,约 1 个月可出苗,冬季幼苗需覆盖防寒材料,播种苗培育两年后可开花。

多倍体萱草可用分根、播种、扦插等方法繁殖,以播种方法最好,但需经人工授粉才能结种。授粉前,先选好采种母株,并选择 1/3 的花朵授粉,授粉时间以每天的 10:00—14:00 段为好,一般需要连续授粉 3 次,3 个月后,即可收到饱满种子。采种后,播于浅盆,遮荫并保持一定湿度,40~60 d 出芽,约 6 月,即可栽植于露地,次年 7—8 月开花。

2. 生产要点

萱草适应性强,我国南北地区均可露地栽培,在定植的 3~5 年内无需特殊管理。栽前要施入基肥,株行距 50 cm×50 cm 左右,每穴 3~5 株,经常灌水,以保持湿润。但雨季应注意排水。每年施肥数次,入冬前需施一次腐熟堆肥助其越冬。如欲使其在国庆期间仍能保持观赏效果,可在 7—8 月加强水肥管理,并追施 1:4的黑矾水,效果显著。

萱草还要及时防治病虫害,特别是蚜虫,危害较大。可在其发生期喷施 25%灭蚜灵乳油 500 倍液。

(五)园林应用

萱草栽培容易,花色艳丽,且春季萌发早,绿叶成丛,是优良的夏季园林花卉。可作花丛、花坛或花境边缘栽植。也可丛植于路旁、篱缘、树林边。萱草类稍耐阴,也可用作疏林地被材料,还可作切花用。萱草的花蕾可食,采集后晒干即为著名的干菜——黄花菜。其根茎可入药。

四、鸢尾

鸢尾(*Iris*),别名:蝴蝶花、铁扁担。科属:鸢尾科,鸢尾属。见图 5-25。

图 5-25　鸢尾

(一)形态特征

多年生宿根草本,地下具短而粗的根状茎、鳞茎。匍匐多节,节间短、浅黄色。叶革质,剑形或线形,基生二列互生,长 20~50 cm。花梗从叶丛中抽出,分枝有或无,每梗着花 1~4 枚。花构造独特,花被片 6,外 3 片大,平展或下垂,称为“垂瓣”;内花被片较小,直立或呈拱形,称为“旗瓣”。内外花被基部联合呈筒状,花柱瓣化,与花被同色,花期 5 月。鸢尾是高度发达的虫媒花。蒴果长椭圆形，多棱，种子深褐色，多枚。

(二)类型及品种

本属植物 200 种以上，分布于北温带，我国野生分布约 45 种，其生物学特性、生态要求也各有不同，除按植物学分类外，还按其形态、应用等进行分类。

1. 德国鸢尾(*I. germanica*)

原产欧洲中南部，我国广泛栽培。根茎粗壮，花大，花径约 14 cm，叶剑形，灰绿色，园艺品种很多，有白、紫、黄等色，花期 5—6 月。喜阳光充足、排水良好的土壤，黏性石灰质土壤亦可栽培。其根茎可提供芳香油。

2. 香根鸢尾(*I. pallida*)

原产南欧及西亚。花大，淡紫色、白花品种。花期 5 月。根状茎可提取优质芳香油。

3. 蝴蝶花(*I. japonica*)

原产我国中部及日本。根茎短粗。花中等，径约 6 cm，花淡紫色，花期 4—5 月。喜湿润、肥沃土壤环境，常群生于林缘。

4. 花菖蒲(*I. kaempferi*)

又名玉蝉花，原产我国东北、日本及朝鲜、西伯利亚等地。花大，径可达 15 cm，花色有黄、白、鲜红、深紫等，花期 6—7 月。较耐寒，要求光照充足，宜富含腐殖质丰富的酸性土，较喜湿，可栽培于浅水池，野生多分布于草甸、沼泽。也是重要的切花品种。

5. 黄菖蒲(*I. pseudacorus*)

原产欧洲及亚洲西部。花中等，鲜黄色，花期 5—6 月。喜水湿环境，以腐殖质丰富的酸性土为宜。

6. 溪荪(*I. orientalis*)

原产于中国、日本及欧洲。根茎匍匐伸展，花径中等，有紫蓝、白或暗黄色等变种，花期 5 月。喜湿，是常见的丛生沼生鸢尾。

7. 马蔺(*I. eusata*)

原产我国东北及日本、朝鲜。植株基部常见红褐色的枯死纤维状叶鞘残留物。花小，瓣窄，淡蓝紫色。常生于沟边、草地，耐践踏。可作路旁及沙地的地被植物，减少水土流失。

(三)生态习性

原产我国西南地区及陕西、江西、浙江各地，日本、朝鲜、缅甸皆有分布。园林中应用广泛。其耐寒力强，在我国大部分地区可安全越冬。要求阳光充足，但也耐阴。花芽分化在秋季进行，花期 5 月。春季根茎先端顶芽生长开花，顶芽两侧常发数个侧芽，侧芽生长后形成新的根茎，并在秋季重新分化花芽，顶芽花后死亡，侧芽继续形成花芽。一些鸢尾品种有休眠的现象，需要低温打破休眠。

(四)生产技术

1. 繁殖技术

鸢尾多采用分株、扦插繁殖，也可用种子繁殖。

分株于初冬或早春进行，或花后进行，当根状茎长大时即可进行分株繁殖，每隔 2～4 年进行一次。分割根茎时，每块至少具有 1 芽。大量繁殖时，可将分割的根茎扦插于 20℃ 的湿沙中，促使其萌发不定芽。播种繁殖在种子成熟后立刻进行，播后 2～3 年可开花。

若种子成熟后(9 月上旬)浸水 24 h,再冷藏 10 d,打破休眠,播于冷床中,加速育苗,提早开花。

2. 生产要点

鸢尾分根后及时栽植,注意将其根茎平放,按原来根茎位置摆放于土壤中,以原来根颈深度为准,一般不超过 5 cm,覆土浇水即可。3 月中旬需浇返青水,并进行土壤消毒和施肥,以促进植株生长和新芽分化。生长期内需追肥 2~3 次,特别是 8—9 月花芽形成时,更要适当追肥,并注意排水。花谢后及时剪掉花葶。因其种类繁多,管理上要注意区别对待。

栽培过程中还要注意防治鸢尾叶枯病,及时清除病残体,减少土壤含水量。如发病初期喷洒 70%代森锰锌可湿性粉剂 400 倍液防治。

(五)园林应用

鸢尾类植物种类丰富,株型大小、高矮差异显著,花姿花色多变,生态适应性广,是园林中应用于花坛、花境、花丛和制作鸢尾专类园的重要宿根花卉。也可点缀于草坪边缘、山石旁、水边溪流、池边湖畔、岩石园等地,是重要的地被植物与切花材料。其地下茎可入药。

五、石竹类

石竹类(*Dianthus*),科属:石竹科,石竹属。见图 5-26。

图 5-26 石竹

(一)形态特征

亚灌木或草本。植株直立或呈垫状。茎节间膨大。叶对生,披针形。花单生或数朵顶生,聚伞花序及圆锥花序,花萼管状,5 裂,花瓣多数。花色丰富,紫红、红、黄、白等单色,还有条斑及镶边复色。蒴果圆筒形至长椭圆形,种子褐色。

(二)类型及品种

本属中园艺化水平最高的是香石竹(*D. caryophyllus*)(作切花生产),原地中海区域、南欧及印度。

主要种类及品种:

1. 高山石竹(*D. alpinus*)

原产于苏联至地中海沿岸的欧洲高山地带。矮生多年生草本,高 5~10 cm。基生叶线状披针形,有细齿牙,绿色,具光泽。茎生叶 2~5 对。花单生,花径 5~6 cm,粉红色,喉部紫色具白色斑及环纹,无香气,花期 7—9 月。多用于花坛。

2. 常夏石竹(*D. plumarius*)

原产于奥地利至西伯利亚。宿根草本,高 30 cm,茎蔓状簇生,有分枝,光滑而被白粉。叶厚,长线形,灰绿色。花 2~3 朵顶生,喉部多具暗紫色斑纹,有芳香。本种花色丰富,有紫、粉红至白色,单瓣、重瓣,斑纹。花境、切花及岩石园应用。

3. 奥尔沃德氏石竹(*D. allwoodii Hort*)

株高 30～40 cm,叶硬,叶面较宽,丛生。花色多样,亦有单瓣、重瓣等多数品种。多应用于岩石园。

4. 瞿麦(*D. superbus*)

原产欧洲及亚洲,我国各地均有分布。高 60 cm,茎光滑而有分枝。叶对生,线形至线状披针形,全缘,具 3～5 脉。花淡红或深紫色,具芳香,花瓣具长爪,边缘丝状深裂。萼圆筒状,萼筒基部有 2 对苞片,花期 7—8 月。多用作花坛及切花应用。

5. 少女石竹(*D. deltoides*)

少女石竹又名西洋石竹,原产英国、挪威及日本,园林中较多栽培应用。宿根草本,高约 25 cm。着花茎直立,稍被毛,营养茎匍匐丛生。基生叶倒卵状披针形。花茎上部分枝,花单生于茎端,瓣缘呈齿状,有簇毛,喉部常有"V"形斑,具长梗,花色有紫、红、白等,具芳香,花期 6—9 月。

(三)生态习性

本属植物约 300 种,分布于亚洲、欧洲、美洲、北非,我国分布种约 16 种,南北方均产之。宿根石竹类喜凉爽环境,不耐炎热。喜光,喜高燥、通风,忌湿涝,喜肥沃、排水良好的土壤。

(四)生产技术

1. 繁殖技术

常用繁殖方式有播种、分株及扦插法。可于秋季露地直播,寒冷地区可于 11—12 月播于冷床或温床,大多数发芽适温 15～18℃,温度过高会抑制其萌发。幼苗经过二次移植后可定植。分株繁殖多在 4 月进行。扦插法繁殖生根较好,也可在春秋季在沙床中繁殖。

2. 生产要点

宿根石竹类以沙质土栽植为好,排水不良则易生立枯病及白绢病。3 月上旬需浇足返青水,同时进行土壤消毒,并施足基肥。3—6 月为石竹类的生长期,应结合浇水及时中耕除草和进行防治病虫害,并适时进行花后修剪。7—8 月雨季时,应注意排水,防止植株倒伏。如有蚜虫病害,可用 25%灭蚜灵乳油 500 倍液防治。

如栽植的两年生石竹,5 月中旬花后,修剪去掉地上部,雨季注意排水,8 月下旬始加强肥水管理,国庆节期间即可开花。也可以采用不同的播种期来调控花期,欲使"五一"开花,应于前一年 8 月底播种,翌年 4 月定植。欲使"十一"开花,应于 4—5 月播种,出芽后,抹掉顶梢,加强管理,9 月上蕾,国庆节即可开花。还可利用修剪和加强肥水管理,以控制花期。

(五)园林应用

宿根类石竹可用于花坛、花境、花丛的栽培,也可作为盆栽和切花。其中低矮型及簇生型品种又是布置岩石园及花坛、林缘镶边用的优良花卉材料。

六、玉簪

玉簪(*Hosta plantaginea* Aschers),别名:玉春棒、白萼、白鹤花。科属:百合科、玉簪属。见图 5-27。

(一)形态特征

多年生宿根花卉。地下茎粗壮,株高 50～70 cm。叶基生或丛生,卵形至心状卵形,具长柄及明显的平行叶脉。顶生总状花序，花葶高出叶片，着花9～15朵，花被筒长，下部细小，形似簪，花白色，管状漏斗形，具芳香。因其花蕾如我国古代妇女插在发髻上的玉簪而得名。花期夏、秋，有重瓣及花叶的品种。

图 5-27　玉簪

(二)类型及品种

本属约有40种，多分布在东亚，我国有6种，除此种栽培较广泛外，常见的其他栽培种有：

1. 狭叶玉簪(*H. lancifolia*)

又名水紫萼、日本玉簪。叶卵状披针形至长椭圆形，花淡紫色，形较小。有白边和花叶的变种。

2. 花叶玉簪(*H. undulata*)

又名皱叶玉簪、白萼。叶卵形，叶缘微波状，叶面有白色纵纹。花淡紫色。

3. 紫萼(H. ventricosa)

又名紫玉簪。叶阔卵形，叶柄边缘常下延呈翅状花淡紫色。

(三)生态习性

玉簪原产我国及日本，现各国均有栽培。玉簪性强健，较耐寒，耐旱。忌强光照晒，否则叶片有焦灼样，叶缘枯黄。耐阴，适于种植在建筑物的墙边背阴处、大树浓荫下，使其花鲜艳，叶浓绿。喜肥沃湿润、排水良好的土壤。

(四)生产技术

1. 繁殖技术

玉簪多用分株法繁殖，易成活，当年即可成活。春季3—4月或秋季10—11月均可进行。先将根掘出，可晾晒2 d失水后再分离，以免太脆易折。全部分株或局部分株均可。去除老根，3～5个芽一墩植于土穴或盆中，适量浇水，不宜过多以免烂根。一般3～5年分株一次。

玉簪也可播种繁殖。秋季果实成熟后及时采收种子，晒干后贮藏，翌年早春播于露地或盆中。实生苗3年后才能开花。近年来从国外一些新的园艺品种，采用组织培养法繁殖，取花器、叶片作外植体均可，幼苗生长快，且比播种苗开花提前。

2. 生产要点

玉簪生性强健，栽培容易，不需精细管理。选蔽荫之地种植，栽前施足基肥。生长期内保持土壤湿润，在春季或开花前追肥1～2次，可使叶浓绿，花葶抽出较多且花大。夏季需多浇水并避免阳光直射，否则叶片发黄，叶缘焦枯。盆栽玉簪时，栽植不要过深，分株后在缓苗期的浇水不宜太多，否则烂根。一般每隔2～3年进行翻盆换土并结合分株。玉簪易受蜗牛危害，可施用800～1 000倍40%的氧化乐果和80%的敌敌畏1 000倍液。夏末开始每隔7～10 d喷洒1次0.5%波尔多液或70%代森锰锌400倍液以防治叶斑病。

(五)园林应用

玉簪花洁白如玉,花香叶美,为典型的喜阴花卉。可丛植于建筑物、庭院、林荫下或岩石的背阴处,无花时宽大的叶子也有很高的观赏价值,是园林绿化的极佳材料。矮生及观叶品种,多用于盆栽观赏或切花、切叶材料。玉簪的根、叶可入药,嫩芽可食,鲜花可提取香精和制作甜点。

七、景天类

景天类(*Sedum*),科属:景天科,景天属。见图 5-28。

图 5-28 景天

(一)形态特征

多年生宿根花卉。茎直立,斜上或下垂。叶对生至轮生,伞房花序密集,萼片 5 枚,绿色;花瓣 4~5 枚,雄蕊与花瓣同数或 2 倍。花朵为黄色、白色,还有粉、红、紫等色。

(二)类型及品种

1. 景天(*S. spectabile*)

又名八宝景天、蝎子草,多年生肉质草本。原产中国,我国各地均有栽培。株高 30~50 cm,地下茎肥厚。茎粗壮,稍木质化,直立而稍被白粉,全株呈淡绿色。叶肉质扁平,对生至轮生,倒卵形,中脉明显,上缘稍有波状齿。伞房花序密集,萼片 5 枚,绿色。花瓣 5 枚,披针形,淡红色。秋季开花,极繁茂。雄蕊 10 枚,两轮排列,高出花瓣。蓇葖果,直立靠拢。另种白花蝎子草(*S. alborseum*),亦称"景天",多作盆栽观赏。花瓣白色,雌蕊淡红色,雄蕊与花瓣略等长。

景天性耐寒,在华东及华北地区露地均可越冬,喜阳光及干燥通风处,忌水湿,对土壤要求不严。春季分株或生长季扦插繁殖、播种繁殖均可。生长期勿使水肥过大,以免徒长,引起倒伏。可布置花坛、花境及用于镶边和岩石园,亦可盆栽欣赏。

2. 费菜(*S. kamtschaticum*)

又名金不换。产于我国河北、山西、陕西、内蒙古等地。多年生肉质草本。根状茎粗而木质。茎斜伸簇生,稍有棱。叶互生或对生。倒披针形,长 2.5~5 cm,基部渐狭,近上部边缘有钝锯齿,无柄。聚伞花序顶生,萼片披针形,花瓣 5 枚,橙黄色,雄蕊 10 枚。

费菜有较强的耐寒力。耐干旱,喜阳光充足,也稍耐阴,喜排水良好的土壤。以分株、扦插繁殖为主,也可播种繁殖。春季发叶时呈球形,整齐美观,但长大后需及时修剪否则遇雨易倒伏,全草入药。适宜丛植、花坛及岩石园的应用。

3. 景天三七(*S. aizoon*)

多年生草本。我国东北、华北、西北及长江流域均有分布。耐寒性强,华北地区可露地越冬。茎高 30~80 cm,直立,少分枝,全株无毛。根状茎粗而近木质化。单叶互生,无柄,广卵形至倒披针形,上缘具粗齿。聚伞花序密生,花瓣 5 枚,黄色,雄蕊 10 枚。蓇葖果,黄色至红色,呈星芒状排列。全草入药。常作花坛及切花应用。

4. 垂盆草(*S. sarmentosum*)

垂盆草又名爬景天。原产长江流域各省,广布于我国东北、华北以及日本和朝鲜。多年生肉质草本,高 10～30 cm,茎纤细,匍匐或倾斜,整株光滑无毛。叶三片轮生,倒披针形至椭圆形,先端尖。夏季开花,聚伞花序,花小,无柄,黄色。种子细小,卵圆形,有细乳头状突起。3—4 月可分根移植,以肥沃的黑沙土最好。垂盆草喜生于山坡潮湿处或路边、沟边,是林缘耐阴地被植物的良好选材。全草可入药。

(三)生态习性

景天类以北温带为分布中心,中国有 100 多种,南北各省都有分布,多数种类具有一定的耐寒性。大部分种类耐阴,对土质要求不严。本属主要野生于岩石地带,也由于地理条件的不同,形态和习性亦有所变化。

(四)生产技术

1. 繁殖技术

以扦插、分株繁殖为主,也可于早春进行播种繁殖。早春 3 月上旬进行分株繁殖,掘出老根切成数丛,另行栽植即可。

2. 生产要点

露地栽植的品种,在春季 3—4 月间除去覆土,充分灌水即可萌芽。生长期应适当追施液肥。盆栽的品种,每年早春可进行分盆,土壤以肥沃的沙质壤土拌以粗沙为宜,以利排水。雨季应注意排水,防止植株倒伏。

(五)园林应用

景天类植物生长适应性特强,耐寒、耐干旱,株型丰满,叶色葱绿,可用于布置花坛、花境,岩石园或作镶边植物及地被植物的配置。也可盆栽供室内观赏或做切花用。多数种类全株可入药。

八、宿根福禄考类

宿根福禄考类(*Phlox*),别名:天蓝绣球、锥花福禄考。科属:花荵科,福禄考属。见图 5-29。

(一)形态特征

宿根草本。茎直立或匍匐,基部半木质化,多须根。叶全缘,对生或上部互生,长圆状披针形,被腺毛。聚伞花序顶生,花冠基部紧收成细管样喉部,端部平展,花高脚碟状,开花整齐一致。花色有白、粉红、紫、蓝等。花期 7—9 月。

图 5-29 福禄考

(二)类型及品种

1. 宿根福禄考(*P. paniculata*)

别名锥花福禄考、天蓝绣球。株高 60～

120 cm,茎直立,不分枝。叶十字对生或上部叶轮生,先端尖,边缘具硬毛。圆锥花序顶生,花朵密集,花冠高脚碟状,萼片狭细,裂片刺毛状,粉紫色。园艺品种很多,花色有白、红紫、浅蓝。花色鲜艳具有很好的观赏性。

2. 丛生福禄考(*P. subulata*)

茎密集匍匐,基部稍木质化。常绿。叶锥形簇生,质硬。花有梗,花瓣倒心形,有深缺刻。花色不同,变种多。性耐热、耐寒、耐干燥。用作地被植株和模纹花坛。

3. 福禄考(*P. nivalis*)

茎低矮,匍匐呈垫状,植株被茸毛。叶锥形,长 2 cm。花径约 25 cm,花冠裂片全缘或有不整齐齿牙缘。外形与丛生福禄考较相似。适用于模纹花坛。

(三)生态习性

福禄考属植物约有 70 种,多产自北美洲,其中有一种产自西伯利亚地区。性强健,耐寒,匍匐类福禄考抗旱尤强。喜阳光充足环境,忌炎热多雨气候。喜石灰质壤土,但一般土壤也能正常生长。

(四)生产技术

1. 繁殖技术

宿根福禄考可用播种、分株、扦插繁殖。种子可以随采随播。北方地区播种后要注意防冻,春播宜早。实生苗花期、高矮差异大。分株繁殖以早春或秋季分株为主,注意浇水,露地栽植的 3～5 年可分株一次。也可以春季扦插繁殖,取新梢 3～6 cm 作插穗,易生根。

2. 生产要点

栽培宜选背风向阳又排水良好的土地,结合整地施入基肥。春、秋季皆可栽植,株距因品种而异,一般 40～45 cm。生长期可施 1～3 次追肥,要保持土壤湿润,夏季不可积水。还可摘心促分枝。花后适当修剪,促发新枝,可以再次开花。盆栽品种在每年春季萌芽后换盆一次。宿根类品种 3～4 年可进行分株更新。匍匐类品种 5～6 年分株更新。

栽培管理过程中要注意防治福禄考的斑枯病、白粉病、病毒病等。斑枯病的防治,在浇水时,尽量不溅到植株叶片上,春雨之前用 40%多硫胶悬剂 800 倍液、50%多菌灵可湿性粉剂 1 000 倍液防治.夏季梅雨季节要重点防治,每隔 10～15 d 喷药一次。病毒病的防治,需及时消灭蚜虫,选用无病毒苗木,植物生长季节喷施植病灵等药剂两次,以提高植株的抗病毒能力。白粉病的防治,要适当增施磷、钾肥,在 6—8 月喷施 2 次 0.5%～1.0%的磷酸二氢钾溶液,发病初期,每隔 7～10 d,喷施 25%粉锈宁可湿性粉剂 1 000 倍液,连续喷 2～3 次。

(五)园林应用

宿根福禄考花期长,开花紧密,花冠美丽,花色鲜艳,是优良的园林夏季用花卉。可露地栽培,是布置花境、花坛及居室的良好材料,如成片种植可以形成良好的水平线条。匍匐类福禄考植株低矮,花大色艳,是优良的岩石园和毛毡花坛的花卉材料,在阳光充足处也可大面积丛植在林缘、草坪等处或片植作地被,观赏性强。也可作切花栽培。

九、金光菊

金光菊(*Rudbeckia*),科属:菊科,金光菊属。见图 5-30。

(一)形态特征

图 5-30　金光菊

多年生宿根花卉。茎直立,单叶或复叶,互生。头状花序顶生。外围舌状花瓣 6～10 枚,金黄色,有时基部带褐色。中心部分的筒状花呈黄绿至黑紫色,顶端有冠毛。瘦果。

(二)类型及品种

园林中常用种类有如下几种。

1. 金光菊(*R. laciniata*)

又名太阳菊、裂叶金光菊。原产加拿大及美国。株高 1.2～2.4 m,茎多分枝,无毛或稍被短粗毛。基生叶羽状深裂,裂片 5～7 枚,茎生叶互生,3～5 片深裂。边缘具稀锯齿。头状花序顶生,花梗长,着花一至数朵。外围舌状花瓣 6～10 枚,倒披针形,长约 3 cm,金黄色,中心部分筒状花呈黄绿色。花期 7—10 月。果为瘦果。主要变种有重瓣金光菊(var. *hortensis*),重瓣花,开花极为繁茂。

2. 黑心菊(*R. hybrida*)

园艺杂种。全株被粗糙硬毛。基生叶浅裂,3～5 裂,茎生叶互生,长椭圆形,无柄。管状花深褐色,半球形,舌状花单轮,黄色。瘦果细柱状,有光泽。是花境、树群边缘的良好绿化材料。

3. 毛叶金光菊(*R. hirta*)

原产北美。全株被粗毛。基部叶近匙形,叶柄有翼,上部叶披针形,全缘无柄。舌状花单轮,黄色,基部色深为褐红色,管状花紫黑色。

(三)生态习性

金光菊类原产于北美,我国北方园林中栽培应用广泛。耐寒性强,在我国北方多数地区入冬后可在露地越冬。喜阳光充足,也较耐阴,对土壤要求不严,但以疏松而排水良好的土壤上生长良好。

(四)生产技术

1. 繁殖技术

可采用播种、分株或扦插繁殖。春、秋季均可播种,也可根据花期调整播种时期。如欲 6 月开花,则应于前一年的 8 月进行播种繁殖。发芽适温 10～15℃,2 周即发芽。营养钵育苗可用于花坛用花,花前定植即可。也可进行分株繁殖,春、秋季皆可。在早春掘出地下宿根部分进行分根繁殖,每株需带顶芽 3～4 个,温暖地区也可在 10—11 月分根繁殖。还可自播繁衍。

2. 生产要点

金光菊可利用播种期的不同控制花期,如秋季播种,翌年 6 月开花。4 月播种,7 月开花。6 月播种,8 月欣赏繁花。7 月播种的,10 月即可开花。露地栽的品种株行距保持 80 cm 左右,需在 3 月上旬及时浇返青水。生长期适当追肥 1～2 次。盆栽需用大盆并施以基肥。夏季可在花后将花枝剪掉,待秋季还可长出新的花枝再次开花。

栽培管理过程中需注意防治白粉病。在发病前喷洒保护性杀菌剂，如75%百菌清可湿性粉剂800倍液防治。发病初期每隔7～10 d喷洒一次25%粉锈宁可湿性粉剂1 500倍液，连续3～4次。

(五)园林应用

金光菊类花卉花朵繁多，风格粗放，花期长，株高不同，且耐炎热，是夏季园林中花境、花坛或自然式栽植的常用花卉材料。也可用作切花，叶可入药。

十、荷包牡丹

荷包牡丹(*Dicentra spectabilis* L. Lem.)别名：铃儿草、兔儿牡丹。科属：罂粟科，荷包牡丹属。见图5-31。

图5-31 荷包牡丹

(一)形态特征

多年生宿根草本。地下茎水平生长，稍肉质；株高30～60 cm，茎带红紫色；叶有长柄，一至数回三出复叶，以叶形略似牡丹而得名。花序顶生或与叶对生，呈下垂的总状花序，小花具短梗，向一侧下垂，每序着花10朵左右。花形奇特，萼2片，较小而早落，花瓣4枚，分内外两层，外层2片茎部联合呈荷包形，先端外卷，粉红至鲜红色；内层2片，瘦长外伸，白色至粉红色。果实为蒴果，种子细长，先端有冠毛。开花期4—6月。

(二)类型及品种

同属常见的栽培种有大花荷包牡丹、美丽荷包牡丹、加拿大荷包牡丹。

(三)生态习性

原产我国东北和日本，耐寒性强，宿根在北方也可露地越冬。忌暑热，喜侧方蔽荫，忌烈日直射。要求肥沃湿润的土壤，在黏土和沙土中明显生长不良。4—6月开花。花后至夏季茎叶渐黄而休眠。

(四)生产技术

1. 繁殖技术

以分株繁殖为主，也可采用扦插和种子繁殖。春季当新芽开始萌动时进行最宜，也可在秋季进行。把地下部分挖出，将根茎按自然段顺势分开，每段根茎需带3～5个芽，分别栽植。也可夏季扦插，茎插或根插，成活率高，次年可开花。采用种子繁殖，春、秋播均可，实生苗3年可以开花。

2. 生产要点

春季浇足、浇透返青水，同时喷1%的敌百虫液，进行土壤消毒。生长期要及时浇水，保证土壤有充足的水分，孕蕾期间，施1～2次磷酸二氢钾或过磷酸钙液肥，可使花大色艳。若栽植于树下等有侧方遮荫的地方，可以推迟休眠期。7月至翌年2月是休眠期，要注意雨季排水，以免植株地下部分腐烂。11 月除浇防冻水外，还要在近根处施以泊粕或堆肥。盆栽时一定要使用桶状深盆，盆底多垫一些碎瓦片以利排水。

欲使其春节开花，可于 7 月花后地上部分枯萎时，将植株崛起，栽于盆中，放入冷室至 12 月中旬，然后移入 12～13℃的温室内，经常保持湿润，春节即可开花。花后再放回冷室，待早春重新栽植露地。

（五）园林应用

植株丛生而开展，叶翠绿色，形似牡丹，但小而质细。花似小荷包，悬挂在花梗上优雅别致，是花境和丛植的好材料，片植则具自然之趣。也可盆栽供室内、廊下等陈放；还可剪取切花，切花时，可水养 3～5 d。

十一、耧斗菜

耧斗菜（*Aquilegia*），科属：毛茛科，耧斗菜属。见图 5-32。

图 5-32　耧斗菜

（一）形态特征

多年生草本，茎直立，多分枝。整个植株具细柔毛，二至三回三出复叶，具长柄，花顶生或腋生，花形独特，花梗细弱，一茎多花，花朵下垂，花萼 5 片形如花瓣，花瓣基部呈长距，直生或弯曲，从花萼间伸向后方。花通常紫色，有时蓝白色，花期 5—6 月。

（二）类型及品种

目前栽培的多为园艺品种。耧斗菜（*A. vulgaris*），长距耧斗菜（*A. Longissima*）。

（三）生态习性

原产欧洲。性强健，耐寒性强，华北及华东等地区均可露地越冬。不耐高温酷暑，若在林下半阴处生长良好，喜富含腐殖质、湿润和排水良好的沙壤土。在冬季最低气温不低于 5℃的地方，四季常青。

（四）生产技术

1. 繁殖方法

分株和播种繁殖。分株繁殖可在春、秋季萌芽前或落叶后进行，每株需带有新芽 3～5 枚。也可用播种繁殖，春、秋季均能进行，播后要始终保持土壤湿润，一个月左右可出苗。一般栽培种，其种子发芽温度适应性较强，20 d 后出芽；而加拿大耧斗菜发芽适温为 15～20℃，温度过高则不发芽。发芽前应注意保持土壤湿润。

2. 生产要点

幼苗经一次移栽后，10 月左右定植，株行距 30 cm×40 cm，栽植前整地施基肥。3 月上旬浇返青水，并浇灌 1%敌百虫液进行土壤消毒。忌涝，在排水良好的土壤中生长良好。春天可在全光条件下生长开花，夏季最好遮荫，否则叶色不好，呈半休眠状态。每年追肥 1～

2次。6—7月种子成熟，注意及时采收。老株3～4年挖出分株一次，否则生长衰退。也可进行盆栽，但每年需翻盆换土一次。管理过程中注意预防耧斗菜花叶病，重视科学施肥，重施有机肥，增施磷钾肥，忌偏施氮肥，以改善植株营养条件，提高其抗病性。播种前要进行土壤消毒，及时铲除田间杂草，清除传染源，及时消灭蚜虫，消灭传毒媒介。

（五）园林应用

品种繁多，是重要的春季园林花卉。植株高矮适中，叶形美丽，花形奇特。是花境的好材料。丛植、片植在林缘和疏林下，可以形成美丽的自然景观，表现群体美。可用于岩石园，也是切花材料。

十二、桔梗

桔梗［*Platycodon grandiflorum*（Jacq.）A. DC.］，别名：僧冠帽、六角荷、梗草。科属：桔梗科，桔梗属。见图5-33。

图5-33　桔梗

（一）形态特征

多年生草本。具白色肉质根，胡萝卜状。茎丛生，上部有分枝，枝铺散，全株具乳汁，株高30～100 cm。叶互生或3枚轮生，近无柄，卵状披针形，叶缘有锐锯齿，叶背具白粉。花单生，或数朵聚合呈总状花序，顶生。花冠钟形，蓝紫色，未开时抱合似僧冠，开花后花冠宽钟状，蓝紫色，有白花、大花、星状花、斑纹花、半重瓣花及植株高矮不同等品种；萼钟状，宿存；花期6—9月。蒴果，内含多数种子。种子膜质状，扁平而光滑，千粒重1 g，寿命短。与风铃草的主要区别在于其蒴果的顶端瓣裂。

（二）类型及品种

桔梗品种分为矮生种和切花桔梗。

（三）生态习性

原产中国、朝鲜和日本。我国各地均有栽培。多生长于山坡、草丛林边沟旁。耐寒性强，喜凉爽、湿润，宜排水良好富含腐殖质的沙质壤土。

（四）生产技术

1. 繁殖技术

多用播种繁殖，也可分株扦插、繁殖。播种通常3—4月直播，播前先浸种，种子在20～30℃ 5 d均可萌发，但以15～25℃为好，栽培地施用堆肥和草木灰作基肥，播种覆土宜薄，播后略加镇压，盖草防旱，发芽后注意保持土壤湿润，间苗2次，定苗株行距20～30 cm。扦插、分株春秋均可进行。

2. 生产要点

栽培容易。花期前后追肥1～2次，秋后欲保留老根应剪去干枯茎枝覆土越冬。挖根入药时宜深挖50 cm，以保全根，挖取后切取根颈用于繁殖，下部去皮晾干入药。播种后2～

3 年后可收根。

(五)园林应用

花期长，花色美丽。适宜花坛花境栽植或点缀岩石园，也可用于切花。根可入药，有祛痰、镇咳功效。

十三、蜀葵

蜀葵(*Althaea rosea*)，别名：熟季花、一丈红、蜀季花、麻秆花、斗篷花。科属：锦葵科，蜀葵属。见图 5-34。

(一)形态特征

图 5-34　蜀葵

多年生宿根草本，植株高达 1～3 m，直立，少分枝，全株有柔毛。叶大而粗糙，圆心脏形，5～7 浅裂，边缘具齿，叶柄长，托叶 2～3 枚，离生。花大，直径 8～12 cm，单生叶腋或聚成顶生总状花序。小苞片 6～8 枚，阔披针形，基部联合，附生于萼筒外面。萼片 5 枚，卵状披针形。花瓣短圆形或扇形，边缘波状而皱或齿状浅裂。原种花瓣 5 枚，变化多，有单瓣、半重瓣、重瓣之分。花色有红、粉、紫、白、黄、褐、墨紫等色。雄蕊多数，花丝联合成筒状，并包围花柱。花柱线形，并突出于雄蕊之上。花期 5—10 月，果熟期 7—10 月。分裂果，种子肾形，易于脱落，发芽力可保持 4 年。

(二)类型及品种

蜀葵分为混合型蜀葵和观赏型蜀葵。

(三) 生态习性

原产中国，分布我国各地。现世界广泛栽培。喜凉爽、向阳环境，耐寒，也耐半阴；喜深厚肥沃、排水良好的土壤。

(四)生产技术

1. 繁殖技术

播种、分株或扦插繁殖。播种常于秋季进行。蜀葵幼苗易得猝倒病，应在床土上下功夫。选用腐叶土、大田土或进行土壤消毒，或播种时拌药土。用育苗盘播种，每平方米苗床播种量 80～100 g。播种后将育苗盘置于电热温床上，控制温度在 20℃，播后 7 d 出苗。

对优良品种可用扦插、分株繁殖。扦插宜选用基部萌蘖作插穗。插穗长 7～8 cm，沙土作基质，扦插后遮荫至发根。分株在花后秋末、早春进行，将嫩枝带根分割栽植。对于特殊品种也可用嫁接繁殖，在春季将接穗接于健壮苗根颈处。

2. 生产要点

幼苗经间苗、移植 1 次后，11 月初定植园地，株距约 50 cm。定植宜早，使植株在寒潮来临前已形成分枝，增强抗寒力，有利于翌年长成较大的株丛。移植时宜多带土和趁苗小时进行，以便提高成活率。耐粗放管理。幼苗期加强肥水管理，使植株健壮。开花期需适当浇水，可促使花开到茎端。花后回剪到距地面 15 cm 处，使重新抽芽，翌年开花更好。管理上注意防旱。

(五)园林应用

因品种多，花色艳丽，花期较长，植株高大，在园林中常作背景材料或成丛栽植，也常作建筑物旁、墙角、空隙地以及林缘的绿化材料。根可入药。

十四、麦冬

麦冬(*liriope spicata*)，别名：麦门冬、大麦冬、土麦冬。科属：百合科，麦冬属。见图 5-35。

图 5-35　麦冬

(一)形态特征

多年生常绿草本。根状茎短粗，须根发达，须根中部膨大呈纺锤状肉质块根，地下具匍匐茎。叶基生，窄条带状，稍革质，每个叶丛基部有 2～3 层褐色膜质鞘，叶长 15～30 cm，宽 0.4～1 cm。花葶自叶丛中抽出，顶生窄圆锥形总状花序，小花呈多轮生长，具短梗，花被 6 片，极微小，浅紫色至白色，花期 8—9 月。浆果圆形，蓝黑色，有光泽。

(二)类型及品种

阔叶麦冬(*Liriope platyphylla*)：地下不具匍匐茎，叶宽线形，稍成镰刀状；麦门冬(*L. graminifolia*)地下具匍匐茎，叶较窄，花甚小。

(三)生态习性

原产中国及日本。有一定的耐寒性，喜阴湿，忌阳光直射。对土壤要求不严，在肥沃湿润土壤中生长良好。

(四)生产技术

1. 繁殖技术

繁殖技术以分株为主。多在春季 3—4 月进行。也可春播繁殖，播种后 10 d 左右即可出土。

2. 生产要点

盆栽或地栽均较简单粗放，最好栽植在通风良好的半阴环境。栽植前施足基肥，生长期追肥 2～3 次，夏季保持土壤湿润，冬季减少浇水。常有叶斑病为害，可用 50%多菌灵可湿性粉剂 1 500 倍液喷洒。

(五)园林用途

麦冬是良好的园林地被植物和花坛、花境等的镶边材料，也可盆栽观赏。全草可入药，主治心烦、咽干、肺结核等。

十五、荷兰菊

荷兰菊（*Aster novi-belgii*），别名：柳叶菊、蓝菊、小蓝菊、老妈散等。科属：菊科，紫菀属。见图 5-36。

（一）形态特征

株高 60～100 cm，全株光滑无毛。茎直立，丛生，基部木质。叶长圆形或线状披针形，对生，叶基略抱茎，暗绿色。多数头状花序顶生而组成伞房状，花淡紫、紫色或紫红色，花径 2.0～2.5 cm，自然花期 8—10 月。

图 5-36　荷兰菊

（二）类型及品种

常见栽培观赏的品种有：皇冠紫“Huangguan-zi”，舌状花玫瑰红色；蓝夜“Lan-ye”，舌状花蓝色；红日落“Hong-ri-luo”，舌状花粉色。

（三）生态习性

原产北美，喜阳光充足及通风良好的环境，耐寒、耐旱、耐瘠薄，对土壤要求不严，但在湿润及肥沃壤土中开花繁茂。

（四）生产技术

1. 繁殖技术

以扦插、分株繁殖为主，很少用播种法。

（1）扦插法　5 月至 6 月上旬，结合修剪，剪取嫩枝进行扦插。扦插基质为湿润的粗沙。插后注意浇水、遮阳。生根后及时撤掉遮阳物，进行正常管理。若为国庆节布置花坛，可于 7 月下旬至 8 月上旬扦插。

（2）分株法　早春幼芽出土 2～3 cm 时将老株挖出。用手小心地将每个幼芽分开，另行培养。荷兰菊的分蘖力强，分株繁殖比例可达 1∶（200～300）。

2. 生产要点

早春及时浇返青水并施基肥。生长期间每 2 周追施 1 次肥水，入冬前浇冻水。每隔 2～3 年需进行 1 次分株，除去老根，更新复壮。荷兰菊自然株型高大，栽培时可利用修剪调节花期及植株高度。如要求花多、花头紧密、国庆节开花，应修剪 2～4 次。5 月初进行 1 次修剪，株高以 15～20 cm 为好。7 月再进行第 2 次修剪，注意使分枝均匀，株型匀称，美观，或修剪成球形、圆锥形等不同形状。9 月初最后 1 次修剪，此次只摘心 5～6 cm，以促其分枝、孕蕾，保证国庆节用花。要在“五一”节开花，可于上年 9 月剪嫩枝扦插，或深秋挖老根上盆，冬季在低温温室培育。

（五）园林应用

荷兰菊花色淡雅，又为宿根，在我国东北地区能露地越冬。因此为庭院绿化极佳材料，可用于花坛、花境、丛植，也可盆栽，同时也是绿篱及切花的良好材料。将其枝叶捣碎，可敷治无名肿痛。

任务三　木本花卉生产技术

一、牡丹

牡丹(*Paeonia suffruticosa* Andr),别名:富贵花、洛阳花、花中之王、木芍药、洛阳花、谷雨花等。科属:芍药科,芍药属,为落叶灌木或亚灌木。见图 5-37。

图 5-37　牡丹

(一)形态特征

落叶灌木,株高 1～3 m,肉质直根系,枝干丛生。茎枝粗壮且脆,表皮灰褐色,常开裂脱落。叶呈二回三出羽状复叶,小叶阔卵状或长卵形等。顶生小叶常先端 3 裂,基部全缘,基部小叶先端常 2 裂。叶面绿色或深绿色,叶背灰绿或有白粉。叶柄长 7～20 cm。花单生于当年生枝顶部,大型两性花。花径 10～30 cm,花萼 5 瓣。原种花瓣多 5～11 片,离生心皮 5 枚,多为紫红花色。现栽培品种花色极为丰富,有单瓣及重瓣等品种及多种花型。花色有白、黄、粉红、紫、墨紫、雪青及绿等,果为蓇葖果,种子大,圆形或长圆形,黑色。花期 4—5 月。

(二)类型及品种

牡丹在我国栽培历史悠久,栽培品种繁多,有多种分类方法。按花色可分为白、粉、红、黄、紫、复色花系;按花期早晚可分为早、中、晚花 3 种,相差时间 10～15 d;按花瓣的多少和层数分为单瓣类、重瓣类;按分枝习性可分为单枝型和丛枝型两类;按叶的类型分为大型圆叶类、大型长叶类、中型叶类、小型圆叶类、小型长叶类;按用途分为观赏种和药用种。较常见的名品花有姚黄、魏紫、墨魁、豆绿、二乔、白玉、状元红、洛阳紫、迎日红、朝阳红、醉玉、仙女妆、天女散花等。

(三)生态习性

原产于我国西北部,喜凉恶热,喜燥怕湿,可耐低温,在年平均相对湿度 45%左右的地区可正常生长。喜阳光,适合于露地栽培。栽培场地要求地下水位低,土层深厚、肥沃、排水良好的沙质壤土。怕水涝。土壤黏重,通气不良,易引起根系腐烂,造成整株死亡。牡丹在长期特定条件下和系统发育过程中,形成了独特的生态习性和栽培要点,文献曾记载牡丹花的所恶和所好:花之恶——狂风,暴雨,苦寒,赤日,蚯蚓,飞尘,浇湿粪,3 月降霜雹;花之好——温风,细雨,暖日,清露,甘泉,沃壤,润 3 月。另外,牡丹还有“春发枝、夏打盹、秋发根、冬休眠”的习性。

(四)生产技术

1. 繁殖技术

牡丹常用分株和嫁接法繁殖,也用可播种、扦插和压条繁殖。

(1)分株繁殖　每年的9月下旬到10月，选枝繁叶茂4～5年生的植株，挖出抖去附土，晾1～2 d，待根变软后，顺根系缝隙处分开，据株丛大小可分成数株，每株丛3～5个枝条，每枝条至少要有2～3条根系，伤口处涂以草木灰防腐，并剪去老根、死根、病根和枯枝，分株早些当年入冬前可长出新根，分株太晚，当年新根长不出来易造成冬季死亡。

(2)嫁接繁殖　生产中多采用根接法。选择2～3年生芍药根作砧木，在立秋前后先把芍药根挖掘出来，阴干2～3 d，稍微变软后取下带有须根的一段剪成长10～15 cm，随即采生长健壮、表皮光滑而又节间短的当年生牡丹枝条作接穗，剪成长5～10 cm一段，每段接穗上要有1～2个充实饱满的侧芽，并带有顶芽。用劈接法或切接法嫁接在芍药的根段上，接后用胶泥将接口包住即可。接好后立即栽植在苗床上，栽时将接口栽入土内6～10 cm，然后再轻轻培土，使之呈屋脊状。培土要高于接穗顶端10 cm以上，以便防寒越冬。寒冷地方要进行盖草防寒，来年春暖后除去覆盖物和培土，露出接穗让其萌芽生长。

2. 生产要点

(1)庭院栽培技术

①场地选择　应选择地势高燥，排水良好，土层深厚，疏松肥沃的沙壤土，忌积水、忌重茬。然后选择茎粗壮，芽饱满，粗根多的植株；嫁接苗要愈合好，分株苗尽量保留根系；无病虫害，顶侧芽齐备。

②栽植　每年的9—10月，地温尚高时栽植，可促发植株的新根，有利于越冬成活且不影响第二年开花。牡丹为长肉质根系，应挖直径为30～40 cm，深40～50 cm，坑距100 cm的定植坑，将表土和底土分开，在坑底填表土并混入充分腐熟的有机肥，堆成“土丘”状，将根系均匀分布在其上，然后覆土，并提苗轻踩，栽植不宜过深，以地面露出茎基部为宜，填平栽植坑，浇透水，然后扶一次苗。

③浇水、施肥　地栽牡丹浇水不宜过多，怕积水，较耐旱，但在早春干旱时要注意适时浇水，夏季天热时要注意定期浇水，雨季少浇水并注意雨后排水，勿使受涝；秋季适当控制浇水。新栽的牡丹切忌施肥，半年后可施肥。牡丹喜肥，一年至少施用3次。“花肥”春天结合浇返青水施入，宜用速效肥。“芽肥”于花后追肥，补充开花的消耗和为花芽分化供应充足养分，除氮肥外可增加磷、钾肥。“冬肥”结合浇封冻水进行，利于植株安全越冬。

④中耕除草　从春天起按照“除小、除净”的原则及时松土除草，尤其7—8月，天热雨多，杂草滋生迅速，更要勤除，除净。

⑤整形修剪　刚移栽的牡丹，第二年现蕾时，每株保留一朵花，其余花蕾摘除。花谢后如不需要结实，应及时去除残花，减少养分消耗。栽培2～3年后要进行定枝，生长势旺、发枝力强的品种，可留5～7枝；生长势弱、发枝力差的品种，只剪除细弱枝，保留强枝。观赏用植株，应尽量去掉基部的萌生枝，以尽快形成美观的株型；繁殖用的植株，则萌生枝可适当多留。

(2)盆栽技术　盆栽牡丹应选择适应性强、株型矮、花大的品种，选用嫁接苗或有3～5个枝干的分株苗，花盆宜用直径30 cm以上的大盆，盆土要求疏松肥沃，秋季上盆，栽前剪去过长根，栽后浇透水。入冬后移入冷室，翌年春季移出室外，放背风向阳处养护。夏季放阴凉处，避免阳光直射。花前施一次肥，花后追施2～3次肥，分别在花谢后和夏季花芽分化期进行，修剪与地栽相同。

(3)促成栽培技术　每年9—10月挖出放入潮湿、庇荫、通风的冷室贮存。可根据开花的时间上盆，一般在开花前 50～60 d 上盆，上盆后处于 10℃左右的环境，充分见光。10～15 d 移入 15～20℃环境，用 50 mg/L 的赤霉素点滴花芽，随着温度升至 25～28℃，花芽逐渐开苞露出花蕾，此时停止点滴赤霉素，适当浇水，每天向花枝上喷水一次，经过 50 d 左右即可开花，适合春节应用。

(五)园林应用

牡丹雍容华贵，国色天香，花大色艳，自古被尊为“花王”，称为“富贵花”，象征着我国的繁荣昌盛，幸福吉祥，是我国传统名花之一。多植于公园、庭院、花坛、草地中心及建筑物旁，为专类花园和重点美化用，也可与假山、湖石等配置成景。也可做盆花室内观赏或切花之用。牡丹除了花可观赏外，花瓣还可食用，牡丹的根皮叫“丹皮”，可供药用。

二、桃花

桃花(*Prunus persica*)，别名：花桃、碧桃、观赏桃。科属：蔷薇科，李属。为落叶小乔木。见图 5-38。

图 5-38　桃花

(一)形态特征

落叶小乔木，高 2～8 m，树冠开张。小枝褐色或绿色，光滑，芽并生，中间多为叶芽，两旁为花芽。叶椭圆状披针形，先端渐长尖，边缘有粗锯齿，花侧生，多单朵，先叶开放，通常粉红色单瓣。观赏桃花色彩变化多，且多重瓣。品种繁多。花期 3—4 月，果 6—9 月成熟。

(二)类型及品种

常见栽培品种有碧桃(var. *duplex*)，花粉红，重瓣；白花碧桃(f. *alba-plena*)，花白色，重瓣；红花碧桃(f. *camelliaeflora*)，花深红色，重瓣；撒金碧桃(var. *versicolor*)，同一株上有红、白花朵及一个花朵有红、白相间的花瓣或条纹；紫叶桃(f. *atropurpurea*)，叶紫红，花深红色；垂枝碧桃(var. *pendula*)，枝下垂，花重瓣，有白、淡红、深红、洋红等色；寿星桃(var. *densa*)，又名矮脚桃，树形矮小，花多重瓣，花白或红，宜盆栽。

(三)生态习性

原产我国西北、西南等地。现世界各国多栽培。喜光，耐旱，喜高温，较耐寒，但冬季温度在－23℃以下时易受冻。怕水淹，要求肥沃、排水良好的沙壤土及通风良好的环境条件，若缺铁则易发生黄叶病。花期为 3 月中旬至 4 月中旬。

(四)生产技术

1. 繁殖技术

以嫁接为主，也可压条。用毛桃、山桃为砧木，嫁接方法通常采用切接和芽接法。

2. 生产要点

移植或定植可在落叶后至翌春叶芽萌动前进行，幼苗裸根或打泥浆，大苗及大树则应带土球。种植穴内应以有机肥作基肥，以满足其生长发育的需要。

桃花的修剪以自然开心形为主，要注意控制内部枝条，以改善通风透光条件，夏季对生长旺盛的枝条摘心，冬季对长枝适当缩剪，能促使多生花枝，并保持树冠整齐。通常每年冬季施基肥 1 次，花前及 5—6 月分别施追肥 1 次，以利于开花和花芽的形成。常见病虫害有桃蚜、桃粉蚜、桃浮尘子、梨小食心虫、桃缩叶病、桃褐腐病等，应注意防治。

(五)园林应用

桃花芳菲烂漫，妩媚动人。可植于路旁、园隅，或成丛成片植于山坡、溪畔，形成佳景。片植构成“桃花园”“桃花山”等景观，花期芳菲烂漫，妩媚鲜丽，令人陶醉。桃、柳间种于湖滨、溪畔等临水地区，可形成桃红柳绿、柳暗花明的春日胜景。为了避免柳遮桃光，应适当加大株、行距，并应将桃花栽植在较高、干燥的场所。

三、樱花

樱花(*Prunus serrulata*)，别名：山樱花、山樱桃、福岛樱。科属：蔷薇科，李属。为落叶乔木或小乔木。见图 5-39。

(一)形态特征

树皮栗褐色，有绢丝状光泽。叶卵形至卵状椭圆形，边缘具芒状齿。花 2～6 朵簇生，呈伞房花序状，花白色或粉红色。核果球形。花期 4—5 月。

图 5-39　樱花

主要变种有：山樱花(var. *spontanca*)，花单瓣，较小，白色或粉色，野生于长江流域；毛樱花(var. *pubescens*)，叶、花梗及萼片有毛，其余同山樱花。具有观赏价值的有：重瓣白樱花(f. *albo-plena*)，花白色，重瓣；重瓣红樱花(f. *rosea*)，花粉红色，重瓣；玫瑰樱花(f. *superba*)，花大，淡红色，重瓣；垂枝樱花(f. *pendula*)，花条开展而下垂，花粉色，重瓣。此外，还有樱桃(*P. pseudocerasus*)，花白色，果球形，熟时红色，可食。均为我国庭院中常见栽培的花木。

(二)类型及品种

常见的有东京樱花、山樱花、江户彼岸樱花、大山樱花。

(三)生态习性

主产我国长江流域，东北、华北均有分布。樱花喜光，较耐寒，喜肥沃湿润而排水良好的壤土，不耐盐碱土。忌积水。

(四)生产技术

1. 繁殖技术

通常用嫁接法繁殖。以樱桃或山樱桃的实生苗为砧木，也可用桃、杏苗作砧木。于 3 月切接,或于 8 月芽接,接活后培育 3～4 年即可栽种。也可用根部萌蘖分株繁殖,易成活。

2. 生产要点

樱花栽种时,宜多施腐熟堆肥为基肥。日常管理工作要注意浇水和除草松土。7 月施硫酸铵为追肥,冬季多施基肥,以促进花枝发育。早春发芽前和花后,需剪去徒长枝、病弱枝、短截开花枝,以保持树冠圆满。常见害虫有红蜘蛛、介壳虫、卷叶蛾、蚜虫等,应及时防治。病害有叶穿孔病,可喷 500 倍液的代森锌防治。

(五)园林应用

樱花花繁色艳,甚为美观,宜植于庭院中、建筑物前,也可列植于路旁、墙边、池畔。栽植樱桃,花如彩霞,果似珊瑚,红艳喜人。

四、紫薇

紫薇(*Lagerstroemia indica*),别名:百日红、满堂红、怕痒树。科属:千屈菜科,紫薇属。为落叶小乔木。见图 5-40。

图 5-40 紫薇

(一)形态特征

树皮光滑,黄褐色,小枝略呈四棱形。单叶对生或上部互生,椭圆形或倒卵形,全缘。花为顶生圆锥花序,花冠紫红色或紫堇色,花瓣 6 片。花期长,6—9 月陆续开花不绝。

(二)类型及品种

主要变种有红薇(var. *rubra*),花红色;银薇(var. *alba*),花白色;翠薇(var. *amabilis*),花紫色带蓝。

(三)生态习性

原产华东、华中、华南、西南各地,园林中普遍栽培。喜光,喜温暖气候,不耐寒。适于肥沃、湿润而排水良好之地。有一定耐旱力。喜生于石灰性土壤。长时间渍水,生长不良。萌芽力强。

(四)生产技术

1. 繁殖技术

常用播种或扦插法繁殖。

(1)播种繁殖　播种法 10—11 月采收蒴果,曝晒果裂后,去皮净种,装袋贮存,于次年早春播种,4 月即可出苗。苗期要保持床土湿润,每隔 15 d 施 1 次薄肥,立秋后施 1 次过磷酸钙。苗木留床培育 2～3 年后,再行定植。

(2)扦插繁殖　扦插于春季萌芽前,选 1～2 年生健壮枝条,剪成 15～20 cm 长的插穗,插深 2/3。插床以疏松而排水好的沙质壤土为佳。插后保持土壤湿度,一年生苗可高 50 cm 左右。梅雨季节可用当年生嫩枝扦插,插后要注意遮阳保湿。

2. 生产要点

紫薇大苗移栽需带土球,以清明时节栽植最好。栽后管理在生长期要经常保持土壤湿润，早春施基肥，5—6月施追肥，以促进花芽增长，这是保证夏季多开花的关键。冬季要进行整枝修剪，使枝条均匀分布，冠形完整，可达到花繁叶茂的效果。主要虫害有蚜虫、介壳虫，可用40%氧化乐果1 500倍液喷杀。病害有烟煤病，要注意栽植不可过密，通风透光好，有利于病虫害防治。

(五)园林应用

我国自古以来，常于庭院堂前对植两株紫薇。此外，在池畔水边、草坪角隅植之均佳。紫薇还宜制作盆景。

五、蜡梅

蜡梅(*Chimonanthus praecox*)，别名：黄梅花、香梅、黄梅。科属：蜡梅科，蜡梅属。为落叶灌木花卉。见图5-41。

(一) 形态特征

小枝四棱形，老枝近圆形。单叶对生，椭圆状卵形，表面粗糙。花单生叶腋，黄色，或略带紫色条纹，具浓香，有单瓣、重瓣之分，因品种而异。隆冬腊月开花，故又称"腊梅"。

图 5-41　蜡梅

(二)类型及品种

素心梅：花瓣长椭圆形，向后反卷，花色淡黄，心洁白，花香芳馥，因其花朵较大，又称"荷花梅"。虎蹄梅：花大色黄，花瓣较圆，中心小花瓣微带红紫色，花像虎蹄，香气浓，开花早。磬口梅：花瓣较圆，色深黄，心紫色，香气浓，因其花心紫色，又称"檀香梅"。金钟梅：花大黄色，形似金钟，重瓣，香气亦浓。狗牙梅：花瓣尖而形较小，外轮花瓣淡黄色，内轮花瓣有紫条纹，香气淡，因其花九出，又称"九英梅"。

(三)生态习性

原产我国中部各省，陕西秦岭、大巴山、湖北神农架等地发现有大面积野生蜡梅。现各地广泛栽培。蜡梅喜光而稍耐阴，较耐寒，冬季气温不低于－15℃地区，均能露地越冬。性耐旱，有"旱不死蜡梅"之说。怕风，忌水湿，喜肥沃疏松、排水良好的沙质壤土。土质黏重或盐碱土，均不适宜生长。萌生性强，耐修剪。寿命长，有植株越老开花越盛的特性。

(四)生产技术

1. 繁殖技术

可采用播种、嫁接、压条、分株等方法繁殖。以嫁接与分株较为常用。

2. 生产要点

蜡梅的栽植，宜选向阳高燥之地或筑台植之，入土不宜偏深。冬季施1次基肥，腐熟饼肥或粪肥均可。5—6月追施1～2次有机肥，促使蕾多花大。雨季要注意排水，过旱时要适当浇水。蜡梅的萌生性强，修枝和摘心工作很重要。修枝一般在花后进行，剪去纤弱枝、病枝及重叠枝，并将上年的伸长枝截短，以促使其多萌新侧枝。摘心工作也是促使多分枝的一项措施，最好在春季新枝长出2～3对芽后就摘去顶梢，既保持良好树形，又利于花芽分化。如要培养较高大的蜡梅，就要注意不宜过早摘顶，到长到一定高度时再摘顶以促使分枝。蜡梅在盛花后，将凋谢的花朵及早摘去，以免消耗养分，这也是促使多开花的管理措施。

盆栽蜡梅要用疏松、肥沃、富含腐殖质的沙质壤土；平时盆土宜稍偏干一些，秋后施干饼肥作基肥，开花期不再施肥，冬季勿浇肥水，否则会缩短花期。每隔2～3年要换大1号盆，换盆时将根部土团去掉1/3旧土，剪去过长老根，培以新培养土，可促使新根生长，枝多花繁。

（五）园林应用

蜡梅是我国具有特色的冬季花木。通常配植于庭院中墙隅、窗前、路旁或建筑物入口处两侧，以及厅前亭周。也可以花池、花台的方式栽植。蜡梅与南天竹配植，可在隆冬时节呈现“黄花、红果、绿叶”交相辉映的景色。

六、木槿

木槿（*Hibiscus syriacus* L.），别名：朝开暮落花、篱障花。科属：锦葵科，木槿属。见图5-42。

图 5-42　木槿

（一）形态特征

落叶灌木或小乔木，高3～4 m，小枝幼时被茸毛，分枝多，树冠卵形。叶互生，卵形或菱状卵形，先端钝，常三裂。花单生叶腋，径5～8 cm，花色有紫、粉、红、白等，夏秋开花，每花开放约2 d，朝开暮落。蒴果矩圆形。

（二）类型及品种

重瓣白木槿（var. *albo-plena*），花重瓣，白色。重瓣紫木槿（var. *amplissimus*），花重瓣，紫色。

（三）生态习性

原产我国，遍及黄河以南各省。朝鲜、印度、叙利亚也有分布。温带及亚热带树种，喜光，稍耐阴。耐水湿，也耐干旱。宜湿润肥沃土壤。抗寒性较强。耐修剪。

（四）生产技术

1. 繁殖技术

通常扦插繁殖，极易成活，单瓣者也可播种繁殖，种子干藏后春播。栽培管理较粗放。

2. 生产要点

用作绿篱的苗木，长至适当高度时需修剪，用于观花的宜养成乔木形树姿。移植在落叶期进行，通常带宿土。

木槿生长强健，病虫害少，偶有棉蚜发生，可喷40%乐果乳剂3 000倍液防治。

(五)园林应用

木槿是夏、秋季园林中优良的观花树种，宜丛植于阶前、墙下、水边、池畔，南方各省常用作花篱。

七、迎春

迎春(*Jasminum nudiflorum*)，别名：迎春花、金腰带、金梅。科属：木犀科，茉莉花属。见图5-43。

(一)形态特征

落叶灌木，株高30～50 cm，枝细长直立或拱曲，丛生，幼枝绿色，四棱形。叶对生，小叶3枚，卵形至椭圆形。花单生，先叶开放，有清香，花冠黄色，高脚碟状，径2～2.5 cm。花期2—4月。

图5-43　迎春

(二)类型及品种

探春(*J. floridum*)，缠绕状半常绿灌木，叶互生，单叶或复叶混生，小叶3～5片，聚伞花序顶生，5—6月开花，鲜黄色，稍畏寒。云南素馨(*J. mesnyi*)，又称云南迎春，常绿灌木，花较大，花冠裂片较花冠筒长，常近于复瓣，生长比迎春花更旺盛，花期稍迟。3月始花，4月盛放。

(三)生态习性

产于中国山东、陕西、甘肃、四川、云南、福建等省。各地广泛栽培。喜光、耐寒、耐旱、耐碱、怕涝。在向阳、肥沃、排水良好的地方生长繁茂。萌生力强，耐修剪。

(四)生产技术

1. 繁殖技术

通常用扦插、压条及分株法繁殖。

2. 生产要点

宜选择背风向阳、地势较高处，土壤肥厚、疏松、排水良好的中性土植之，生长最好。栽后冬季施基肥，并适当进行修剪，可促进初春开花，并延长花期。春夏之交，应予以摘心处理，整理树形。偶有蚜虫可用40%氧化乐果1 000倍液防治。

(五)园林应用

迎春长条披垂，金花照眼，翠蔓临风，姿态风雅。可配植于屋前阶旁，也可在路边植为绿篱。水池边栽植亦颇为适宜。现代城市高架路两侧花池，建筑物阳台作悬垂式栽植更为适当，但管理上要确保水分供应。

八、连翘

连翘(*Forsythia suspensa* Vahl),别名:黄绶带、黄寿丹、黄金条。科属:木犀科,连翘属。见图 5-44。

图 5-44 连翘

(一)形态特征

落叶灌木,高约 3 m,枝干丛生。叶对生,单叶或 3 小叶,卵形或卵状椭圆形,缘具齿。3—4 月叶前开花,花冠黄色,1～3 朵生于叶腋,蒴果卵圆形,种子棕色,7—9 月果熟。

(二)类型及品种

金钟连翘;卵叶连翘;秦岭连翘;垂枝连翘等。

(三)生态习性

产于中国北部和中部,朝鲜也有分布。喜光,耐寒,耐干旱瘠薄,怕涝,适生于深厚肥沃的钙质土壤。

(四)生产技术

1. 繁殖技术

常用播种或扦插法繁殖。春季播种,扦插容易成活,春季用一年生休眠枝或雨季选半木质化生长枝作插穗皆可。

2. 生产要点

定植后应选留 3～5 个骨干枝,使花枝在骨干枝上着生,每年花后进行修剪,疏除枯枝、老枝、弱枝,对健壮枝进行适度短截,促使萌生新的骨干枝和花枝。

常见病虫害有蚜虫、蓑蛾、刺蛾,应及时防治。

(五)园林应用

连翘为北方早春的主要观花灌木,黄花满枝,明亮艳丽。若与榆叶梅或紫荆共同组景,或以常绿树作背景,效果更佳。也适于角隅、路缘、山石旁孤植或丛植,还可用作花篱或在草坪成片栽植。果实为重要药材。

九、月季

月季(*Rosa chinensis*),别名月季花、长春花、月月红、四季蔷薇。科属:蔷薇科,蔷薇属。为落叶或半常绿灌木。见图 5-45。

(一)形态特征

高 0.3～4 m。茎部有弯曲尖刺,疏密不一,个别品种近无刺。奇数羽状复叶互生,小叶 3～9 片,多数品种椭圆形,倒卵形或阔披针形。有锯齿,托叶及叶柄合生。花多单生于枝顶。有时也多朵聚生呈伞房花序,多为重瓣,也有单瓣品种,瓣数 5～80 余片。果实近球形,成熟时橙红色。

月季花品种繁多，全球现有 1 万种以上。按花色分，有白、黄、红、橙、复色等各种深浅不同的类型，个别品种有蓝色花和绿色花；按开花持续期分，有四季开花、两季开花和单季开花种；按植株型态分，有直立型、树桩型；藤本型和微型等。

图 5-45　月季

(二)类型及品种

1. 茶香杂种月季(hybrida tea roses)

即杂种香水月季(简称 HT 系)，植株直立，株高中等，1～1.5 m，一年多次开花，花单生或多数集生成伞房花序，也有连续开花直到低温出现时停止的。花型中等，花心高出花瓣，香气浓淡不一，但都带有茶香味，品种很多，花色也很丰富，与中国古老月季关系较近。

2. 大花月季(grandiflora roses)

即壮花月季(简称 Gr 系)，植株高大，直立粗壮，可高达 3 m。一年多次开花或连续开花至低温降临，花单生或呈伞房花序，花径大，均在 5 cm 以上，其香气虽然浓淡不一，但都有芳香气味，花色很多，但花心均低于花瓣。品种也很多。

3. 丰花月季(floribunda roses)

简称 Fl 系，植株健壮，但较低矮。均为伞房花序，花多次开放或连续开花，开花量大，花色丰富，花心低于花瓣，无香气或具有淡香。其原始种为中国月季与野蔷薇的杂交种，品种丰富，适应性强。

4. 微型月季(miniature roses)

简称 Min 系，植株矮小，株高均在 30 cm 以下，叶片、花朵均小，着花密集，呈伞房花序，多次开花或连续开花，多无香气。花如纽扣，直径不超过 2.2 cm，花色很多，多为重瓣，有人称其为“纽扣月季”，也有人按音译称它为“迷你月季”。

5. 蔓性月季(climbing roses)

即藤本月季(简称 Cl 系)，植株藤状蔓生，依附它物攀缘生长或匍匐于地面生长。多次开花或仅开一次花。花单瓣、复瓣、重瓣均有，花色丰富多样，花径 2.5～8 cm，有的具香气，有的则无香气。

6. 树状月季 (tree roses)

一种用嫁接的方法高接的树状月季，采用枝干较高而直立性好的蔷薇作为砧木，在高 1 m 以上处嫁接各种月季而成。将不同花色品种嫁接在一个砧木上，从而形成一株开出多花色花朵的壮观景象。

(三)生态习性

原产我国，现广泛栽培。喜光，对日照长短无严格要求，可不断开花，盛夏季节(33℃以上)暂停生长，开花少。适合温度 20～25℃。在长江流域能耐寒，喜壤土及轻黏土，在弱酸、弱碱及微含盐量的土壤中都能生长，要求排水良好，喜肥。

(四)生产技术

1 繁殖技术

(1)扦插繁殖　扦插时期3—11月,嫁接时期以4—5月最好。生长期扦插应选用组织充实的枝条作插穗,带“踵”的短枝最好,尖端保留1～2对小叶。插壤以排水良好的黄沙、砻糠灰、蛭石均可。插后遮阳保湿,生根前浇水不宜过多,以免插条基部腐烂。

还可进行水插,春、秋季选用开花后的一年生壮枝,带叶两片插入深色玻璃瓶中,约7 d换水1次,提供光照条件,30 d即可生根。

(2)嫁接繁殖　嫁接用“十姐妹”“粉团蔷薇”的扦插苗,或多花蔷薇的实生苗为砧木进行切接、芽接。切接在早春叶芽刚萌动时进行。芽接时期为5—10月。

(3)播种繁殖　播种多在培育新品种时采用。10—11月采收成熟的果实,用瓦盆进行湿沙贮藏,经2～3个月的充分后熟,取出果实内的种子,不使其干燥,随即播于温室或温床。1～2个月出苗,当年可以开花。

2. 生产要点

施肥是栽培管理的重要环节。栽植前翻土整地,多施有机肥为基肥,以后每年冬季修剪后,应补充施肥。春季叶芽萌动展叶后,可施稀薄液肥,促使枝叶生长。生长期多施追肥,每月2次,以满足多次开花的需要,但至晚秋时应节制施肥,以免新梢过旺而遭冻害。

修剪的主要时期在冬季,剪枝强度视所需树形而定。低干的在离地30～40 cm处重剪,保留3～5个分枝,其余部分都剪除;高干的适当轻剪,树冠内部侧枝应疏剪,病、虫、枯枝一并剪除。花谢后应及时剪除花梗,以节约养料,促使再发新梢。

(五)园林应用

月季花期长,花色丰富,适宜在分车带等街头绿地栽种,藤本月季是垂直绿化的优良材料,并可作篱、花架、花门。此外,还可盆栽,作切花。

十、扶桑

扶桑(*Hibiscus rosasinensis*),别名:朱槿、佛桑、桑槿、大红花。科属:锦葵科,木槿属。为常绿灌木花卉。见图5-46。

图5-46　扶桑

(一)形态特征

枝叶婆娑,分枝多,树冠近圆形。单叶互生,广卵形或狭卵形,边缘有锯齿及缺刻,基部近全缘。花大,单生于上部叶腋,有单瓣、重瓣之分。单瓣花漏斗状,鲜红色,雄蕊筒及柱头伸出花冠之外。重瓣花非漏斗状,呈红、黄、粉等色,雄蕊筒及柱头不突出花冠外。花期长,从6月至初冬陆续开花,夏、秋尤甚。

(二)类型及品种

扶桑花的品种极多,全世界有3 000余种,其中美国夏威夷农场占绝大多数,他们将原来的元隆扶桑、粉白扶桑、变色槿3个原种与印度洋的裂瓣朱槿、莉莉佛罗朱槿等外来种改良，培育出红、白、黄、粉红、橙色，单瓣及重瓣的各类品种。近年来，欧洲已培育出适合于盆栽的迷你扶桑品种，并已开始着力于培育室外耐寒品种。

(三)生态习性

扶桑为亚热带树种，主产我国南方云南、广东、福建、台湾等地。现各地广泛栽培。性喜温暖、湿润气候，不耐寒冷，要求日照充足。在平均气温10℃以上地区生长良好。喜光，不耐阴。适生于有机质丰富，pH 6.5～7 的微酸性的土壤。发枝力强，耐修剪。

(四)生产技术

1. 繁殖技术

以扦插繁殖为主，其他繁殖法皆少应用。

2. 生产要点

扶桑在园林栽植要选阳光充足，土壤疏松肥沃、排水良好的地方。盆栽盆土用含有机质丰富的沙质壤土，掺拌10%腐熟的饼肥或粪干。刚栽植的苗木，土要压实，浇透水，先遮荫数日，再给予充分光照，有利于成活。平时管理要注意浇水适度，过湿过干都影响开花。夏季高温时，要早晚浇水，并喷叶面水。每周施饼肥水1次。新株生长期要摘心1～2次，促发新梢，保证开花繁茂。扶桑花期长，夏、秋为盛花，秋凉后着花渐少。如需冬季或早春开花，可提前进入温室，放置向阳处，以达到催花目的。盆栽扶桑冬季移入温室，室温不低于5℃。早春结合换盆换上新的培养土，施腐熟鸡、鸭粪或饼肥为基肥。同时要修剪过密须根。地上部分要修剪整形，各侧枝从基部留2～3个芽，上部均剪去，让它再萌发饱满而匀称的新枝梢，生长旺盛，叶茂花繁。

(五)园林应用

扶桑花大色艳，花期甚长，所谓"佛桑鲜吐四时艳"，是著名观赏花木。适于南方庭院、墙隅植之。园林中常作花丛、花篱栽植。盆栽是阳台、室内陈放常见花卉。

十一、夹竹桃

夹竹桃(*Nerium indicum*)，别名：柳叶桃、半年红、洋桃。科属：夹竹桃科，夹竹桃属。见图5-47。

(一)形态特征

常绿灌木或小乔木，株高5 m，具白色乳汁。三叉状分枝，分枝力强。叶披针形，厚革质，具短柄，3～4叶轮生，在枝条下部为对生，全缘，叶长15～25 cm，宽1.5～3 cm，先端锐尖。聚伞花序顶生；花芳香，花冠漏斗形，深红色或粉红色；花期6—10月，果熟期12月至翌年1月。

图5-47　夹竹桃

(二)类型及品种

常见变种有白花夹竹桃，花白色，单瓣；斑叶夹竹桃，叶面有斑纹，花红色，单瓣；淡黄夹竹桃，花淡黄色，单瓣；红花夹竹桃等。

（三）生态习性

原产于伊朗、印度及尼泊尔，现广植于热带及亚热带地区，我国各地均有栽培。喜阳光充足，温暖湿润的气候。适应性强，耐干旱瘠薄，也能适应较阴的环境。不耐寒，怕水涝，对土壤要求不严，但以排水良好、肥沃的中性土最佳。有抗烟尘及有害气体的能力，萌发力强，耐修剪。

（四）生产技术

1. 繁殖技术

扦插在4月或9月进行，插后灌足水，保持土壤湿润，15 d即可发根。还可把插条捆成束，将茎部10 cm以下浸入水中，每天换水，保持20～25℃，7～10 d可生根，而后再移入苗床或盆中培养。新枝长至25 cm时移植，夹竹桃老茎基部的嫩枝长至5 cm时带踵取下来，保留生长点部分的小叶插入素沙中，荫棚下养护，成活率很高。压条一般选2年生而分枝较多的植株作压条母株，小满节气时压条。

2. 生产要点

苗期可每月施1次氮肥，成年后，管理可粗放，露地栽植可少施肥，盆栽可于春季或开花前后各施1次肥。温室盆栽的每年可于4月底出房，10月底入房。夏季5～6 d，秋后8～10 d灌水1次。水量适当，经常保持湿润即可。可按“三叉九顶”修剪整枝，即枝顶3个分枝，再使每枝分生3枝。一般在60 cm处剪顶，促发芽，剪口处长出许多小芽，留3个壮芽。

夹竹桃黑斑病防治方法：加强管理，增强植株通风透光性。多施磷、钾肥，增强树势。喷75%百菌清800倍液进行防治。

（五）园林应用

夹竹桃对有毒气体和粉尘具有很强的抵抗力，工矿区环保绿化可以利用，其花繁叶茂，姿态优美，是园林造景的重要花灌木，适合作绿带、绿篱、树屏、拱道。茎叶可制杀虫剂，茎叶有毒，人畜误食可致命。夹竹桃为阿尔及利亚国花。

十二、梅花

梅花（*Prunus mume*），别名：干枝梅、红梅、春梅。科属：蔷薇科，李属。为多年生木本花卉。见图5-48。

图 5-48 梅花

（一）形态特征

落叶小乔木，高达10 m，常具枝刺，树冠近圆头形。树干褐紫色，有驳纹，小枝呈绿色，无毛。叶广卵形至卵形，长4～10 cm，先端长渐尖，边缘有细锐锯齿，叶柄长0.5～1.5 cm，托叶脱落性。花每节1～2朵，多无梗或短梗，花色为淡粉红或白色，花径2～3 cm，有芳香，花瓣5枚，雄蕊多数，子房密被柔毛。核果近球形，径2～3 cm，黄或绿色，密被短柔毛，味酸，核面具小凹点。

(二)类型及品种

中国梅花现有300多个品种，按种型分为3个种系：真梅系、杏梅系、樱李梅系。真梅系是由梅花的原种和变种演化而来，按枝条姿态分为直枝类、垂枝类、龙游类，此类是梅花的主体，品种多且富于变化。杏梅系的形态介于杏、梅之间，花似杏核，表有小凹点，此系抗寒性强，适于梅花北移。樱李梅系是梅与红叶李杂交得来，花和叶同放，花大而密，观赏价值高。直枝梅有7个型，即江梅型、宫粉型、玉蝶型、朱砂型、绿萼型、洒金型、黄香型；垂枝梅有4个型，即单粉垂直型、残雪垂直型、白碧垂直型、骨红垂直型；龙游梅有1个型，即玉蝶龙游型；杏梅系有单杏型、丰后型、送春型；樱李梅有1个型，即美人梅型。

(三)生态习性

梅花原产于长江以南地区，性喜温暖、湿润的气侯条件，喜阳光充足、通风良好的环境。一般不耐低温，只有杏梅系可耐－30～－20℃的低温。梅对温度比较敏感，一般当旬平均气温达到6～7℃时开花，喜空气湿度较大的环境，花期忌暴雨，忌积水，要求排水良好。对土壤要求不太严格，耐贫瘠，以黏壤土或壤土为宜。

(四)生产技术

1. 繁殖技术

梅花可用嫁接、扦插、压条、播种等方法繁殖，但以嫁接为主。

(1)嫁接繁殖　砧木在南方多用梅或桃，北方常用杏、山杏或山桃。砧木选1～2年生的实生苗，嫁接时间和方法各地不同，春季多用切接、劈接、靠接、腹接，冬季常采用腹接，夏、秋季常采用芽接。

(2)播种繁殖　播种繁殖常用于培养砧木和新品种的培育，约在6月收成熟种子，将种子清洗晾干，实行秋播。如实行春播，就先将种子混沙层积，以待来春播种。

(3)扦插繁殖　梅花扦插宜在早春或晚秋进行，扦插时选一年生健壮枝条，取其中下部，剪成10～15 cm的插穗，刀口处可用1 000 mg/L的萘乙酸处理8～10 s，插入蛭石中插穗长度的1/2～2/3，上留一个芽节，长度不超过3 cm，浇透水，遮阳，并保持一定的温度和湿度，促进生根。

2. 生产要点

(1)露地栽培技术　露地栽培场地应选择地势高燥、排水良好的地块，成活后一般天气不干旱就不用浇水，每年施肥3次，即初冬施基肥，含苞前施速效性催花肥，新梢停止生长后施速效性花肥以促进花芽分化，每次施肥都要浇透水。露地栽植梅花整形修剪以疏剪为主，可修剪成自然开心形的株型，截枝时以轻剪为宜，过重常导致徒长，从而影响全年开花。多在初冬疏剪枯枝、病虫枝、徒长枝，花后对全株适当整形。此外，生长期间应结合水肥管理进行中耕、除草及防治病虫害等其他工作。

(2)盆栽技术　梅花盆栽多在北方不能露地越冬的地区，南方也存在盆栽观赏形式。盆土要求疏松透气，排水良好，腐殖质丰富，一般可用腐叶土4份、堆肥土4份、沙土2份、每1～2年换盆一次，换盆宜在早春花后修建完毕进行。盆土不能长期过干或过湿，应掌握见干见湿、浇就浇透的原则，切忌积水。当新枝长到20～25 cm长时应适当扣水，使盆土偏干，抑制新梢伸长，以促进花芽形成。生长旺盛期每天浇水一次，秋后浇水量要逐渐减少，以利于枝条充实。

另外，盆栽梅花的整形修剪也要及时，由于梅花的开花枝在一年生枝上，幼苗期在 25～30 cm 高处定干，留顶端 3～5 个枝条作主枝，当枝条长到 20～25 cm 时再摘心，以促进花芽形成。第二年开花后，留各枝基部 2～3 个芽短截，发芽后及时剪除过密枝、交叉枝、重叠枝，保留枝条长到 25 cm 时再进行摘心，促使花枝形成花芽。留剪口时，应注意剪口芽的方向，一般枝条下垂的品种应留内芽，枝条直立或斜生的品种应留外芽。

(五)园林应用

梅花除赏花观形外，还可提取香精，并可制成各种食品；干花、叶、根、核仁均可入药；果梅可加工成青梅、话梅、乌梅、梅干等；梅木坚韧而富有弹性，是雕刻的上等材料。

任务四　球根花卉生产技术

一、大丽花

大丽花(*Dahlia pinnata* Cav.)，别名：大丽菊、大理花、天竺牡丹、西番莲、地瓜花。科属：菊科，大丽花属。多年生块根类花卉，春植球根。见图 5-49。

图 5-49　大丽花

(一)形态特征

地下部分具肥大纺锤形肉质块根，形似地瓜，故名地瓜花；茎中空，高 50～100 cm；叶对生，1～3 回羽状分裂，小叶卵形或椭圆形，正面深绿色，背面灰绿色，边缘具粗钝锯齿，总柄微带翅状；头状花序，具长梗，顶生或腋生。其大小、色彩、形状因品种而异，花序由外围舌状花与中部管状花组成，舌状花单性或中性，管状花两性；外围舌状花色丰富而艳丽，除蓝色外，有紫、红、黄、雪青、粉红、洒金、白、金黄等各色俱全，中心管状花，黄色；花期 6—10 月；瘦果黑色，长椭圆形或倒卵形，扁平状。

(二)类型及品种

大丽花全世界有 3 万个品种，植株高矮、花朵、花型、花色变化多端。下面介绍国内常用的几种分类方案。

1. 按植株高度分类

高型：植株粗壮，高约 2 m，分枝较少。

中型：株高 1.0～1.5 m，花型及品种最多。

矮型：株高 0.6～0.9 m，菊型及半重瓣品种较多，花较少。

极矮型：株高 20～40 cm，单瓣型较多，花色丰富。常用播种繁殖。

2. 依花色分类

有白、粉、黄、橙、红、紫红、堇、紫及复色等。同属中还有小丽花，株型矮小，花色五彩缤纷，盛花期正值国庆节，最适合家庭盆栽。

目前世界上栽培的品种约 7 000 种，我国至少有 500 种。

(三)生态习性

原产墨西哥高原海拔 1 500 m 以上地带。喜凉爽气候，不耐严寒与酷暑，生长适温 10～25℃。在夏季气候凉爽、昼夜温差大的地区，生长开花更好。忌积水又不耐干旱，喜排水及保水性能好、腐殖质较丰富的沙壤土。喜阳光，但阳光过强对开花不利，一般应早晨给予充足阳光，午后略加遮荫。大丽花为短日照春植球根花卉，春天萌芽生长，夏末秋初气候凉爽，日照渐短时进行花芽分化并开花。秋天经霜后，枝叶停止生长而枯萎，进入休眠。

大丽花从萌芽到开花需 120 d 以上，初夏(5—7 月)和秋后(9—10 月)两季开花，但以秋花较为繁茂。花期长，单花期 10～20 d，依品种和花期的温度而异。管状花授粉后约 1 个月种子成熟。

(四)生产技术

1. 繁殖技术

通常以分根、扦插繁殖为主，也可用播种和块根嫁接。

(1)分根法　常用分割块根法。大丽花仅块根的根颈部有芽，故要求分割后的块根上必须带有芽的根颈。通常于每年 2—3 月将贮藏的块根取出先行催芽，选带有发芽点的块根排列于温床内，然后壅土、浇水，白天室温保持 18～20℃，夜间 15～18℃，14 d 发芽，即可取出分割。每 1 块根带 1～2 个芽，每墩块根可分割 5～6 株，在切口处涂抹草木灰以防腐烂，然后分栽。

(2)扦插法　大丽花的扦插在春、夏、秋三季均可进行。一般是春季当新芽长至 6～7 cm 时，留基部一对芽切取插穗扦插，保持室温 15～22℃，插后约 10 d 即可生根，当年秋季可以开花。如为了多获得幼苗，还可以继续截取新梢扦插，直到 6 月，如管理得当，成活率可达 100%。夏季扦插因气温高，光照强，9—10 月扦插因气温低，生根慢，成活率不如春季。

(3)块根嫁接　春季取无芽的块根作砧木，以大丽花的嫩梢作接穗，进行劈接。接后埋入土中，待愈合后抽枝发芽形成新植株。嫁接法由于用块根作砧木，养分足，苗壮，对开花有利，但不如扦插简便。

(4)播种繁殖　播种适宜于矮生花坛品种及培育新品种。春季将种子在露地或温床条播，也可在温室盆播，当盆播苗长至 4～5 cm 时，需分苗移栽到花盆或花槽中。播种可迅速获得大批实生苗，且生长势比扦插苗和分株苗生长健壮，但大丽花为多源杂种，遗传基因复杂，播后性状易发生变异。

2. 生产要点

地栽大丽花应选择背风向阳，排水良好的高燥地(高床)栽培。大丽花喜肥，宜于秋季深翻，施足基肥。春季晚霜后栽植，深度为根颈低于土面 5 cm 左右，株距视品种而异，一般 1 m 左右，矮小者 40～50 cm。苗高 15 cm 左右即可开始打顶摘心，使植株矮壮。生长期间应注意整枝修剪及摘蕾等工作。孕蕾时要抹去侧蕾使顶蕾健壮，要及时设立支柱，以防风刮断。花凋谢后及时剪去残花，减少养分消耗。生长期间，每 10 d 施追肥 1 次，夏季植株处于半休眠状态，要防暑、防晒、防涝，不需施肥。霜后剪去枯枝，留下 10～15 cm 的根颈，并掘起块根，晾 1～2 d，沙藏于 5℃左右的冷室越冬。

盆栽大丽花多选用扦插苗，以低矮中、小花品种为好。栽培中除按一般盆花养护外，应严格控制浇水，以防徒长与烂根。应掌握的原则是：不干不浇，间干间湿。幼苗到开花之前须换盆3～4次，不可等须根满盆再换盆，否则影响生长。最后定植，以高脚盆为宜。

地栽时可根据植株高矮、花期早晚、花型大小分别用于花坛、花境、花丛的栽植。

大丽花常见病虫害有枯萎病、花叶病、金龟子类等。枯萎病常因土壤过湿，排水不良或空气湿度过大引起。防治方法是栽植前对土壤消毒，以溴甲烷封闭式消毒为主，及时清除、销毁病残体，定期喷洒64%杀毒矾可湿性粉剂1 000倍液、70%代森锰锌可湿性粉剂400倍液。大丽花花叶病是由蚜虫或其他害虫传播而由病毒引起，要及时用10%吡虫啉消灭蚜虫。发现病株应及时拔除销毁。金龟子类主要危害嫩芽、嫩叶及花朵，严重时可将上述器官全部吃光，可在清晨人工捕杀。

(五)园林应用

大丽花花大色艳，以富丽华贵取胜，花型多变，品种极为丰富，是重要的夏秋季园林花卉，尤其适用于花境或庭前丛植。矮生品种最适宜盆栽观赏或花坛使用，高型品种宜作切花。

大丽花产量较高。适应性强，适宜栽培地区广泛，抗逆性强，特别是抗寒性较强，抗病，适合露地栽培。

二、美人蕉

美人蕉(*Canna*)，别名：红蕉、苞米花、宽心姜。科属：美人蕉科，美人蕉属。为多年生草本根茎类球根花卉，春植球根。见图5-50。

图5-50　美人蕉

(一)形态特征

株高80～150 cm，具肉质根状茎，地上茎肉质，不分枝，叶片宽大，广椭圆形，绿色或红褐色，互生，全缘。总状花序，自茎顶抽出，每花序有花10余朵。两性，花萼3枚，苞片状；花瓣3片，绿色或红色，萼片状。雄蕊5枚瓣化，为主要观赏部分，其中3枚呈卵状披针形，一枚翻卷为唇瓣形，另一枚具单室的花药。雌蕊花柱扁平亦呈花瓣状。子房下位，3室。瓣化雄蕊的颜色有鲜红、橙黄或有橘黄色斑点等。蒴果，种子黑色，种皮坚硬。

(二)类型及品种

美人蕉科仅有美人蕉属一属，约50种，目前园艺上栽培的美人蕉绝大多数为杂交种及混交群体。主要种类有：

1. 大花美人蕉(*C. generalis*)

别名法国美人蕉、红艳蕉。为法国美人蕉系统的总称，主要由美人蕉杂交改良而来。为目前广泛栽培种，也是最艳丽的一类。株高约1.5 m，一般茎叶均被白粉；叶大，阔椭圆形。瓣化瓣5枚，圆形，直立而不反卷，花较大，有深红、橙红、黄、乳白色等。

2. 蕉藕(*C. edulis*)

别名食用美人蕉、姜芋。植株粗壮高大,2～3 m,茎紫红色;叶背及叶缘晕紫色;花期8—10 月,但在我国大部分地区不见开花。原产印度和南美洲。

3. 美人蕉(*C. indica*)

别名小花美人蕉、小芭蕉,株高 1～1.3 m,茎叶绿而光滑。花小,着花少,红色。原产热带美洲。

4. 黄花美人蕉(*C.* var. *flaccida*)

别名柔瓣美人蕉。株高 1.2～1.5 m,茎绿色;叶片长圆状披针形,花序单生而稀疏,着花少,苞片极小;花大而柔软。向下反曲,淡黄色。原产美国佛罗里达州至南卡罗来纳州。

5. 紫叶美人蕉(*C. warscewiezii*)

别名红叶美人蕉。株高 1～1.2 m,茎叶均紫褐色并具白粉;总苞褐色,花大,红色。原产哥斯达黎加和巴西。

(三)生态习性

原产热带美洲,我国各省普遍有栽培。生长健壮,性喜温暖向阳,不耐寒,早霜开始地上部即枯萎。畏强风。喜肥沃土壤,耐湿但忌积水。花期长,从 6 月可延续到 11 月。

(四)生产技术

1. 繁殖技术

多用分株法繁殖。每年春季 3—4 月将根茎挖起,每 2～3 芽分切 1 段种植。也可用种子繁殖。春季播种当年可开花。也可用种子繁殖。美人蕉种皮坚硬,播前应将种皮刻伤或开水浸泡,温度保持 25℃,2～3 周即可发芽,定植后当年可开花。

2. 生产要点

美人蕉适应性强,管理粗放。每年 3—4 月挖穴栽植,穴内可施腐熟基肥,开花前可根据长势施 2～3 次追肥,经常保持土壤湿润。花后要及时剪去花葶,以利于继续抽出花枝。长江以南,根茎可以露地越冬,霜后剪去地上部枯萎枝叶,在植株周围穴施基肥并壅土防寒。来年春清除覆土,以利于新芽萌发。北方天气严寒,入冬前应将根状茎挖起,稍加晾晒,沙藏于冷室内或埋藏于高燥向阳不结冰之处,翌年春暖挖出分栽。

栽培时注意防治美人蕉花叶病,发现病株及时拔除并销毁;及时防治蚜虫,消灭传毒介体;定期采用 83 增抗剂,提高植物的抗病毒能力。

(五)园林应用

美人蕉茎叶繁茂,花期长且花大色艳,是园林绿化的好材料。宜作花境背景或花坛中心栽植,也可丛植于草坪边缘或绿篱前,展现群体美。还可用于基础栽植,遮挡建筑死角。柔化钢硬的建筑线条。可成片作自然式栽植或作室内盆栽装饰。它还是净化空气的好材料,对有害气体如二氧化硫、氯气、氟等具有良好的抗性。其根茎和花均可入药,有清热利湿、安神降压的功效。

三、郁金香

郁金香(*Tulipa gesmeeriana* L.),别名:洋荷花、草麝香。科属:百合科,郁金香属。为多年生鳞茎类球根花卉，秋植球根。见图 5-51。

图 5-51 郁金香

(一)形态特征

多年生草本，株高 20～80 cm，整株被白粉。地下鳞茎扁圆锥形，2～5 枚肉质鳞片着生于鳞茎盘上，外被淡黄色至棕褐色皮膜。茎叶光滑灰绿色具白粉。叶着生基部，阔披针形或卵状披针形，3～5 枚，呈带状披针形至卵状披针形，全缘略呈波状，基生或部分茎生。花单生茎顶，花大、直立杯形。花色丰富，有红、橙、黄、紫红、白等色，还有复色、条纹、饰边、斑点及重瓣品种等，花被片 6 枚离生，花白天开放，傍晚或阴雨天闭合。株高 20～40 cm。花期 3—5 月，视品种而异，单花开 10～15 d。蒴果，种子多数扁平半圆形或三角状卵形。

(二)类型及品种

郁金香属植物约 150 种，其栽培品种已达 10 000 多个。这些品种的亲缘关系极为复杂，是由许多原种经过多次杂交培育而成，也有通过芽变选育的，所以在花期、花型、花色及株型上变化很大。主要种类有：

1. 克氏郁金香(*T. clusiana*)

鳞茎外皮褐色革质，具有匍匐枝。叶 2～5 枚，灰绿色，无毛，狭线形；花茎高约 30 cm；花冠漏斗状，先端尖，有芳香，白色带柠檬黄晕，基部紫黑色；花期 4—5 月。不结实，为异源多倍体。分布于葡萄牙经地中海至希腊、伊朗一带。

2. 福氏郁金香(*T. fosteriana*)

本种茎叶具二型性，高型种株高 20～25 cm，叶 3 片，少数 4 片，宽广平滑，缘具明显的紫红色线，直立性。矮型种高 15～18 cm，有白粉。两者花型相同。花冠杯状，径 15 cm，星形；花被片长而宽阔，端部圆形略尖，常有黑斑，斑纹有黄色边缘，凡具黑斑的植株，其花药、花丝均为黑色，花粉紫色。也有无黑斑者，其花药为黄色，花色鲜绯红色。本种原产中亚细亚，具美丽的花朵，为本属中花色最美的种类。对病毒抵抗力强，因此近年来常用作培育抗病品种的材料。但其鳞茎产生仔球数量少，并且需培养 2～3 年才能开花。

3. 香郁金香(*T. suaveolens*)

株高 7～15 cm。叶 3～4 枚，多生茎的基部，最下部叶呈带状披针形。花冠钟状，长 3～7 cm；花被片长椭圆形，鲜红色，边缘黄色有芳香。本种原产南俄罗斯至伊拉克。

(三)生态习性

原产地中海沿岸及中亚细亚、土耳其等地，现世界各国广为栽培，以荷兰栽培茂盛。性喜冬季温暖、湿润，夏季凉爽、稍干燥的向阳或半阴的环境，喜通风良好的环境。生长适温 8～20℃，最适温度 15～18℃，花芽分化的适温为 17～25℃，最高不能超过 28℃。一般可耐 −30℃ 的低温，忌酷热，夏季休眠。需水较少，耐干旱，栽后浇足水，以喷水保持土壤湿度即可，水多鳞茎易烂。以肥沃、排水良好的沙壤土为好，怕积水。早春出芽后，应放置于阳光下，以利于早开花。

(四)生产技术

1.繁殖技术

(1)分球繁殖　最常用的繁殖材料是子鳞茎,栽植前深耕,作畦。栽种前几天,浇透水,同时施入底肥。秋季9—10月分栽小球,母球为一年生,每年更新,即开花后干枯死亡,在旁边长出和它同样大小的新鳞茎1～3个,来年可开花。在新鳞茎的下面还能长出许多小鳞茎,秋季分离新球及子球栽种,子球需培养3～4年才能开花。新球与子球的膨大生长,常在开花后一个月的时间完成。在栽种小子球前,应施足基肥,应以有机肥料为主。下种之后,不要马上灌水,这样才能诱导鳞茎向深处扎根,有利于来年更好地生长发育。

(2)播种繁殖　郁金香用种子繁殖,要经过5～6年才能开花,种子繁殖多应用在培育新品种时,但有时为了解决种源不足问题,也采用种子繁殖,可以迅速扩大繁殖系数,缓解种球供不应求的矛盾。

种子成熟后,要经过6～9℃低温贮藏,到9月播种,播后30～40 d萌发。待种子全部发芽后,移植到温室内养护,同时加强肥水管理,到第二年5月温度升高后叶片枯黄,地下部已形成鳞茎,及时挖出贮藏,到秋季再种植。由于种球很小,生长缓慢,长成开花球要好几年。

(3)组织培养　利用组织培养繁殖郁金香有许多优点,繁殖系数比鳞茎繁殖高30～50倍,且生长迅速,组培苗到开花需2年时间,比种子繁殖速度快,但有些品种用组织培养分化慢,不易成功,有待进一步研究。

2.生产要点

郁金香属秋植球根,可地栽和盆栽,华东及华北地区以9月下旬至10月上旬为宜,暖地可延至10月末至11月初。整地时施入充分腐熟的有机肥,筑畦或开沟栽植,覆土厚度为球径的3倍,株行距10 cm×20 cm,栽后浇水。定植后表面用草或遮阳网等覆盖,可防止土壤板结,生长期应保持土壤湿度均衡,尤其在初定植时、叶片与花茎快速生长期及子球生长期均需要充分灌溉。郁金香对钾、钙较为敏感,适当施用磷酸二氢钾或复合肥,以利于地下更新鳞茎的膨大发育。来年早春化冻前及时将覆盖物除去,同时灌水。生长期内追肥2～3次,花后应及时剪掉残花不使其结实,这样可保证地下鳞茎充分发育。入夏前茎叶开始变黄时及时挖出鳞茎,放在阴凉通风干燥的室内贮藏过夏休眠,贮藏期间鳞茎内进行花芽分化。

郁金香易感染病害,有郁金香碎色病、基腐病、郁金香火疫病等。主要以预防为主,避免连作;严格进行土壤及种球消毒;及时清理病株;定期喷浇杀菌剂;在挖取及栽植鳞茎时避免损伤;土壤勿过湿。蛴螬易危害鳞茎和根,施用基肥应充分腐熟,可用75%辛硫磷1 000倍液灌根,蚜虫用40%速果乳油2 000倍液或25%灭蚜灵乳油500倍液防治。

(五)园林应用

郁金香是世界著名花卉。刚劲挺拔的花茎从秀丽素雅的叶丛中伸出,顶托着一个酒杯似的花朵,花大而色繁,如成片栽植,花开时绚丽夺目,呈现一片春光明媚的景象。近年我国各大城市纷纷引种栽培,是春季园林中的重要球根花卉,宜作花境丛植及带状布置,也可作花坛群植,同二年生草花配植。高型品种是重要切花。中型品种常盆栽或促成栽培,供冬季、早春欣赏。

四、花毛茛

花毛茛(*Ranunculus asiaticus* L.),别名:芹菜花、波斯毛茛、陆地莲。科属:毛茛科,毛茛属。为多年生块根类花卉。见图 5-52。

图 5-52 花毛茛

(一)形态特征

块根纺锤状,小型,多数聚生在根颈处。地上茎细而长,单生或少有分枝,具短刚毛,基生叶椭圆形,多为三出,有粗钝锯齿,具长柄。茎生叶羽状细裂,几无柄。花单生枝顶,花瓣平展,多为上下两层,每层 8 枚。花色丰富,有白、黄、橙、水红、大红、紫、褐等色。

(二)类型及品种

园艺品种较多,花常高度瓣化为重瓣型,色彩极丰富,有黄、白、橙、水红、大红、紫以及栗色等。

(三)生态习性

花毛茛原产欧洲东南部和亚洲西南部。喜凉爽和半阴的环境。较耐寒,不耐酷暑,怕阳光暴晒,在我国大部分地区夏季进入休眠。要求含腐殖质丰富、排水良好的肥沃沙质土或轻黏土,pH 以中性或微碱性为宜。花期 4—5 月。

(四)生产技术

1. 繁殖技术

繁殖方法以分株繁殖为主。多在秋季 9—10 月栽植前,将母株顺其自然用手掰开,每部分带有一段根颈即可。

种子繁殖常在培育新品种时应用。在秋季盆播育苗,苗圃宜用条播。温度过高时发芽缓慢,10℃左右 20 d 可萌土出芽。若盆播育苗放入温室越冬生长,翌年 3 月下旬出室定植,入夏可开花。

分块茎:在秋季 9—10 月栽植前,将母株顺其自然地用手分开,部分带有 1 段根茎即可,栽时覆土宜浅,将根茎埋住即可。

2. 生产要点

无论地栽或盆栽应选择无阳光直射、通风良好和半阴的环境。秋季块根栽植前最好用福尔马林进行消毒。地栽株行距 20 cm×20 cm,覆土约 3 cm。初期浇水不宜过多,以免腐烂。早春萌芽前要注意浇水防干旱,开花前追施液肥 1～2 次。入夏后枝叶干枯将块根挖起,放室内阴凉处贮藏,立秋后再种植。管理过程中如浇水过多,土壤排水不良易发生白绢病和灰霉病。要及时摘除病叶,清除病株,保持通风透光,及时排灌,合理施用氮、磷、钾肥,白绢病可采用 70%代森锰锌或土菌清对土壤进行消毒。灰霉病可喷施 50%速克灵可湿性粉剂 1 000 倍液或 50%多菌灵可湿性粉剂 1 000 倍液,连续用药 2～3 次。

(五)园林应用

花毛茛花大色艳,是园林蔽荫环境下优良的美化材料,多配植于林下树坛之中,建筑物的北侧，或丛植于草坪的一角。可盆栽布置室内，也可剪取切花瓶插水养。

五、风信子

风信子（*Hyacinthus orientalis* L.），别名：洋水仙、五色水仙 科属：百合科，风信子属。多年生球根花卉，秋植球根。见图5-53。

（一）形态特征

鳞茎球形或扁球形，外被皮膜具光泽，颜色常与花色有关。呈紫蓝色、粉红或白色等。叶4～6枚，基生，肥厚，带状披针形，具浅纵沟。花葶高15～45 cm，中空，顶端着生总状花序；小花10～20余朵密生上部，多横向生长，少有下垂。花冠漏斗状，基部花筒较长，裂片5枚。向外侧下方反卷。花期早春，花色有白、黄、红、兰、雪青等色。原种为浅紫色，具芳香。

图5-53 风信子

（二）类型及品种

风信子栽培品种极多，具各种颜色及重瓣品种，也有大花和小花品种，早花和晚花品种等。

（三）生态习性

原产南欧、地中海东部沿岸及小亚细亚一带。较耐寒，在我国长江流域冬季不需防寒保护。喜凉爽、空气湿润、阳光充足的环境。要求排水良好的沙质土，低湿黏重土壤生长极差。6月上旬地上部分枯黄进入休眠，在休眠期进行花芽分化，分化的温度是25℃左右，分化过程需1个月左右。在花芽伸长前需经过2个月的低温环境，气温不能超过13℃。

（四）生产技术

1. 繁殖技术

风信子以分球繁殖为主，夏季地上部枯死后，挖出鳞茎，将大球和子球分开，贮于通风的地方，大球秋植后第二年春季可开花，子球需培养3年后才开花。

为了扩大繁殖量，可在每年夏季休眠期间对大球采用阉割手术，刺激其长出更多的子球，操作方法是：于8月上、中旬将大球的底部茎盘先均匀地挖掉一部分，使茎盘处的伤口呈凹形，再自下向上纵横各切一刀，呈“十”字形切口，深度达鳞茎内的芽心为止。切口用0.1%的升汞涂抹，然后在烈日下将伤口暴晒1～2 h，平摊在室内，室温保持在21℃左右，使其产生愈伤组织，再将室温提高到30℃，保持85%的空气湿度，3个月左右即可长出许多小鳞茎。

播种繁殖多在培育新品种时使用，秋季将种子播于冷床中，培养土与沙混合或轻质壤土，种子播后覆土1 cm，第二年1月底至2月初萌芽，入夏前长成小鳞芽，4～5年可开花。

2. 生产要点

风信子在每年9—10月间栽种，不宜种得太迟。否则发育不良，影响第二年开花。选择土层深厚，排水良好的沙质壤土，先挖20 cm深的穴，穴内施入腐熟的堆肥，堆肥上盖一层土再栽入球根，上面覆土，冬季寒冷的地区，地面还要覆草防冻，长江流域以南温暖地区可自然越冬。春天施追肥 1～2 次。花后须将花茎剪除，勿使结籽，以利于养球。栽培后期应节制肥水，避免鳞茎腐烂。采收鳞茎应及时，采收过早鳞茎不充实，反之则鳞茎不能充分阴干而不耐贮藏。鳞茎不宜留在土中越夏，每年必须挖出贮藏，贮藏环境必须干燥凉爽，将鳞茎分层摊放以利于通风。

风信子常见病害有黄腐病、软腐病、病毒病等。防治方法首先应选健壮的鳞茎，已发病地区避免连作，用福尔马林进行土壤消毒，生长期可喷洒 72% 农用链霉素可溶性粉剂 1 000 倍液。

(五)园林应用

为著名的秋植球根花卉，株丛低矮，花丛紧密而繁茂，最适合布置早春花坛、花境、林缘，也可盆栽、水养或作切花观赏。

六、石蒜

石蒜(*Lycoris radiata*)，别名：蟑螂花、老鸦蒜、地仙、龙爪花。科属：石蒜科，石蒜属。为多年生鳞茎类花卉。见图 5-54。

图 5-54　石蒜

(一)形态特征

地下鳞茎广椭圆形，外被紫红色膜质外皮，花后抽叶，叶 5～6 片丛生，呈窄条形，叶面深绿色，背面粉绿色，长 30～60 cm。花葶刚劲直立，先叶抽出，高约与叶相等，花 5～7 朵，呈顶生伞形花序，花鲜红色，花被 6 片向两侧张开翻卷，每片呈倒披针形，基部花筒短，雌雄蕊均伸出花冠之外，子房下位，花后不易结实。

(二)类型及品种

同属有 10 多种。该属大多为美丽的观赏花卉。常见栽培的还有：葱地笑(*L. aurea*)，又名铁色箭，叶阔线形，粉绿色，花大，枯黄色，分布于我国中南部，生于阴湿环境，花期 9—10 月；夏水仙(*L. squamigera*)，又名鹿葱，叶阔线形，淡绿色，花淡紫红色，我国江、浙、皖等省及日本有分布，生于山地阴湿处，花期 8 月。

(三)生态习性

原产我国和日本，在我国秦岭以南至长江流域和西南地区均有野生分布，耐寒力强，在我国大部分地区鳞茎均可露地自然越冬。早春萌发出土，夏季落叶休眠。8 月自鳞茎上抽出花葶，9 月开花。南方冬季呈常绿状态，北方冬季落叶，在自然界中多野生于山村阴湿处及溪旁石隙中，喜阴湿的环境，怕阳光直射，不耐旱，能耐盐碱。要求通气、排水良好的沙质土，石灰质壤土生长也良好。

(四)生产技术

1. 繁殖技术

因不易结实，故多采用分球繁殖。入夏叶片枯黄后将地下鳞茎掘起，掰下小鳞茎分栽，鳞茎不宜每年采收，一般 4～5 年掘起分栽 1 次。

2. 生产要点

石蒜是秋植球根类花卉。立秋后选疏林荫地成片栽植，株行距 20 cm×30 cm。石蒜适应性强，管理粗放，一般田园上栽前不需施基肥。如土质较差，于栽植前可施有机肥 1 次。在养护期注意浇水，保持土壤湿润，但不能积水。休眠期如不分球，可留在土壤中自然越冬或越夏，停止灌水，以免鳞茎腐烂。花后及时剪掉残花，以保持株丛整齐。

(五)园林应用

多用于园林树坛、林间隙地和岩石园作地被花卉种植，也可作花境丛植或山石间自然散栽。因开花时无叶，可点缀于其他较耐阴的草本植物之间，还可以剪取切花供室内陈放。

七、水仙(中国水仙)

水仙(中国水仙)(*Narcissus tazetta* L. var.)，别名：水仙花、金盏银台、天蒜、雅蒜。科属：石蒜科，水仙属。见图 5-55。

(一)形态特征

鳞茎卵圆形。叶丛生于鳞茎顶端，狭长，扁平，先端钝，全缘，粉绿色，花茎直立，不分枝，略高于叶片。伞形花序，有花 4～8 朵，花被 6 片，高脚碟状花冠，芳香，白色，副冠黄色，杯状。花期 1—2 月。

图 5-55　水仙

(二)类型及品种

中国水仙尽管有近千年的栽培历史，但品种只有两个。

金盏银台：花被纯白色，平展开放，副花冠金黄色，浅杯状，花期 2—3 月。产于浙江沿海岛屿和福建沿海。现福建漳州和上海崇明有大量栽培，远销国内外。

玉玲珑：花变态，重瓣，花瓣褶皱，无杯状幅冠。花姿美丽，但香味稍逊于单瓣。产地同上。

水仙属植物有 40 个原生种，园林中常见栽培的同属种类有：

1. 喇叭水仙(*N. pseudonarcissus*)

别名洋水仙、漏斗水仙。鳞茎球形，叶扁平线形，长 20～30 cm，宽 1.4～1.6 cm，灰绿色，光滑。花单生，大型，淡黄色，径约 5 cm；副冠约与花被片等长。花期 2—3 月。本种有许多园艺品种，有宽叶和窄叶品种，有花被白色、副冠黄色或花被副冠全为黄色的。

2. 仙客来水仙(*N. cyclamineus*)

叶狭线性，背隆起呈龙骨状。植株矮小。花 2～3 朵聚生，形小而下垂或侧生；花黄色，花被片自基部极度向后卷曲。副花冠与花被片等长，鲜黄色，边缘具不规则锯齿。

(三)生态习性

水仙属植物主要原产北非、中欧及地中海沿岸，其中法国水仙分布最广，自地中海沿岸一直延伸至亚洲，有许多变种和亚种，中国水仙是法国水仙的主要变种之一，主要集中于中国东南沿海一带。水仙是秋植球根植物，秋、冬为生长期，夏季为休眠期，鳞茎球在春天膨大，其内花芽分化在高温中(26℃以上)进行，温度高时可以长根，随温度下降才发叶，至6～10℃时抽花等。适于冬季温暖，夏季凉爽，在生长期有充足阳光的气候环境。但多数种类也耐寒，在我国华北地区不需保护即可露地越冬。对土壤要求不严，但以土层深厚肥沃、湿润而排水良好的黏质土壤最好。水仙耐湿，生长期需水量大，耐肥，需充足的畜禽厩肥作底肥。

(四)生产技术

1. 繁殖技术

以分球繁殖为主，将母株自然分生的小鳞茎分离下来作种球，另行栽植培养。为培育新品种可采用播种繁殖，种子成熟后于秋季播种，翌春出苗，待夏季叶片枯黄后挖出小球，秋季再栽植，另外也可用组织培养法获得大量种苗和无菌球。

2. 生产要点

生产栽培有旱地栽培法与灌水栽培法两种。

上海崇明采用旱地栽培法。选背风向阳的地方在立秋后施足基肥，深耕耙平后做出高垄，在垄上开沟种植。生长期追施1～2次液肥，养护管理粗放。夏季叶片枯黄后将球茎挖出，贮藏于通风阴凉处。

福建漳州采用灌水栽培法。9月下旬到10月上旬先在溶耕后的田面上做出高40 cm、宽120 cm的高畦。多施基肥，畦四周挖深30 cm的灌水沟。一年生小鳞茎可用撒播法，2～3年生鳞茎用开沟条植法。由于水仙的叶片是向两侧伸展的，注重排球时鳞茎上芽的扁平面与沟平行，采用的株距较小，10～20 cm，行距较大，30～40 cm，以使有充足空间，沟深10 cm左右，顶部向上摆入沟内，覆土不要太深，栽后浇液肥，肥干后浸水灌溉，使水分自底部渗透畦面。隔1～2个月再于床面覆稻草，草的两端垂入水沟，保持床面经常湿润。一般1～2年生球10～15 d施肥一次，3年生球每周施追肥一次。

漳州水仙主要是培养大球，每球有4～7个花芽。为使球大花多，第3年栽培前数日要先行种球阉割。水仙的侧芽均在主芽的两侧，呈一直线排列。阉割时将球两侧割开，挖去侧芽，勿伤茎盘，保留主芽，使养分集中。再经一年的栽培，形成以主芽为中心的膨大鳞茎，和数个侧生的小鳞茎，构成笔架形姿态，花多，叶厚。

二、三年生鳞茎栽培后，当年冬季主芽常开花，可留下花基1/3处剪下作切花，避免鳞茎养分消耗，继续培养大球。

6月以后，待地上部分枯萎后掘起。鳞茎掘起后去掉叶片和须根。在鳞茎盘处抹上护根泥，保护脚芽不脱落，晒到贮藏所需要的干燥程度后，即可贮藏。

10月进入分级包装上市销售阶段，用竹篓包装，一篓装进20只球的，为20庄，另外还有30庄、40庄、50庄。

室内观赏栽培常用水养法，多于10月下旬选大而饱满的鳞茎，将水仙球的外皮和干枯的根去掉。先将鳞茎放入清水中浸泡一夜，洗去黏液，然后用小石子固定，水养于浅盆中，置于阳光充足，室温 12～20℃条件下，4～5 周可开花。水养期间，每隔 1～2 d 换清水一次，换水冲洗时注意不要伤根。开花后最好放在室温 10～12℃地方，花期可延长半个月，如果室温超过 20℃，水仙花开放时间会缩短，而且叶片会徒长，倒伏。

水仙鳞茎球经雕刻等艺术加工，可产生各种生动的造型，提高观赏价值，并能使开花期提早。雕刻形式多样，基本分为笔架水仙及蟹爪水仙两种。笔架水仙即将球纵切，使鳞茎内排列的花芽利于抽生。而蟹爪水仙，则雕刻时刻伤叶或花梗的一侧，未受伤部位与受伤部位生长不平衡，即形成卷曲。不管是笔架水仙或蟹爪水仙刻伤后，均需浸水 1～2 d。将其黏液浸泡干净，以免凝固在球体上，使球变黑、腐烂。然后进行水养。

水仙病虫害有大褐斑病、病毒病、基腐病、线虫病、刺足根螨、蓟马及灰条球根蝇等。大褐斑病：发生在叶片中部和边缘，病重时叶片像火烧似的，漳州花农称为"火团病"。用 0.5% 甲醛浸泡 30 min 或用 65%代森锰锌 300 倍浸泡 15 min，可减初次侵染菌源。从水仙萌发到开花期末，用 75%百菌清 600 倍液或 50%克菌丹 500 倍液，每 10 d 1 次，交替使用。水仙茎线虫病，危害叶及鳞茎。要加强检疫，种球可用 40%甲醛 120 倍液浸蘸。还可用热处理除线虫，45℃温水浸泡 10～15 min，55～57℃温水处理 3～5 min。

（五）园林应用

水仙是我国十大传统名花之一，有"凌波仙子"之称。植株低矮，花姿雅致，芳香，叶清秀，是早春重要的园林植物。散植于庭院一角，或布置于花台、草地，清雅宜人。水仙也可以水养，将其摆放在书房或几案上，严冬中散发淡淡清香，令人心旷神怡。水仙也可作切花供应。鳞茎可入药，捣烂敷治痈肿。其花可提取香精，为高级香精原料。漳州水仙球大花多，闻名世界，崇明水仙开花适时，可加工造型，销售均遍及全国，并行销国际市场。

八、朱顶红

朱顶红（*Hippeastrum rutilum*），别名：百枝莲、柱顶红、朱顶兰、孤挺花。科属：石蒜科，朱顶红属。为多年生草本植物。见图 5-56。

（一）形态特征

朱顶红总花梗中空，被有白粉，顶端着花 2～6 朵，花喇叭形，花期春季到初夏，甚至有的品种初秋到春节开花（白肋朱顶红）。现代栽培的多为杂种，花朵硕大，花色艳丽，有大红、玫红、橙红、淡红、白、蓝紫、绿、粉中带白、红中带黄等色；其花色除纯蓝、纯黑、纯绿外已经可以覆盖色谱中其余的所有颜色。

图 5-56　朱顶红

（二）类型及品种

主要有：孤挺花（*H. paniceum*），株高 30～60 cm，叶带形，花葶长于叶片，实心。伞形花序着花 6～12 朵，漏斗形，花色淡红带深红色斑纹，具芳香，花期初秋。原产南非好望角。网纹孤挺花（*H. reticulatum*），鳞茎中等大小，叶片与花葶同时抽生。花色鲜紫红，花期 9—12 月，原产巴西南部。王孤挺花(*H. reginae*)，又称短筒孤挺花。株高 30～50 cm，鳞状茎大型，花色鲜红，花期冬春。原产于墨西哥、西印度群岛至南美。

(三)生态习性

喜温暖湿润气候，生长适温为 18～25℃，忌酷热，阳光过于强烈，应置荫棚下养护。怕水涝。冬季休眠期，要求冷凉的气候，以 10～12℃为宜，不得低于 5℃。喜富含腐殖质、排水良好的沙壤土。

(四)生产技术

1. 繁殖技术

繁殖采用播种法或分离小鳞茎方法。

(1)播种繁殖　种子成熟后，即可播种，在 18～20℃情况下，发芽较快；移栽时，不要伤根，播种苗经 2 次移植后，便可上盆，当年冬天须在冷床或低温温室越冬，次年春天换盆栽种，第 3 年便可开花。

(2)分球繁殖　于 3—4 月进行，将母球周围的小球取下另行栽植，栽植时覆土不宜过多，以小鳞茎顶端略露出土面为宜。分球繁殖，需经 2 年培育方能开花。

2. 生产要点

盆栽朱顶红宜选用大而充实的鳞茎，栽种于 18～20 cm 口径的花盆中，4 月盆栽的，6 月可开花；9 月盆栽的，置于温暖的室内，次年 3—4 月可开花。用含腐殖质肥沃壤土混合以细沙作盆栽土最为合适，盆底要铺沙砾，以利于排水。鳞茎栽植时，顶部要稍露出土面。将盆栽植株置于半阴处，避免阳光直射。生长和开花期间，宜追施 2～3 次肥水。鳞茎休眠期，浇水量减少到维持鳞茎不枯萎为宜。若浇水过多，温度又高，则茎叶徒长，妨碍休眠，影响正常开花。

庭院栽种朱顶红，宜选排水良好的场地。露地栽种，于春天 3—4 月植球，应浅植，鳞茎顶部稍露出土面即可，5 月下旬至 6 月初开花。冬季休眠，地上叶丛枯死，10 月上旬挖出鳞茎，置于不上冻的地方，待第二年栽种。

(五)园林应用

朱顶红叶厚有光泽，花色柔和艳丽，花朵硕大肥厚。适于盆栽陈设于客厅、书房和窗台。

任务五　水生花卉生产技术

一、荷花

荷花(*Nelumbo nucifera*)，别名：莲花、水芙蓉、藕。科属：睡莲科，莲属。为多年生根茎类水生花卉。见图 5-57。

(一)形态特征

荷花为多年生宿根水生花卉。荷叶大型，全缘，呈盾状圆形，具 14～21 条辐射状叶脉，叶径可达 70 cm，全缘。叶面绿色粗糙有茸毛，表面被蜡质白粉，叶背淡绿色，光滑无毛，不湿水。叶脉隆起。叶柄侧生刚刺。最早从顶芽长出的叶，形小、柄细，浮于水面称钱叶，最早从藕节上长出的叶叫浮叶，也浮于水面。后来从藕节上长出的叶较大，叶柄也粗，立出水面，称为立叶。先出的叶小，后出的叶大，到一定时期又逐渐变小，新藕生出的叶称为后把叶，最后的叶称为终止叶。地下茎膨大横生于泥中，称藕。藕是荷花横生于淤泥中的肥大地下茎，横断面有许多大小不一的孔道，这是荷花适应水中生活形成的气腔。在茎上还有许多细小的导管，导管壁上附有黏液状木质纤维素，具有弹性，当折断拉长时，会出现许多藕丝。种藕的顶芽称为“藕苫”，萌发后抽出白嫩细长的地下茎，称为“藕带”，地下茎有节和节间，节上环生不定根并抽生叶和花，同时萌发侧芽。藕苛先端形成的新藕称为主藕，旺盛者有 4～7 节藕筒，筒长 10～25 cm，直径 6～12 cm，主藕上分出支藕称为子藕，子藕上再分出小藕称为孙藕，常仅一节。

图 5-57　荷花

花单生于花梗的顶端，花常晨开暮合，有单瓣和重瓣之分，花色各异，有粉红、白、淡绿、深红、红点、白底红边及间色等。花径大小因品种而异，在 10～30 cm。花期 6—9 月，单花期 3～4 d。花谢后膨大的花托称莲蓬，上有 3～30 个莲室，每个莲室形成一个小坚果，俗称莲子。果熟期 9—10 月，成熟时果皮青绿色，老熟时变为深蓝色，干时坚固。

(二)类型及品种

我国栽培荷花品种丰富，按用途分为子用莲、藕用莲和观赏莲三大类。观赏莲开花多，花色、花型丰富，群体花期长，观赏价值高。观赏莲中又分为单瓣莲、复瓣莲、重瓣莲和重台莲 4 个类型。其中观赏莲价值较高的是一梗两花的“并蒂莲”，也有一梗能开四花的“四面莲”，还有一年开花数次的“四季莲”，又有花上有花的“红台莲”。常见观赏品种有西湖红莲、东湖红莲、苏州白莲、红千叶、大紫莲、小洒锦、千瓣莲、小桃红等。

(三)生态习性

荷花原产我国温带地区，具有喜水、喜温、喜光的习性。对温度要求较严格，水温冬天不能低于 5℃；一般 8～10℃开始萌芽，14℃时抽生地下茎，同时长出幼小的钱叶，18～21℃开始抽生立叶，在 23～30℃时加速生长，抽出立叶和花梗并开花。荷花生长期要求充足的阳光，喜肥，要求含有丰富腐殖质的肥沃壤土，以 pH 6.5～7.0 为好，土壤酸度过大或土壤过于疏松，均不利于生长发育。

荷花需要在 50～80 cm 深的流速小的浅水中生长，荷花最怕水淹没荷叶，因为荷叶表面有许多气孔，它与叶柄和地下根茎的气腔相通，并依靠气孔吸收氧气供整个植株体用。荷花怕狂风吹袭，叶柄折断后，水进入气腔会引起植株腐烂死亡。

(四)生产技术

1. 繁殖技术

荷花可用播种繁殖和分株繁殖，园林应用中多采用分株繁殖，可当年开花。

(1)分株繁殖　分株繁殖选用主藕 2～3 节或用子藕作母本。分栽时选用的种藕必须具有完整无损的顶芽，否则不易成活，分栽时间以 4—5 月，藕的顶芽开始萌发时最为适宜，过早易受冻害，过迟顶芽萌发，钱叶易折断，影响成活。分株时将具有完整的主藕或子藕留 2～3 节切断另行栽植即可。

(2)播种繁殖　播种繁殖需选用充分成熟的莲子，播种前必须先“破头”，即用锉将莲子凹进去的一端锉伤一小口，露出种皮。将破头莲子投入温水中浸泡一昼夜，使种子充分吸胀后再播于泥水盆中，温度保持在 20℃左右，经 1 周便发芽，长出 2 片小叶时便可单株栽植。若池塘直播，也要先破头，然后撒播在水深 10～15 cm 的池塘泥中，1 周后萌发，1 个月后浮叶出水成苗。实生苗一般 2 年可开花。

2. 生产要点

荷花栽培因品种特性和栽植场地环境，分为湖塘栽植、盆缸栽植和无土栽培等。

(1)湖塘栽植　栽植前应先放干塘水，施入厩肥、绿肥、饼肥作基肥，耙平翻细，再灌水，将种藕“藏头露尾”状平栽于淤泥浅层，行距 150 cm 左右，株距 80 cm 左右。栽后不立即灌水，待 3～5 d 后泥面出现龟裂时再灌少量水，生长早期水位不宜深，以 15 cm 左右为宜，以后逐渐加深，夏季生长旺盛期水位 50～60 cm，立秋后再适当降低水位，以利藕的生长，水位最深不过 100 cm。入冬前剪除枯叶把水位加深到 100 cm，北方地区应更深一些，防池泥冻结。池藕的管理粗放，常在藕叶封行前拔除杂草、摘除枯叶。若基肥充足可不施追肥。

(2)盆缸栽植　盆缸栽植宜选用适合盆栽的观赏品种。场地应地势平坦，背风向阳，栽植容器选用深 50 cm，内径 60 cm 左右的桶式花盆或花缸，缸盆中填入富含腐殖质的肥沃湖塘泥，泥量占缸盆深 1/3～1/2，加腐熟的豆饼肥、人粪尿或猪粪作基肥，与塘泥充分搅拌成稀泥状，一般每缸栽 1～2 支种藕。栽两支者顶芽要顺向，沿缸边栽下。刚栽时宜浅水，深 2 cm 以利提高土温，促进种藕萌发，浮叶长出后，随着浮叶的生长逐渐加水，最后可放水满盆面。夏季水分蒸发快每隔 2～3 d 加 1 次水，在清晨加水为好。出现立叶后可追施 1 次腐熟的饼肥水。平时注意清除烂叶污物。秋末降温后，剪除残枝，清除杂物，倒出大部分水，仅留 1 cm 深，将缸移入室内，也可挖出种藕放室内越冬，室温保持 3～5℃即可。荷花常见的病虫害有蚜虫、袋蛾、刺蛾等，可用人工捕捉或喷洒 2 000 倍 50%氧化乐果或 1 000 倍 90%敌百虫防治。

(五)园林应用

荷花本性纯洁，花叶清丽，清香四溢，因其出淤泥而不染的高贵气节，深受文人墨客及大众的喜爱，被誉为“君子花”。可装点水面景观，也是插花的好材料。荷花全身皆宝，叶、梗、蒂、节、莲蓬、花蕊、花瓣均可入药。莲藕、莲子是营养丰富的食品。所以除观赏栽培外，常常进行大面积的生产栽培。

二、睡莲

睡莲(*Nymphaea tetragona*)，别名：子午莲。科属：睡莲科，睡莲属。为多年生浮水花卉。见图 5-58。

(一)形态特征

根状茎横生于淤泥中，叶丛生，卵圆形，基部近戟形，全缘。叶正面浓绿有光泽，叶背面暗紫色。有长而柔软的叶柄，使叶浮于水面。花单朵顶生，浮于水面或略高于水面，有黄、白、粉红、红等色。果实含种子多数，种子外有冻状物包裹。

图 5-58　睡莲

(二)类型及品种

睡莲有耐寒种和不耐寒种两大类。不耐寒种分布热带地区，我国目前栽种的品种多数原产温带，属于耐寒品系，地下根茎冬季一般在池泥中越冬。热带产的不耐寒种，花大而美丽，近年有引种。常见栽培的睡莲种类有：

白睡莲 *N. albla*，花白色，花径 12～15 cm。花瓣 16～24 枚，呈 2～3 轮排列，有香味，夏季开花，终日开放。原产欧洲，是目前栽培最广的种类。

黄睡莲 *N. mexicana*，花黄色，花径约 10 cm，午前至傍晚开放。原产墨西哥。

香睡莲 *N. odorata*，花白色，花径 3.6～12 cm，上午开放，午后关闭，极香。原产北美。此外还有变种，种间杂种和栽培品种甚多等。

(三)生态习性

广泛分布于亚洲、美洲及大洋洲。性喜强光、空气湿润和通风良好的环境。较耐寒，长江流域可在露地水池中越冬。花期 7—9 月，每朵花可开 2～5 d，花后结实。果实成熟后在水中开裂，种子沉入水底。冬季茎叶枯萎，翌春重新萌发。对土壤要求不严，但需富含腐殖质的黏质土，pH 6～8。生长期间要求水的深度在 20～40 cm，最深不得超过 80 cm。

(四)生产技术

1. 繁殖技术

(1)分株繁殖　睡莲常采用分株法繁殖，通常在春季断霜后进行。于 2—4 月将根状茎挖出，选带有饱满新芽的根茎切成 10～15 cm 的段，随即平栽在塘泥中。

(2)播种繁殖　睡莲果实在水中成熟，种子常沉入水中泥底，因此必须从泥底捞取种子(也可在花后用布袋套头以收集种子)。种子捞出后，仍须放水中贮存。一旦种子干燥，即失去萌芽能力，故种子捞出后应随即播种。一般在春季 3—4 月播于浅水泥中，萌发后逐渐加深水位。

2. 生产要点

栽植深度要求芽与土面平齐。栽后稍晒太阳即可放浅水，待气温升高新芽萌动后，再逐渐加深水位。生长期水位不宜超过 40 cm，越冬时水位可深至 80 cm。睡莲不宜栽植在水流过急，水位过深的位置。必须是阳光充足、空气流通的环境，否则水面易生苔藻，致生长衰弱而不开花。

缸栽睡莲要先填大半缸塘泥，施入少量腐熟基肥拌匀，然后栽植。浅水池中的栽植方法有两种。一种是直接栽于池内淤泥中；另一种是先将睡莲栽植在缸里，再将缸置放池内。也可在水池中彻种植台或挖种植穴。

睡莲生长期间可追肥 1 次，方法是放干池水，将肥料和塘泥混合做成泥块，均匀投入池中。要保持水位 20～40 cm，经常要剪除残叶残花。约经 3 年重新挖出分栽 1 次，否则根茎拥挤，叶片在水面重叠，则生长不良，影响开花。

(五) 园林应用

睡莲花朵硕大，色泽美丽，浮于水面，着生于浓绿肥厚闪光的叶片丛中，清香宜人，数月不断，可装点水面景观。缸栽池栽点缀水面，还可与其他水生花卉，如鸢尾、伞草等相配合，组成高矮错落、体态多姿的水上景色。

三、王莲

王莲(*Victoria amazonica*)，别名：亚马孙王莲、亚马孙水百合。科属：睡莲科，王莲属。见图 5-59。

图 5-59　王莲

(一)形态特征

王莲，根状茎短而直立，有刺。根系很发达，但无主根。发芽后第 1～4 片叶小，为锥形，第 5 片叶后叶子逐渐由戟形至椭圆形到圆形，第 10 片叶后，叶缘向上反卷成箩筛状。成熟叶片巨大，直径可达 1.6～2.5m，直立的边缘 4～6 cm，对着叶柄的两端有缺口。叶片浮力很大。花两性，花径 25～30 cm，有芳香，颜色由白变粉至深红。果大，球形，近浆果状。每果具黑色种子 300～400 粒。

(二)类型及品种

王莲属的植物在世界上共有两个栽培品种，它们是亚马孙王莲和克鲁兹王莲。全属约有 3 种，我国已有引种。亚马孙王莲(*Victoria amazornica*)与克鲁兹王莲(*V. cruziana*)的形态基本相同，但克鲁兹王莲的叶片在整个生长期内由始至终保持绿色，叶片直径小于亚马孙王莲，叶片边缘直立高于亚马孙王莲，花色也较淡。

(三)生态习性

原产于南美亚马孙河流域。性喜高温高湿、阳光充足的环境和肥沃的土壤。在气温 30～35℃，水温 25～30℃，空气湿度 80%左右时生长良好。秋季气温下降至 20℃时生长停止，冬季休眠。王莲花开夏秋，每朵花开 2 d，通常下午傍晚开放，第 2 天早晨逐渐关闭至下午傍晚重复开放，第 3 天早晨闭合流入水中。

(四)生产技术

1. 繁殖技术

王莲宿根需在高温温室越冬保存，要求条件较高。生产上多采用播种繁殖。方法是冬季或春季在温室中播种于装有肥沃河泥的浅盆中，连盆放在能加温的水池中，水温保持 30～35℃。播种盆土在水面下 5～10 cm，不能过深。10～20 d 可以发芽。发芽后逐渐增加浸水深度。

2. 生产要点

王莲播种苗的根长约 3 cm 时即可上盆。盆土采用肥沃的河泥或沙质壤土。将根埋入土中，种子本身埋土 1/2，另 1/2 露出土面，注意不可将生长点埋入土中，否则容易烂坏。盆底先放一层沙，栽植之后土面上再放一层沙可使土壤不至冲入水中，保持盆水清洁。栽植之后将盆放入温水池中。上盆之后，王莲的叶和根均生长很快。在温室小水池中需经过 5～6 次换盆。每次换盆后调整其离水面深度，由 2～3 cm 至 15 cm。上盆、换盆动作要快，不能让幼苗出水太久。王莲幼苗需要充足光照，如光照不足则叶子容易腐烂。冬季阳光不足，必须在水池上安装人工照明，由傍晚开灯至晚上 10:00 左右。一般用 100 W 灯泡，离水面约 1 m 高。

当气温稳定在 25℃左右后，植株具 3～4 片叶时，才可将王莲幼苗移至露地水池。1 株王莲需水池面积 30～40 m^2，池深 80～100 cm。水池中需设立一个种植槽或种植台。

定植前先将水池洗刷消毒，然后将肥沃的河泥和有机肥填入种植台内，使之略低于台面，中央稍高，四周稍低，上面盖 1 层细沙。栽植王莲后水不宜太深，最初水面约在土面上 10 cm 即可。以后随着王莲的生长可逐渐加深水位。水池内可放养些观赏鱼类，以消灭水中微生物。

王莲开花后 2～2.5 个月种子在水中即可成熟。成熟时，果实开裂，一部分种子浮在水面，此时最易收集。落入水底的种子到晚秋清理水池时收集。种子洗净后，用瓶盛清水贮于温室中以备明年播种用，否则将失去发芽力。

（五）园林应用

王莲为著名的水生观赏花卉。叶片奇特壮观，浮力大。成熟叶片能负重 20～25 kg。

四、千屈菜

千屈菜（*Lythrum salicaria*），别名：水枝柳、水柳、对叶莲。科属：千屈菜科，千屈菜属。见图 5-60。

（一）形态特征

千屈菜为多年生挺水植物，株高 1 m 左右。地下根茎粗硬，地上茎直立，四棱形，多分枝。单叶对生或轮生，披针形，基部广心形，全缘。穗状花序顶生；小花多数密集，紫红色，花瓣 6 片。花期 7—9 月。蒴果卵形包于宿存萼内。

图 5-60　千屈菜

（二）类型及品种

千屈菜有 3 个主要变种：紫花千屈菜（var. *atropurpureum* Hort.），花穗大，花深紫色；大花千屈菜（var. *roseum superbum* Hort.），花穗大，花暗紫红色；毛叶千屈菜（var. *tomentosum* DC.），全株有白毛。

（三）生态习性

原产于欧、亚两洲的温带，广布全球，我国南北各省均有野生。性喜强光、潮湿以及通风良好的环境。尤喜水湿，通常在浅水中生长最好，也可露地旱栽，但要求土壤湿润。耐寒性强，在我国南北各地均可露地越冬。对土壤要求不严。

(四)生产技术

1. 繁殖技术

以分株为主,春、秋季均可分栽。将母株丛挖起,切分数芽为一丛,另行栽植即可。扦插可于夏季6—7月进行,选充实健壮枝条,嫩枝扦插,及时遮荫,1个月左右可生根。播种繁殖宜在春季,盆播或地床条播,经常保持土壤湿润,在15~20℃下,经10 d左右即可出苗。

2. 生产要点

盆栽时,应选用肥沃壤土并施足基肥。在花穗抽出前经常保持盆土湿润而不积水为宜,花将开放前可逐渐使盆面积水,并保持水深5~10 cm,这样可使花穗多而长,开花繁茂。生长期间应将盆放置阳光充足、通风良好处,冬天将枯枝剪除,放入冷室或放背风向阳处越冬。若在露地栽培或水池、水边栽植,养护管理简便,仅需冬天剪除枯枝,任其自然过冬。

(五)园林应用

千屈菜株丛整齐清秀,花色淡雅,花期长,最宜水边丛植或水池栽植,也可作花境背景材料和盆栽观赏等。

五、水葱

水葱(*Scirpus tabernaemontani* Gmel.),别名:莞、苻蓠、莞蒲、葱蒲、莞草、蒲苹、水丈葱、冲天草等。科属:莎草科,藨草属。为多年生宿根挺水草本植物。见图5-61。

图5-61 水葱

(一)形态特征

匍匐根状茎粗壮,具许多须根。秆高大,圆柱状,高1~2 m,平滑,基部具3~4个叶鞘,鞘长可达38 cm,管状,膜质,最上面一个叶鞘具叶片。叶片线形,长1.5~11 cm。苞片1枚,为秆的延长,直立,钻状,常短于花序,极少数稍长于花序;长侧枝聚伞花序简单或复出,假侧生,具4~13个或更多个辐射枝;辐射枝长可达5 cm,一面凸,一面凹,边缘有锯齿;小穗单生或2~3个簇生于辐射枝顶端,卵形或长圆形,顶端急尖或钝圆,长5~10 mm,宽2~3.5 mm,具多数花;鳞片椭圆形或宽卵形,顶端稍凹,具短尖,膜质,长约3 mm,棕色或紫褐色,有时基部色淡,背面有铁锈色突起小点,脉1条,边缘具缘毛;下位刚毛6条,等长于小坚果,红棕色,有倒刺;雄蕊3,花药线形,药隔突出;花柱中等长,柱头2,宽3,长于花柱。小坚果倒卵形或椭圆形,双凸状,少有三棱形,长约2 mm。花果期6—9月。

(二)类型及品种

水葱主要变种有南水葱(*Scirpus validus* var. *laeviglumis* Tang et Wang)与原种的不同之处是鳞片上无锈色突起的小点。花叶水葱(*Scirpus validus* cv. *zebrinus*)与原种的区别是圆柱形茎秆上有黄色环状条斑,比原种更具观赏价值。

(三)生态习性

产于我国东北各省、内蒙古、山西、陕西、甘肃、新疆、河北、江苏、贵州、四川、云南；也分布于朝鲜、日本等地。最佳生长温度15～30℃，10℃以下停止生长。能耐低温，北方大部分地区可露地越冬。常生长在湖边、水边、浅水塘、沼泽地或湿地草丛中。

(四)生产技术

1. 繁殖技术

(1)播种繁殖　常于3—4月在室内播种。将培养土上盆整平压实，其上撒播种子，筛上一层细土覆盖种子，将盆浅沉水中，使盆土经常保持湿透。室温控制在20～25℃，20 d左右即可发芽生根。对播种用的基质进行消毒，最好的方法就是把它放到锅里炒热，什么病虫都能烫死。用温热水(温度和洗脸水差不多)把种子浸泡12～24 h，直到种子吸水并膨胀起来。对于很常见的容易发芽的种子，这项工作可以不做。对于用手或其他工具难以夹起来的细小的种子，可以把牙签的一端用水蘸湿，把种子一粒一粒地粘放在基质的表面上，覆盖基质1 cm厚，然后把播种的花盆放入水中，水的深度为花盆高度的1/2～2/3，让水慢慢地浸上来。对于能用手或其他工具夹起来的种粒较大的种子，直接把种子放到基质中，按3 cm×3 cm的间距点播。播后覆盖基质，覆盖厚度为种粒的2～3倍。播后可用喷雾器、细孔花洒把播种基质淋湿，以后当盆土略干时再淋水，仍要注意浇水的力度不能太大，以免把种子冲起来；播种后的管理：在秋季播种后，遇到寒潮低温时，可以用塑料薄膜把花盆包起来，以利保温保湿；幼苗出土后，要及时把薄膜揭开，并在每天上午的9:30之前，或者在下午的3:30之后让幼苗接受太阳的光照，否则幼苗会生长得非常柔弱；大多数的种子出齐后，需要适当地间苗：把有病的、生长不健康的幼苗拔掉，使留下的幼苗相互之间有一定的空间；当大部分的幼苗长出了3片或3片以上的叶子后就可以移栽上盆了。

(2)分株繁殖　早春天气渐暖时，把越冬苗从地下挖起，抖掉部分泥土，用枝剪或铁锹将地下茎分成若干丛，每丛带5～8个茎秆。栽到无泄水孔的花盆内，并保持盆土一定的湿度或浅水，10～20 d即可发芽。如作露地栽培，每丛保持8～12个芽为宜。露地栽培时，于水景区选择合适位置，挖穴丛植，株行距25 cm×36 cm，如肥料充足当年即可旺盛生长，连接成片。盆栽可用于庭院摆放，选择直径30～40 cm的无泄水孔的花盆，栽后将盆土压实，灌满水。沉水盆栽即把盆浸入水中，茎秆露出水面，生长旺期水位高出盆面10～15 cm。水葱喜肥，如底肥不足，可在生长期追肥1～2次，主要以氮肥为主配合磷、钾肥施用。沉水盆栽水葱的栽培水位在不同时期要有所变化，初期水面高出盆面5～7 cm，最好用经日晒的水浇灌，以提高水温，利于发芽生长；生长旺季，水面高出盆面10～15 cm。要及时清除盆内杂草和水面青苔，可选择有风的天气，当青苔或浮萍被风吹到水池一角时，集中打捞清除。立冬前剪除地上部分枯茎，将盆放置到地窖中越冬，并保持盆土湿润。

2. 生产要点

(1)播种与育苗　水葱忌连作，适播期2个月前作收获后，将地场深翻晒白，施足基肥后将畦面细碎整平，一般用撒播形式进行播种。每亩苗地需种子3～5 kg，育成的苗可栽种5～10亩。水葱种子发芽温度18℃左右最快，播后5～6 d出苗。子叶伸直以前，不要浇水，以免引起表土板结。清明后，幼苗开始生长，要加强肥水管理，促进生长，苗期50～100 d。

(2)定植与株行距　4—5 月可移苗定植，为便于管理，最好分级栽植。株行距 20 cm×20 cm，每穴 3～4 株，分蘖力强的品种株行距 20 cm×25 cm，每穴 2～3 株。定植时用尖圆柱形木棒插孔，栽植深度以露心为宜。

(3)合理间作与田间管理　定植后，宜随即播上菜心或白菜等进行间作，这样既节省苗地和增加产量，又可减轻暴雨的冲击，防止肥污水中有机物、氨氮、磷酸盐及重金属有较高的除去率。间种后植株生长旺盛，此时应保证肥水充足。追肥原则是 5～7 d 1 次，以粪水和尿素、硫酸铵等速效肥为主。间作菜收获后，立即培上堆肥或腐熟垃圾肥，防止葱根裸露，保证有质量较好的葱白。水葱的病害有紫斑病及葱锈病。虫害有葱蓟马。病害在正常生长情况下很少发生，主要为害是葱蓟马，一般在防治间种菜心或白菜病虫害过程中，葱的病虫害也被解决。

(4)采收与留种水葱的采收，多采用分批上市，供应期 6—10 月，软尾水葱可早些。亩产一般在 1 250～1 500 kg。留种 10—11 月留种的植株，种子成熟不一致，要先熟先收，分批收种，晒干脱粒贮藏。

(五)园林应用

水葱株型奇趣，株丛挺立，富有特别的韵味，可于水边池旁布置，甚为美观。

练习题

一、选择题

1. 下列属于直播花卉的是(　　)。

A. 虞美人　　B. 三色堇　　C. 金盏菊　　D. 万寿菊

2. 露地花卉的间苗应分为(　　)次。

A. 3～4　　B. 2～3　　C. 4～5　　D. 1～2

3. 用井水和自来水浇花，水贮存(　　)再用。

A. 3～5 d　　B. 3～4 d　　C. 1～2 d　　D. 2～3 d

4. 摘除正在生长中的嫩枝顶端称为(　　)。

A. 抹芽　　B. 剥蕾　　C. 曲枝　　D. 摘心

5. 重剪是将枝条由基部剪除或剪去枝条的(　　)。

A. 3/4　　B. 1/3　　C. 2/3　　D. 2/4

6. 轻剪是将枝条剪去(　　)。

A. 1/4　　B. 1/3　　C. 1/5　　D. 2/5

7. 下列需要摘心的花卉是(　　)。

A. 一串红　　B. 鸡冠花　　C. 唐菖蒲　　D. 羽衣甘蓝

8. 下列是菊科花卉的是(　　)。

A. 虞美人　　B. 藿香蓟　　C. 醉蝶花　　D. 半枝莲

9. 下列属于蔓生花卉的是(　　)。

A. 紫茉莉　　B. 鸡冠花　　C. 茑萝　　D. 长春花

10. 下列属于茄科花卉的是(　　)。

A. 矮牵牛　　B. 三色堇　　C. 唐菖蒲　　D. 彩叶草

二、判断题

1. 风仙花依花期迟早需要进行1～3次摘心。(　　)

2. 鸡冠花的花期为5—6月。(　　)

3. 一串红属复伞状花序,密集成串着生。(　　)

4. 万寿菊可用扦插繁殖。(　　)

5. 紫茉莉为一年生草本花卉,在南方可多年栽培。(　　)

6. 三色堇一般在8—9月播种育苗,花期通常为3—6月。(　　)

7. 羽衣甘蓝花期通常为4月。(　　)

8. 矮牵牛喜光,耐旱,不择土壤,不耐寒,能自播。(　　)

9. 彩叶草属于唇形科的一年生草本花卉。(　　)

10. 虞美人是二年生花卉,能自播繁殖。(　　)

三、填空题

1. 不耐移栽的花卉主要有__________、凤仙花等。

2. 耐移栽的花卉主要有三色堇、__________等。

3. 需要摘心的花卉主要有__________、__________等。

4. 不需要摘心的花卉主要有________等。

5. 凤仙花是______科的花卉。

四、名词解释

1. 露地花卉

2. 摘心

3. 间苗

五、论述题

1. 简述一串红的繁殖栽培技术。

2. 简述鸡冠花的繁殖栽培技术。

学习情境5 习题答案

学习情境 6

盆栽花卉生产技术

课件(PC端下载)

试题库

课程思政元素

通过案例教学，培养学生的爱国情怀，引导学生以强农兴农为己任，把所学知识用到祖国大地。

知识目标

1. 了解盆栽花卉的概念及应用特点。
2. 掌握常见盆栽花卉的培养土配制、消毒，上盆、换盆、翻盆、转盆等基础知识。
3. 掌握常见盆栽花卉的生态习性、繁殖方法、养护管理。

能力目标

1. 能正确识别常见的盆栽花卉。
2. 能熟练完成盆栽花卉上盆、换盆、翻盆等技能。
3. 能熟练进行各类盆栽花卉的繁殖、栽培管理技术。

本情境导读

盆栽花卉是花卉生产中的重要组成部分，以其移动灵活、管理方便、易于调控、花色丰富、花期长等特点，广泛用于庭园美化、居室观赏以及重大节日庆典、重要场合装饰摆放等。学生通过学习这些花卉的形态特点，掌握生产栽培技术及观赏应用等。

任务一　盆栽花卉概述

将花卉栽植于花盆中的生产栽培方式，称为花卉盆栽。盆栽花卉是我国花卉产业的主要生产部分，在岭南、闽南、江浙地区已有相当大的产业是花卉盆栽生产，如中国兰、蝴蝶兰、大花蕙兰、丽格海棠、红掌、仙客来、报春花、杜鹃以及观叶植物等，"南花北调"已是花卉市场的销售热点。近几年，山东、河北、北京等地已广泛应用日光温室，调节温室内温度，降低加温栽培的成本，提高了盆栽花卉生产的经济效益。

一、盆栽花卉的特点

(1)盆栽花卉小巧玲珑，花冠紧凑，有利于搬移，是可随时布置室内外的花卉装饰。

(2)盆栽花卉能及时调节市场，南北方相互调用，提高市场的占有率。

(3)盆栽花卉能多年生产栽培，可连续多年观赏。

(4)盆栽花卉对温度、光照要求严格，北方冬季需保护栽培，夏天需遮阳栽培。

(5)盆栽花卉花盆体积小，盆土及营养面积有限，必须配制培养土栽培。

(6)盆栽花卉的生产条件人为控制，要求栽培技术严格、细致，有利于促成栽培和抑制栽培。

二、培养土的配制

基质是花卉赖以生存的基础物质，最常见的基质是土壤，盆栽花卉其根系被局限在有限的容器内不能充分地伸展，这样势必会影响到地上部分枝叶的生长，因此营养物质丰富、物理性能良好的土壤，才能满足其生长发育的要求，所以盆栽花卉必须用经过特制的培养土来栽培。

适宜栽培花卉的土壤应具备下列条件：

(1)应有良好的团粒结构，疏松而肥沃。

(2)排水与保水性能良好。

(3)含有丰富的腐殖质。

(4)土壤酸碱度适合。

(5)不含有任何杂菌。

培养土的最大特点是富含腐殖质，由于大量腐殖质的存在，土壤松软，空气流通，排水良好，能长久保持土壤的湿润状态，不易干燥，丰富的营养可充分供给花卉的需要，以促进盆花的生长发育。

1. 培养土的配制

花卉种类繁多，对培养土的要求各异，配制花卉的培养土，需根据花卉的生态习性、培养土材料的性质和当地的土质条件等因素灵活掌握。配制成的培养土只要有较好的持水、排水、保肥能力和良好的通气性以及适宜的酸碱度，就能为花卉的生长、发育提供一个良好的物质基础。

(1)普通培养土　普通培养土是花卉盆栽必备的土，常用于多种花卉栽培。

一般盆栽花卉的常规培养土有以下 3 类。

疏松培养土：腐叶土 6 份、园土 2 份、河沙 2 份，混合配制。

中性培养土：腐叶土 4 份、园土 4 份、河沙 2 份，混合配制。

黏性培养土：腐叶土 2 份、园土 6 份、河沙 2 份。混合配制。

一、二年生花卉的播种及幼苗移栽，宜选用疏松培养土，以后可逐渐增加园土的含量，定植时多选用中性培养土。总之，花卉种类不同及不同发育阶段都要选配不同的培养土。

(2)各类花卉培养土配制

①扦插成活苗（原来扦插在沙中者）上盆用土：河沙 2 份、壤土 1 份、腐叶土 1 份（喜酸植物可用泥炭）。

②移植小苗和已上盆扦插苗用土：河沙 1 份、壤土 1 份、腐叶土 1 份。

③一般盆花用土：河沙 1 份、壤土 2 份、腐叶土 1 份、干燥厩肥 0.5 份，每 4 kg 上述混合土加入适量骨粉。

④较喜肥的盆花用土：河沙 2 份、壤土 2 份、腐叶土 2 份、半份干燥肥和适量骨粉。

⑤一般木本花卉上盆用土：河沙 2 份、壤土 2 份、泥炭 2 份、腐叶土 1 份、0.5 份干燥肥。

⑥一般仙人掌科和多肉植物用土：河沙 2 份、壤土 2 份、细碎盆粒 1 份、腐叶土 0.5 份、适量骨粉和石灰石。

美国加利福尼亚大学标准培养土配制，是由细沙与泥炭配合，细沙 75 份、泥炭 25 份混合后填入扦插苗床，等份的细沙与泥炭或细沙 25 份、泥炭 75 份混合供一般的盆栽花木；而盆栽茶花、杜鹃花全为泥炭。

2. 培养土的消毒

使用培养土之前应先对其进行消毒、杀菌处理。常用的方法有：

(1)日光消毒　将配制好的培养土摊在清洁的水泥地面上，经过 10 余天的高温和烈日直射，利用紫外线杀菌、高温杀虫，从而达到消灭病虫的目的。这种消毒方法不严格，但有益的微生物和共生菌仍留在土壤中。

(2)加热消毒　盆土的加热消毒有蒸汽、炒土、高压加热等方法。只要加热 80℃，连续 30 min，就能杀死虫卵和杂草种子。如加热温度过高或时间过长，容易杀灭有益微生物，影响它的分解能力。

(3)药物消毒　药物消毒主要用 40％的福尔马林溶液，0.5％高锰酸钾溶液。在每立方米栽培用土中，均匀喷洒 40％的福尔马林 400～500 mL，然后把土堆积，上盖塑料薄膜。经过 48 h 后，福尔马林化为气体，除去薄膜，等气体挥发后再装土上盆。

3. 培养土的贮藏

培养土制备一次后剩余的需要贮藏以备及时应用。贮藏宜在室内设土壤仓库，不宜露天堆放，否则养分淋失和结构破坏，失去优良性质。贮藏前可稍干燥，防止变质，若露天堆放应注意防雨淋、日晒。

三、上盆、换盆、翻盆与转盆

1. 上盆

在盆花栽培中，将花苗从苗床或育苗器皿中取出移入花盆中的过程称上盆。

上盆前要选花盆，首先根据植株的大小或根系的多少来选用大小适当的花盆。应掌握小苗用小盆，大苗用大盆的原则。小苗栽大盆既浪费土又造成"老小苗"；其次要根据花卉种类选用合适的花盆，根系深的花卉要用深筒花盆，不耐水湿的花卉用大水孔的花盆。

花盆选好后，对新盆要"退火"，新使用的瓦盆先浸水，让盆壁充分吸水后再上盆栽苗，防止盆壁强烈吸水而损伤花卉根系；对旧盆要洗净，经过长期使用过的旧花盆，盆底和盆壁都沾满了泥土、肥液甚至青苔，透水和透气性能极差，应清洗干净晒干后再用。

花卉上盆的操作过程：选择适宜的花盆，盆底平垫瓦片，或用塑料窗纱 1～2 层盖住排水孔；然后把较粗的培养土放在底层，并放入马蹄片或粪干等迟效肥料，再用细培养土盖住肥料；并将花苗放在盆中央使苗株直立，四周加土将根部全部埋入，轻提植株使根系舒展，用手轻压根部盆土，使土粒与根系密切接触；再加培养土至离盆口 3 cm 处留出浇水空间。

新上盆的盆花盆土很松，要用喷壶洒水或浸盆法供水。花卉上盆后的第一次浇水称作"定根水"，要浇足浇透，以利于花卉成活。刚上盆的盆花应摆放在庇荫处缓苗，然后逐步给予光照，待枝叶挺立舒展恢复生机，再进行正常的养护管理。

2. 换盆与翻盆

花苗在花盆中生长了一段时间以后，植株长大，需将花苗脱出换入较大的花盆中，这个过程称换盆。花苗植株虽未长大，但因盆土板结、养分不足等原因，需将花苗脱出修整根系，重换培养土，增施基肥，再栽回原盆，这个过程称翻盆。

各类花卉盆栽过程均应换盆或翻盆。一、二年生草花生长迅速，一般到开花前要换盆 1～2 次，换盆次数较多，能使植株强健，生长充实，植株高度较低，株型紧凑，但会使花期推迟；宿根、球根花卉成苗后 1 年换盆 1 次；木本花卉小苗每年换盆 1 次，大苗 2～3 年换盆或翻盆 1 次。

换盆或翻盆的时间多在春季进行。多年生花卉和木本花卉也可在秋冬停止生长时进行；观叶植物宜在空气湿度较大的春夏间进行；观花花卉除花期不宜换盆外，其他时间均可进行。

一、二年生花卉换盆主要是换大盆，对原有的土球可不做处理，并防止破裂、损伤嫩根，在新盆盆底填入少量培养土后，即可从原盆中脱出放入，并在土球四周填入新培养土，用手稍加按压即可。

多年生宿根花卉，主要是更新根系和换新土，还可结合换盆进行分株。因此，把原盆植株土球脱出后，将四周的老土刮去一层，并剪除外围的衰老根、腐朽根和卷曲根，以便添加新土，促进新根生长。

木本花卉应根据不同花木的生长特点换盆。

有的花卉换盆后会明显影响其生长，可只将盆土表层掘出一部分，补入新的培养土，也能起到更换盆土的作用。

换盆后须保持土壤湿润，第一次充分灌水，以使根系与土壤密接，以后灌水不宜过多，保持湿润为宜，待新根生出后再逐渐恢复正常浇水。另外，由于修掉了外围根系，造成很多伤口，有些不耐水湿的花卉在上新盆时，用含水量 60% 的土壤换盆，换盆后不马上浇水，进行喷水，待缓苗后再浇透水。

3. 转盆

在光线强弱不均的花场或日光温室中盆栽花卉时，因花苗向光性的作用而偏方向生长，以致生长不良或降低观赏效果。所以在这些场所盆栽花卉时应经常转动花盆的方位，这个过程称转盆。转盆可使植株生长均匀、株冠圆整。此外，经常转盆还可防止根系从盆孔中伸出长入土中。在旺盛生长季节，每周应转盆一次。

四、盆花的浇水方式

1. 浇水

用浇壶或水管放水淋浇，将盆土浇透。在盆花养护阶段，凡盆土变干的盆花，都应全面浇水，水量以浇后能很快渗完为准，既不能积水，也不能浇半截水。掌握"见干见湿"的浇水原则，这是最常用的浇水方式。

2. 喷水

用喷壶、胶管或喷雾设备向植株和叶片喷水的方式。喷水不但供给植株吸收水分，而且能起到提高空气湿度和冲洗灰尘的作用。一些生长缓慢的花卉，在荫棚养护阶段，盆土经常保持湿润，虽表土变干，但下层还有一定的含水量，每天叶面喷水 1～2 次，不浇水。在北方养护酸性土花卉常采用这种给水方式。

3. 找水

在花场中寻找缺水的盆花进行浇水的方式称找水。如早晨浇过水后，中午 10:00—12:00 检查，太干的盆花再浇水 1 次，可避免过长时间失水造成伤害。

4. 放水

结合追肥对盆花加大浇水量的方式称放水。在傍晚施肥后，次日清晨应再浇水 1 次。

5. 勒水

连阴久雨或平时浇水量过大，应停止浇水，并立即松土称为勒水。对水分过多的盆花停止供水，并松盆土或脱盆散发水分，以促进土壤通气，利于根系生长。

6. 扣水

在翻盆换土后，不立即浇水，放在荫棚下每天喷 1 次水，待新梢发生后再浇水称扣水。翻盆换土时修根较重，不耐水湿的植物可采用湿土上盆，不浇水，每天只对枝叶表面喷水，有利于土壤通气，促进根系生长。有时采取扣水措施而促进花芽分化，如梅花、叶子花等木本花卉。

任务二　观花草本花卉盆栽

一、大花蕙兰

大花蕙兰(*Cymbidium*)，别名：西姆比兰、虎头兰。科属：兰科，兰属。见图 6-1。

(一)形态特征

大花蕙兰为附生兰类，假鳞茎特别硕大，上有 6～8 枚带形叶片，革质，长 70～100 cm，宽 2～3 cm 花梗由兰头抽出，着花 6～12 朵，花瓣圆厚，花型大，花色壮丽，除黄、橙、红、紫、褐等色外，还有不寻常的翠绿色，除唇瓣外，萼片与花瓣大小及颜色相似，而唇瓣色泽不同，是花的观赏重点。花期很长，能连开 50～60 d 才凋谢。

图 6-1 大花蕙兰

(二)类型及品种

大花蕙兰的原生种约 20 种，主要分布在我国的西南部、印度、缅甸、泰国、尼泊尔和越南等国的北部低纬度高海拔地区，我国常见的原生种有以下 3 种。

1. 独占春

独占春又称双飞燕，原产我国广东、云南。假鳞茎不明显，新叶从叶簇中生出，新芽从茎侧面生出，花茎直立，有花 1～2 朵，洁白，瓣基有紫红色小点，有丁香花香味；变种有象牙红、大雪兰。

2. 碧玉兰

碧玉兰又称沉香虎头兰，花茎弯曲，有花 10～20 朵，花黄绿或纯白。唇瓣下有“V”形红斑，变种有同色碧玉兰。

3. 青蝉兰

又名虎头兰，假鳞茎大，椭圆形，花茎斜生，花大，有花 13～16 朵，淡黄色，上有紫红色小斑，有丁香花香味。

(三)生态习性

原产喜马拉雅山麓、中国、澳洲等。性喜温暖、湿润的环境，大花蕙兰生长适温 25～27℃左右，冬季不能低于 10℃，夏季不能高于 30℃。在花芽分化期间，即夏、秋两季，必须有明显的日夜温差，才能使其分化花芽，而当花芽已萌发时，晚上温度不能超过 14℃，否则易使花芽提早凋谢。花芽分化在 8 月的高温期，在 20℃以下，花芽发育成花蕾和开花。喜光照充足，夏季防止阳光直射；要求通风、透气；为热带兰中较喜肥的一类。喜疏松、透气、排水好、肥分适宜的微酸性基质。

(四)生产技术

1. 繁殖技术

优良品种的大量繁殖和生产，只有采用茎尖培养，这种方法变异小，繁殖系数高。大批量繁殖原生种和杂交育种，经人工授粉并获得种子或受精胚后，用无菌播种或胚培养法得到大批幼苗。

可采用分株法，适宜时间在花后，新芽未长大前，这时正值短暂的休眠期。分株前使基质适当干燥，根略发白、绵软，操作时要小心，避免碰伤新芽；剪除枯黄的叶片，过老的鳞茎及已腐烂的老根，用消过毒的利刀将假鳞茎切开，每丛苗应带有 2～3 枚假鳞茎，其中 1 枚必须是前一年新形成的，伤口涂上硫黄粉，干燥 1～2 d，单独上盆。

2. 生产要点

大花蕙兰可用树皮、蛇木屑、水苔、泥炭等排水良好的盆土；大花蕙兰野生时靠根系附着在林中的树干和岩石上生长，因此，栽植大花蕙兰常用四壁多孔的陶质花盆；不要频繁换盆，换盆在花后或早春进行。

大花蕙兰生长温度为10～27℃，夜间温度不宜过高，以10℃左右较好，否则叶丛生长繁茂，影响花蕾形成而不能正常开放。

大花蕙兰对水质要求比较高，喜微酸性水，pH为5.4～6.0，另外，对水中的钙、镁离子比较敏感；北方多为硬水，应用雨水浇灌较为理想。大批量的种植园，应用水处理设备，去除水中钙、镁离子；喜较高的空气湿度，生长最适湿度为60%～70%，若湿度太低生长发育不良、根系生长缓慢，叶厚狭小，色偏黄。因此，除浇水外，并要对叶面多次喷水，或在盆四周洒水，增加空气湿度。开花后有短时间的休眠，此期间应少浇水。旺盛生长期不可干旱，否则对生长有较大影响。

稍喜阳光，春、夏、秋三季要适度遮阳，防日灼。大花蕙兰植株大，生长繁茂，需要肥料比较多，春夏季施用稀释1 000倍的复合肥，秋季改用钾含量高的肥料，每15 d施一次。冬季应停止施肥。

大花蕙兰易受叶枯病、茎腐病、病毒病、介壳虫类、蛞蝓、蜗牛、蚜虫和螨类等病虫害侵染。发现病株后，从发病部位3 cm以外切除，喷洒50%速克灵可湿性粉剂2 000倍液。有病植株要及时移出大棚隔离，集中喷施2%甲醛销毁，对工具用5%甲醛与5%氢氧化钠混合液消毒，对基质用具都要消毒。对蛞蝓与蜗牛的防治，可在其出没处撒石灰粉或8%的灭蜗灵颗粒剂，集中捕杀。或放置诱饵嘧达颗粒诱杀成、幼虫。

(五)园林应用

大花蕙兰植株挺直，开花繁茂，花期长，栽培相对容易，是高档盆花，适合家庭居室、宾馆、商厦等布置摆放。

二、蝴蝶兰

蝴蝶兰(*Phalaenopsis aphrodite* Rchb. f.)，别名：蝶兰。科属：兰科，蝴蝶兰属。见图6-2。

(一)形态特征

蝴蝶兰为附生热带兰，茎短而肥厚，没有假鳞茎，顶部为生长点，每年生长时期从顶部长出新叶片，下部老叶片变枯黄脱落，叶片肥厚多肉，白色粗大的气生根则盘旋或悬垂于基部之下。长长的花梗从叶腋间抽出，自下而上，依次绽放一朵又一朵像蝴蝶似的花。每花均有5萼，中间嵌镶唇瓣，花色鲜艳夺目，既有纯白、鹅黄、绯红，也有淡黄、橙赤和蔚蓝。有不少品种兼备双色或三色，有的犹如喷了均匀的彩点，每枝开花七八朵，多则十几朵，可连续观赏60～70 d。

图6-2　蝴蝶兰

(二)类型及品种

常见的栽培品种有五大系列：

1. 粉红花系

该系深受人们喜爱，栽培容易，又分三类：①小型红花原种，花小而芳香，鲜艳红色，有蜡质光泽；②大花类，花径10 cm左右，粉红色，唇瓣为深红色，花型整齐，十分美观；③深紫红大花系，花深红色，萼片及花瓣边缘有粉红色，唇瓣为深紫红色。

2. 白花系

花萼及两枚侧瓣为洁白色，无斑或条纹，唇瓣白色，上有黄色或红褐色斑点或条纹，有的品种唇瓣为红色。

3. 黄花系

花瓣和萼片底色为黄色，上有红褐色或红色斑或条纹。

4. 点花系

花瓣与萼片有大小、疏密不等的红色或紫色斑点，唇瓣为鲜红色，花大型或中型。

5. 条花系

萼片和侧瓣底色为白、黄、红色，上布满枝丫状和珊瑚状的红色脉纹，十分美丽。

(三)生态习性

原产于亚洲热带地区，我国也有分布，以台湾居多。喜温暖多湿的环境。白天温度保持在27℃左右，夜间保持在18℃为宜，蝴蝶兰的花芽分化要求短暂的10℃左右的低温，因此，可利用此特性控制它的花芽分化。

蝴蝶兰要求较高的空气湿度，以白天能保持在80%左右为好。并且它没有假鳞茎贮藏水分和养分，因此在生长季节应多浇水，在炎热的夏季里，更要每天喷雾2～3次，以保持高湿度。在高温闷热的情况下，应加强空气流通，大的栽培场可安装大型电风扇，使空气流通。蝴蝶兰栽培忌阳光直射，春、夏、秋三季应给予良好的遮阳，以防叶片灼伤。栽培蝴蝶兰的盆土应通气良好，排水良好，国内常用蛇木屑、水苔、木炭、碎砖块等。

(四)生产技术

1. 繁殖技术

繁殖有无菌播种、组织培养和分株等方法。大多采用组织培养法繁殖，采用叶片和茎尖为外植体，经试管育成幼苗移栽，大约经过两年便可开花。家庭多用分株法，春季从成熟的大株上挖取带有2～3条根的小苗，另行栽植。

2. 生产要点

蝴蝶兰是一种高温温室花卉，对环境要求比较严格，不适宜的环境条件会直接影响蝴蝶兰的花期甚至全株死亡。因此，大规模栽培蝴蝶兰的设施应具有良好的调节温度、湿度、光照的功能。

蝴蝶兰为典型的热带附生兰，栽培时根部要求通气良好，盆栽时宜采用水苔、浮石、泥炭苔、椰子纤维、桫椤屑、木炭碎屑等。或直接把幼苗固定在桫椤板上，让它自行附着生长。上盆种植时，盆底要用较粗大的基质铺垫，用量可达基质总量的50%左右，保证盆底不会积水。

栽培中要求比较高的温度，白天以25～28℃，夜间18～20℃为适。蝴蝶兰对低温十分敏感，长时间处于15℃以下，根部停止吸收水分而造成生理性缺水而死亡。在中国的大部分地方，冬天的温度都在零度或以下，本来是不适合蝴蝶兰生长的，应用人工加温的方法提高温室温度保证花卉的生长。

蝴蝶兰栽培忌阳光直射，春、夏、秋三季应给予良好的遮阳，以防叶片灼伤。当然，光线太弱、植株生长纤弱也易得病。开花植株适宜的光照强度为2 000～3 000 lx，幼苗可在

1 000 lx 左右，春季阴雨天过多，晚上要用日光灯适当加光，以利于日后开花。

蝴蝶兰根部忌积水，喜通风干燥，如果盆内积水过多，易引起根系腐烂。盆栽基质不同，浇水间隔日数也不大相同，应尽量看到盆内的栽培基质已变干，盆面呈白色时再浇水。要求空气湿度保持 50%～80%，一般可通过每日数次向地面、台架、墙壁等处喷水，或向植物叶面少量喷水来增加局部环境湿度。也可增设喷雾设备，定时喷雾，提高空气湿度。

蝴蝶兰生长迅速，需肥量比一般兰花稍多，但掌握的原则仍是少施肥，施淡肥，最常用的方法是液体肥料结合浇水施用。

危害蝴蝶兰的病虫害主要有软腐病、褐斑病、炭疽病和灰斑病等。软腐病和褐斑病的防治可用 75%百菌清 600～800 倍液。炭疽病的防治采用 70%的甲基托布津 800 倍液或 50%多菌灵 800 倍液喷洒。灰斑病出现在花期，主要以预防为主，在花期不要将肥水直接喷在花瓣上，能很好地预防此病的发生。虫害有蜗牛和一些夜间活动的咬食叶片的金龟子、蛾类和蝶类幼虫，只要定期喷施杀虫剂便可防治。

(五)园林应用

蝴蝶兰花型丰富、优美，色泽鲜艳，有“洋兰皇后”之称。花期长，生长势强，是目前花卉市场主要的切花种类和盆花种类。特别适用于家庭、办公室和宾馆摆放，也是名贵花束中的用花种类。

三、大花君子兰

大花君子兰(*Clivia miniata* Regel)，别名：剑叶石蒜、君子兰、达木兰。科属：石蒜科，君子兰属。见图 6-3。

图 6-3　君子兰

(一)形态特征

是多年生常绿草本，基部叶基形成假鳞茎，根肉质纤维状。叶二列叠生，宽带状，端圆钝，边全缘，剑形，叶色浓绿，革质而有光泽。花茎自叶丛中抽出，扁平，肉质，实心，长 30～50 cm。伞形花序顶生，有花 10～40 朵，花被 6 片，组成漏斗形，基部合生，花橙黄、橙红、深红等色。浆果，未成熟时绿色，成熟时紫红色，种子大，白色，有光泽，不规则形。花期 12 月至翌年 5 月，果熟期 7—10 月。

(二)类型及品种

君子兰的园艺栽培，到目前为止有 170 多年历史。1823 年英国人在南非发现了垂笑君子兰，1864 年发现了大花君子兰，19 世纪 20 年代传入欧洲，1840 年传入青岛，1932 年君子兰由日本传入中国长春。目前，在国内栽培的主要是大花君子兰，经多年选育已推出许多品种，中国君子兰在世界君子兰中占有重要地位。

中国君子兰园艺品种先后出现五大系列，即长春兰、鞍山兰、横兰、雀兰、缟兰。

常见栽培品种有“黄技师”“大胜利”“大老陈”“染厂”“和尚”“油匠”“短叶”。

此外，还有“春城短叶”“小白菜”“西瓜皮”“金丝兰”“圆头”“青岛大叶”“圆头短叶”等品种。

日本栽培变种“黄花君子兰”，株型端庄，紧凑，叶片对称，整齐，叶鞘元宝形，叶片长 28～38 cm，宽 10～15 cm，长宽比为 2∶1，叶端卵圆，底叶微下垂，叶片开张度大，叶色深绿或墨绿。花序细、短、直立，花橙黄色或鲜黄色，耐热、抗寒性强。

同属其他栽培种：

垂笑君子兰（*C. nobilis*）：叶片狭剑形，叶色较浅，叶尖钝圆，花茎稍短于叶片，花朵开放时下垂，橘红色，夏季开花，果实成熟时直立。

细叶君子兰（*C. gardeni*）：叶窄、下垂或弓形，深绿色，花 10～14 朵组成伞形花序，花橘红色，冬季开花。

（三）生态习性

原产南非。性喜温暖而半阴的环境，忌炎热，怕寒冷。生长适温为 15～25℃，低于 5℃生长停止，高于 30℃叶片薄而细长，开花时间短，色淡。生长过程中怕强光直射，夏季需置荫棚下栽培，秋、冬、春季需充分光照。栽培过程中要保持环境湿润，空气相对湿度 70%～80%，土壤含水量 20%～30%，切忌积水，以防烂根，尤其是冬季温室更应注意。要求土壤深厚肥沃、疏松、排水良好、富含腐殖质的微酸性沙壤土。此外，君子兰怕冷风、干旱风的侵袭或烟火熏烤等，应注意及时排除或防御这些不良因素，否则会引起君子兰叶片变黄，并易发生病害。

（四）生产技术

1. 繁殖技术

君子兰可采用分株、播种繁殖，以播种为主。

（1）分株　分株每年 4—6 月进行，分切叶腋抽出的吸芽栽培。因母株根系发达，分割时宜全盆倒出，慢慢剥离盆土，不要弄断根系。切割吸芽，最好带 2～3 条根。切后在母株及小芽的伤口处涂杀菌剂。幼芽上盆后，控制浇水，置荫处，15 d 后正常管理。无根吸芽，按扦插法也可成活，但发根缓慢。分株苗 3 年开始开花，能保持母株优良性状。

（2）播种繁殖　播种繁殖在种子成熟采收后即进行，因君子兰种子不能久藏。种子采收后，洗去外种皮，阴干。播种温度在 20℃左右，经 40～60 d 幼苗出土。盆播时盆土要疏松，富含有机质，播后用玻璃或塑料薄膜覆盖。实生苗 4～5 年开花。

2. 生产要点

（1）培养土　君子兰栽培用培养土需具备以下条件方能使君子兰生长良好：保水性能好、保温性能好、肥性好、富含腐殖质、pH 在 6.5～7.0 的微酸性土。1 年生培养土用马粪、腐叶土、河沙按照 5∶4∶1的比例混合，3 年生苗用腐叶土、泥炭、河沙按 4∶5∶1的比例混合。培养土配制好后应进行消毒。

（2）水分　水分是君子兰生长发育的重要条件。君子兰用水以雨水、雪水、无污染的河水、塘水为好，井水、自来水对水质、水温处理后，方可使用。君子兰根肉质，能贮藏水分，具有一定的耐旱性。空气相对湿度 70%～80%，土壤含水量 20%～30%为宜。因而应“见干见湿，不干不浇，干则浇透，透而不漏”。春、秋两季是君子兰的旺盛生长期，需水量大，浇水时间以上午 8—10 时为宜，视盆土干湿情况可 2～3 d 浇一次。夏季气温高，君子兰处于半休眠状态，生长缓慢，浇水时间以早、晚为宜，除向盆土浇水外，还应向周围地面洒水，以保持空气湿度。冬季当温度降至10℃以下，便进入休眠期，吸水能力减弱，可减少浇水，浇水适宜在晴天的中午进行。

(3)温度　最适生长温度为15～25℃，低于10℃，生长缓慢，0℃以下植株会冻死。温度高于30℃，则会出现叶片徒长的不正常现象。因而春、秋两季旺盛生长季节，白天保持温度在15～20℃，夜间在10～12℃，越冬温度在5℃以上，在抽箭期间，温度应保持18℃左右，否则易夹箭。夏季要做好三方面工作：一是防止烂根，因温度高，光照强，生长弱，肥水管理不当易烂根，应遮荫降温，少施肥，盆土中应加入半量河沙，防止烂根。二是防止叶片徒长，降温，降低空气湿度，减肥是防止徒长的措施，同时，将君子兰放在通风阴凉处，控制浇水也有作用。三是夏季不换盆不分芽。如此可安全度夏。

(4)光照　君子兰稍耐阴，不宜强光直射，夏季要放在阴凉处，秋、冬、春季需充分光照。同时为使君子兰“侧视一条线，正视如面扇”，叶面整齐美观，须注意光照方向。使光照方向与叶方向平行，同时每隔7～10 d旋转花盆180°，就可保持叶形美观。如叶子七扭八歪，可采取光照整形和机械整形，机械整形可用竹篾条、厚纸板辅助整形。

(5)肥料　君子兰喜肥，但不耐肥，要施腐熟的有机肥或肥水，要做到“薄肥勤施”。盆栽君子兰基肥可用豆饼、麻渣和动物蹄角，3月结合换盆施足基肥；在室外生长期间也应多施追肥，化肥一般作追肥使用，用磷酸二氢钾或尿素作根外追肥效果好，使用浓度0.1%～0.5%，生长季节每15 d左右一次。

(6)病虫害防治　常见病害有软腐病，防治方法：在养护过程中，工具和基质要严格消毒；发病初期用0.5%波尔多液喷洒或用400～600 μg/L青霉素、链霉素灌根。严重时将腐烂部分全部切除，将剩余部分浸泡在高锰酸钾溶液中1 h，后用清水洗净，重新栽。另外还有炭疽病、叶斑病、白绢病等病害注意防治。虫害主要有介壳虫类，防治方法：可用人工防治，用竹签、小木棍、小软刷等，轻轻将虫体和煤烟物刷除，然后用清水洗净。在若虫期喷蚧螨灵乳剂40～100倍液，要喷施均匀。

(五)园林应用

大花君子兰叶片青翠挺拔，高雅端庄，潇洒大方，飘然坦荡。四季观叶，三季看果，一季赏花，叶花果皆美，“不与百花争炎夏，隆冬时节始开花”，颇有“君子”风度，是布置会场、厅堂、美化家庭环境的名贵花卉。

四、报春花

报春花(*Primula malacoides*)，别名：小种樱草花、七重楼。科属：报春花科，报春花属。见图6-4。

(一)形态特征

株高20～40 cm，地上茎较短。根出叶，卵圆形或椭圆形，质地较薄，边缘有锯齿，叶柄长，叶脉明显，叶上无毛，叶背及花梗上均被有白粉。伞形花序多轮(2～6轮)，花略具香味，花较小，花芽不膨大，上面也有白粉。花有粉红、深红、淡紫等色，花期1—5月。

(二)类型及品种

常见栽培品种：白花种(var. *alba*)；粉红花种(var. *rosea*)；裂瓣(var. *fimbriata*)；高形种

(var. *gigantea*)；矮形种(var. *nana*)；大花种(var. *lelandii*)。

图 6-4　报春花

(三)生态习性

原产北半球温带和亚热带高山地区。报春花在全世界约有 500 种，我国约有 390 种，云南是其分布中心。喜冷凉、湿润的环境，生长适温 13～18℃。日照中性，忌强烈的直射阳光，忌高温干燥；喜湿润疏松的土壤，适宜 pH 6.0～7.0。苗期忌强烈日晒和高温，通常作温室花卉栽培。

(四)生产技术

1. 繁殖技术

以播种繁殖为主，通常 6—7 月播种。种子细小，播后不覆土或覆 0.1～0.2 cm。发芽适温为 15～20℃，10 d 发芽。分株繁殖一般结合秋季翻盆时进行，每个子株带芽 2～3 个，移植于直径 8 cm 的容器中培养。

2. 生产要点

当播种苗长出 1～2 片或 3～4 片叶时，可进行两次移植。待苗高 15 cm 时可摘心，促使其多分枝，冬季温室内要保持 10～20℃的温度。生长期施几次液肥，浓度由淡逐渐加浓，施一次肥后要浇水一次，便于吸收，且防止肥害。施肥时注意肥水不要沾污叶片。5 月叶枯黄，花渐少，花色变黄，此时应逐渐减少浇水，停止施肥，剪去枯枝、残枝败花，放在遮荫通风处，7—8 月将其移置荫棚下，保持通风与凉爽，使其安全度夏，且要防止雨水淋浇。9 月以后再逐步给水供肥，促进生长，保证翌年枝盛花茂。

报春花的病害主要有叶斑病和根茎腐烂病，与高温高湿有关，增施磷酸二氢钾，通风降湿可减少发病，可用 50%的多菌灵 500 倍，10～15 d 1 次，连喷 2～3 次防治。虫害有红蜘蛛、螟蛾、蚜虫，要及时喷药防治。

(五)园林应用

报春花正逢春节盛开，由于花色富丽、耐寒和花期长等特点，是群众喜爱的冬季家庭盆花之一，可点缀客厅、茶室，也是商厦、餐厅、车站等公共场所冬季环境美化的花卉。

五、瓜叶菊

瓜叶菊(*Cineraria cruenta* Mass.)，别名：千日莲、瓜叶莲。科属：菊科，千里光属。见图 6-5。

(一)形态特征

全株被毛，茎直立，株高 30～60 cm，叶大，心脏状卵形，掌状脉，叶缘具多角状齿或波状锯齿，叶面皱缩，似瓜叶，叶柄长，基部呈耳状。茎生叶有翼，根出叶无翼。头状花序簇生成伞房状，花色丰富，有蓝、紫、红、白等色，还有间色品种。花期 12 月至翌年 4 月，盛花期 3—4 月。

图 6-5　瓜叶菊

(二)类型及品种

常见栽培种有:大花类(var. *grandiflora*),株高 30～50 cm,花大且密,花梗较长;星花类(var. *stallate*),株高 60～80 cm,花较小但较多,舌状花反卷,疏散呈星网状;多花类(var. *multiflora*),株高 25 cm 左右,叶片较小,花较多且矮生。

(三)生态习性

原产非洲北部大西洋上的加那利群岛,世界各国广泛栽培。喜温暖湿润、通风凉爽的环境,冬惧严寒,夏忌高温,适宜于低温温室或冷室栽培。夜间温度保持在 5℃,白天温度不超过 20℃,严寒季节稍加防护,以 10～15℃的温度为最佳。不耐高温,忌雨涝。生长期要求光线充足,空气流通,稍干燥的环境。但夏季忌阳光直射。喜富含腐殖质、疏松肥沃、排水良好的沙质壤土。短日照促进花芽分化,长日照促进花蕾发育。

(四)生产技术

1.繁殖技术

瓜叶菊的繁殖以播种为主。对于重瓣品种为防止品种退化或自然杂交,可用扦插繁殖。

(1)播种繁殖　播种的时间视选用的品种类型和需花时间而定,早花品种播后 5～6 个月开花,一般品种 7～8 个月开花,晚花品种则需 10 个月开花。一般分三批播种:第一批 3 月播种,元旦开花;第二批 5 月播种,春节开花;第三批 8 月播种,翌年 5 月开花。

播种采用浅盆或播种箱,盆土由壤土 1 份、腐叶土 3 份、河沙 1 份,加少量腐熟基肥混合而成。播种前容器和用土要充分消毒,将种子与少量细沙混合均匀撒播在浅盆中,播后覆土,以不见种子为度。为避免种子暴露,采取盆浸法或喷雾法使盆土湿润,忌喷水,播后保湿,注意通风换气,置于遮阳背阴处。发芽适温 20℃,7～10 d 发芽出苗。出苗后逐渐去除遮阳覆盖物,使幼苗逐渐接受阳光照射,但中午需遮阳,两周后可进行全光照。

(2)扦插繁殖　花后 5—6 月间进行,常选用生长充实的腋芽在清洁河沙中进行扦插。插时可适当疏除叶片,以减小蒸腾,插后浇足水并遮阳保湿。也可选用苗株定植时摘除的下部腋芽扦插。

2.生产要点

瓜叶菊从播种到开花的过程中,需移植 3～4 次。当幼苗长出 2～3 片真叶时,进行第 1 次移植,可选用瓦盆移植,盆土用腐叶土 3 份、壤土 2 份、河沙 1 份配制而成。将幼苗自播种浅盆移入瓦盆中,根部多带宿土以利成活。移栽后用细孔喷壶浇透水,浇水后,将幼苗置于阴凉处。缓苗后可每隔 10 d 追施稀薄液肥 1 次。当幼苗真叶长至 4～5 片时,进行第二次移植,选直径为 7 cm 的盆,盆土用腐叶土 2 份、壤土 3 份、河沙 1 份配制而成,缓苗后给予充足的光照。当植株长到 5～6 片叶子时将顶芽摘除,留 3～4 个侧芽,最后 7～8 片叶时定植。用 20 cm 的花盆,并适当施以豆饼、骨粉或过磷酸钙作基肥。定植时要注意将植株栽于花盆正中,并保持植株端正。浇足水置于阴凉处,成活后给予全光照。

定植后的瓜叶菊每半个月需追施一次氮肥，起蕾后停止或减少施氮肥，增施1～2次磷肥，此时注意保持适当的温度，温度过高易造成植株徒长，节间伸长，影响观赏价值，温度过低会影响植株生长，花朵也发育不良。生长期的适温为10～15℃，不宜高于22℃，越冬温度8℃以上。生长期需保持充足的水分，但又不能过湿，以叶片不凋萎为适度。

瓜叶菊喜光，不宜遮阳，栽培中要注意经常转动花盆，保持盆株生长整齐均一。随着生长，逐步拉大盆距，使植株保持合理的生长空间，避免拥挤徒长。在单屋面温室更要注意转盆，以免生长倾斜，破坏株型。

瓜叶菊的病虫害有白粉病、灰霉病、叶斑病、蚜虫、红蜘蛛、潜叶蛾等。白粉病发病初期可用25%粉锈宁2 000倍液或70%甲基托布津1 000倍液防治。叶斑病发病初期用80%代森锰锌400倍防治。蚜虫可用2 000～3 000倍抗蚜威防治。红蜘蛛可用一遍净粉剂2 500倍液防治。潜叶蛾可在花棚内设置黄色胶卡诱杀成虫，发病高峰期喷洒98%巴丹1 000倍液防治。

（五）园林应用

瓜叶菊是温室栽培中的代表性盆栽花卉，适用于家庭冬季室内环境点缀和公共场所室内摆花，产生景观效果。也可用于切花装饰。

六、蒲包花

蒲包花（*Calceolaria herbeohybrida* Voss），别名：荷包花、拖鞋花。科属：玄参科，蒲包花属。见图6-6。

（一）形态特征

植株矮小，高30～40 cm，茎叶具茸毛，叶对生或轮生，基部叶较大，上部叶较小，卵形或椭圆形。不规则伞形花序顶生，花具二唇，似两个囊状物，上唇小，直立，下唇膨大似荷包状，中间形成空室。花色丰富，单色品种具黄、白、红等各种深浅不同的花色，复色品种则在各种颜色的底色上，具橙、粉、褐红等色斑或色点。蒴果，种子细小多数。

图6-6　蒲包花

（二）类型及品种

同属常见其他栽培种有：灌木蒲包花（*C. integrifolia*）；二花蒲包花（*C. biflora*）；松虫草蒲包花（*C. scabiosaefolia*）；墨西哥蒲包花（*C. mexicana*）。

（三）生态习性

原产墨西哥、智利等地，现世界各国温室均有栽培。喜凉爽、光照充足、空气湿润、通风良好的环境。不耐严寒，又畏高温闷热，生长适温8～16℃，最低温度5℃以上。15℃以下进行花芽分化，15℃以上进行营养生长。喜阳光充足，但忌夏季强光。要求肥沃、排水良好的微酸性轻松土壤，忌土湿。自然花期2—5月。

（四）生产技术

1.繁殖技术

通常采用播种繁殖，也可扦插繁殖。

播种繁殖，可在8月下旬进行，不宜过早，因为高温易使幼苗腐烂。蒲包花种子细小，在播种时要将其与细土混合，撒播在浇过水的盆土表面。播种土多用草炭土、河沙按1∶1比例配制，不覆土或覆一层水苔。盆浸法浇水后，盖上玻璃以保持湿润，放置无日光直射处。发芽前一定要保持充分湿润，温度20℃，1周左右即可出苗。出苗后要立刻将其移至通风向阳处，及时间苗，温度降至15℃左右，否则幼苗易患猝倒病。温室扦插一年四季均可进行，9—10月扦插则翌年5月开花，6月扦插，则翌年早春开花，扦插后一般15 d即可生根。

2.生产要点

当幼苗长出两枚真叶时，及时分栽。移栽后两周，定植在口径15 cm花盆中。待苗高15 cm时可摘心，促使其多分枝，并加以适当遮阳。蒲包花性喜凉爽的环境，如高温高湿，基叶会发黄腐烂，因此温度应保持12～15℃为宜，夏季及中午应通风和遮光，可放在荫棚下，特别是苗期和5—6月种子成熟时更应注意。

蒲包花平时浇水不宜多，要间干间湿，盆土持续高湿或积水会烂根，浇水时不要洒在叶片、芽或花蕾上，否则也易造成它们腐烂。开花前每15 d施稀薄液肥1次，注意施肥浓度不宜过大，无机肥料可按0.2%的浓度。

蒲包花苗期易发猝倒病，出苗后，喷600倍代森锌预防。发病后，取少量76%敌克松加细土40倍施入盆土中，或用800倍液喷洒土面防治。另外要及时防治蚜虫和红蜘蛛。

（五）园林应用

株型低矮，开花繁密，覆盖株丛，花型奇特，花色丰富而艳丽，花期长，是优良的春季室内盆花。

七、四季秋海棠

图6-7　四季秋海棠

四季秋海棠（*B. semperflorens*），别名：瓜子海棠。科属：秋海棠科，海棠属。见图6-7。

（一）形态特征

多年生草本花卉，须根纤维状。株高15～40 cm，茎直立，多分枝，半透明略带肉质。叶互生，卵圆形至广椭圆形，边缘有锯齿，有的叶缘具毛，叶色有绿色和淡紫红色两种。花数朵聚生，多腋生，有重瓣种，花色有白、粉红、深红等。雌雄异花，蒴果，种子极细小，褐色。花期周年，但夏季着花较少。

（二）类型及品种

矮生品种，植株低矮，花单瓣；花色有粉色、白色、红色等；叶片绿色或褐色。大花品种，花单瓣，花径较大，可达 50 cm 左右；花色有白色、粉色、红色等色；叶片为绿色。重瓣品种，花重瓣，不结实；花色有粉色、红色等；叶片有绿色或古铜色。

(三)生态习性

原产巴西，性喜温暖、湿润的环境，不耐寒，不喜强光暴晒。生长适温 20℃，低于 10℃生长缓慢。适宜空气湿度大，土壤湿润的环境，不耐干燥，亦忌积水。喜半阴环境。在温暖地区多自然生长在林下沟边、溪边或阴湿的岩石上。

(四)生产技术

1. 繁殖技术

常用播种法繁殖，也可用扦插、分株法繁殖。播种繁殖在春、秋两季均可进行，因种子特别细小，且寿命较短，隔年种子发芽率较低，因此用当年采收的新鲜种子播种最好。播后保持室温 20～22℃，同时保持盆土湿润，一周后发芽，出现 2 枚真叶时需及时间苗，4 枚真叶时移入小盆。扦插繁殖则以春、秋两季进行为最好，插后保持湿润，并注意遮阳，两周后生根。分株繁殖多在春季换盆时进行。

2. 生产要点

幼苗 5～6 片真叶时进行摘心，此时要控制水分，防止徒长。生长期需水量较多，经常进行喷雾，保持较高的空气湿度，平时盆土不宜过湿，更不能积水。幼苗期每两周施稀释腐熟饼肥一次，初花出现时则减少施肥，增施一次骨粉。有枯枝黄叶及时修去，4 月下旬可移放于荫棚下，注意勿使其过湿。花后应打顶摘心，以压低株高，促进分株，此时应控制浇水，待重新发出新株后，适当进行数次追肥，两年后需进行重新更新。四季秋海棠夏季怕强光暴晒和雨淋，冬季喜阳光充足。如果植株生长柔弱细长，叶色花色浅淡发白，说明光线不足；若光线过强，叶片往往卷缩并出现焦斑。植株生长矮小，叶片发红是缺肥的症状，可视情况分别加以处理。

夏季通风不良易患白粉病，可用 15%三唑酮可湿性粉剂 1 000～1 500 倍液防治。生长期常发生卷叶蛾幼虫为害叶和花，影响开花，可用 40%乐斯本 1 500 倍液防治。

(五)园林应用

四季秋海棠植株低矮，株型优美，盛花时，植株表面为花朵所覆盖；花色丰富，色彩鲜艳，是夏季花坛、花柱、花球的重要材料。

八、新几内亚凤仙

新几内亚凤仙(*Impatiens platypatala*)，科属：凤仙花科，凤仙花属。见图 6-8。

(一)形态特征

多年生常绿草本花卉，植株挺直，株丛紧密矮生；茎半透明肉质，粗壮，多分枝，叶互生，披针形，绿色、深绿、古铜色；叶表有光泽，叶脉清晰，叶缘有尖齿。花腋生，较大，花色有粉红、红、橙红、雪青、淡紫及复色等，花期为 5—9 月。

(二)生态习性

原产非洲南部。性喜冬季温暖，夏季凉爽通风的环境，不耐寒，适宜生长的温度为 15～

图 6-8　新几内亚凤仙

25℃，7℃以下即受冻。喜半阴，忌暴晒，日照控制在 60%～70%。根系不发达，要求肥沃、疏松、排水良好的富含腐殖质的偏酸性土壤。

(三)生产技术

1. 繁殖技术

常用扦插法繁殖，也可用播种繁殖。新品种一般用播种繁殖。播种繁殖于 4—5 月在室内进行盆播，种子需光，对温度敏感，要求 20～25℃，苗高 3 cm 左右时即可上盆。传统优质大花品种可用扦插繁殖，扦插繁殖全年均可进行，但以春、秋季为最好。一般选取 8～10 cm 带顶梢的枝条，插于沙床内，保持湿润，约 10 d 即可生根，也可进行水插。

2. 生产要点

新几内亚凤仙萌芽力强，不需要摘心即可产生许多分枝，分枝长 3～5 cm 时，要疏掉一些细弱枝。喜肥但又忌浓肥、重肥，生长期间每周施一次饼肥水。其叶片气孔大，蒸腾旺盛，需水量多，浇水要足，特别是炎热的夏季，更要及时供水。约 11 月进温室，室温不低于 10℃，冬季浇水不宜过多，叶面适当喷水，以保持叶片翠绿。

新几内亚凤仙的主要病害有白粉病、霜霉病、病毒病、青枯病等。防治白粉病可于发病初期喷施 15%粉锈宁可湿性粉剂 1 000～1 200 倍液。防治霜霉病可喷施 64%杀毒矾可湿性粉剂 500 倍液。病毒病的防治主要是及时消灭传毒介质蚜虫。防治青枯病，注意对土壤进行消毒，发病初期，喷洒或浇灌 72%农用链霉素可溶性粉剂 4 000 倍，每 7～10 d 1 次，连续防治 2～3 次。

(四)园林应用

新几内亚凤仙株丛紧密，开花繁茂，花期长，是很受欢迎的新潮花卉，用作室内盆栽观赏，温暖地区或温暖季节可布置于庭院或花坛。

九、仙客来

仙客来(*Cyclamen persicum* Mill)，别名：兔子花、萝卜海棠、一品冠。科属：报春花科，仙客来属。见图 6-9。

(一)形态特征

多年生草本，具球形或扁球形块茎，肉质，外被木栓质，球底生出许多纤细根。叶着生在块茎顶端的中心部，心状卵圆形，叶缘具牙状齿，叶表面深绿色，多数有灰白色或浅绿色斑块，背面紫红色。叶柄红褐色，肉质，细长。花单生，由块茎顶端抽出，花瓣蕾期先端下垂，开花时向上翻卷扭曲，状如兔耳。萼片 5 裂，花瓣 5 枚，基

图 6-9　仙客来

部联合成筒状，花色有白、粉红、红、紫红、橙红、洋红等色。花期12月至翌年5月，但以2—3月开花最盛。蒴果球形，果熟期4—6月，成熟后五瓣开裂，种子黄褐色。

(二)类型及品种

园艺品种依据花型可分为：

(1)大花型　是园艺品种的代表性花型。花大，花瓣平展，全缘。开花时花瓣反卷，有单瓣、复瓣、重瓣、银叶、镶边和芳香等品种。

(2)平瓣型　花瓣平展，边缘具细缺刻和波皱，比大花型花瓣窄，花蕾尖形，叶缘锯齿明显。

(3)洛可可型　花瓣边缘波皱有细缺刻，不像大花型那样反卷开花，而是呈下垂半开状态。

(4)皱边型　花大，花瓣边缘有细缺刻和波皱，开花时花瓣反卷。

(5)重瓣型　花瓣10枚以上，不反卷，瓣稍短，雄蕊常退化。

(三)生态习性

原产南欧及地中海一带，为世界著名花卉，各地都有栽培。仙客来喜温暖，不耐寒，生长适温15～20℃。10℃以下，生长弱，花色暗淡易凋谢；气温达到30℃以上，植株进入休眠。在我国夏季炎热地区仙客来处于休眠或半休眠状态，气温超过35℃，植株易受害而导致腐烂死亡。喜阳光充足和湿润的环境，主要生长季节是秋、冬和春季。喜排水良好，富含腐殖质的酸性沙质土壤，pH为5.0～6.5，但在石灰质土壤上也能正常生长。中性日照植物，花芽分化主要受温度的影响，其适温为15～18℃。

(四)生产技术

1.繁殖技术

通常采用播种、分割块茎、组织培养等方法进行繁殖。播种育苗，一般在9—10月进行，从播种到开花需12～15个月。仙客来种子较大，发芽迟缓不齐，易受病毒感染。因此，在播种前要对种子进行浸种处理，方法是：将种子用0.1%升汞浸泡1～2 min，用水冲洗干净，然后用10%的磷酸钠溶液浸泡10～20 min，冲洗干净，最后浸泡在30～40℃的温水中处理48 h，冲净后即可播种。播种用土可用壤土、腐叶土、河沙等量配制，或泥炭土和蛭石等量配制，点播，覆土0.5～1.0 cm，用盆浸法浇透水，上盖玻璃，温度保持18～20℃，30～40 d发芽，发芽后置于向阳通风处。

结实不良的仙客来品种，可采用分割块茎法繁殖，在8月下旬块茎即将萌动时，将其自顶部纵切分成几块，每块带一个芽眼。切口应涂抹草木灰。稍微晾晒后即可分栽于花盆内，不久可展叶开花。

2.生产要点

栽培时土壤宜疏松，可用腐叶土(泥炭土)、壤土、粗沙加入适量骨粉、豆饼等配制。培养土消毒后使用。

仙客来的栽培管理大致可分为5个阶段。

苗期：播种的仙客来，播种苗长出1片真叶时，要进行分苗，盆土以腐叶土5份、壤土3份、河沙2份的比例配制，栽培深度应使小块茎顶部与土面相平，栽后浇透水，置于温度13℃左右的环境中，适当遮阳。缓苗后逐渐给以光照，加强通风，适当浇水，勿使盆土干燥，同时适量进行施肥，以氮肥为主，施肥时切忌肥水沾污叶片，否则易引起叶片腐烂，施肥后要及时洒水清洁叶面。

当小苗长至5片真叶时进行上盆定植，盆土用腐叶土、壤土、河沙按5∶3∶2配制而成，可加入厩肥或骨粉作基肥。上盆时球茎应露出土面1/3左右，以免妨碍花茎、幼芽长出，并注意勿伤根系。覆土压实后浇透水。

夏季保苗阶段：第一年的小球6—8月生长停滞，处于半休眠状态。因夏季气温高，可把盆花移到室外阴凉、通风的地方，注意防雨。若仍留在室内，也要进行遮阳，并摆放在通风的地方。这个时期要适当浇水，停止施肥。北方因空气干燥，可适当喷水。

第一年开花阶段：入秋后换盆，并逐步增加浇水量、施薄肥。10月应移入室内，放在阳光充足处，并适当增施磷、钾肥，以利开花。11月花蕾出现后，应停止施肥，给予充足的光照，保持盆土湿润。一般11月开花，翌年4月中、下旬结果。留种母株春季应放在通风、光照充足处，水分、湿度不宜过大，可将花盆架高，以免果实着地、腐烂。

夏季球根休眠阶段：5月后，叶片逐渐发黄，应逐渐停止浇水，两年以上的老球，夏季抵抗力弱，入夏即落叶休眠，应放在通风、遮阴、凉爽处，少浇水，停止施肥，使球根安全越夏。

第二年开花阶段：入秋后再换盆，在温室内养护至12月又可开花。4～5年及以上的老球花旦多，但质量差且不好养护，一般均应淘汰。

仙客来属于日中性植物，影响花芽分化的主要环境因子是温度，其适温是15～18℃，小苗期温度可以高些，控制在20～25℃，因此可以通过调节播种期及利用控制环境因子或使用化学药剂，打破或延迟休眠期来控制花期。

仙客来主要病害有灰霉病、炭疽病、细菌性软腐病等。灰霉病在发病初期可用1∶1∶200的波尔多液防治。炭疽病可用50%多菌灵或托布津500倍液防治。细菌性软腐病发病初期用4000倍农用链霉素防治。此外注意防治根结线虫病和病毒病，仙客来主要虫害有蚜虫和螨类。用50%辟蚜雾2000倍防治蚜虫，15%氯螨净2000倍防治螨类。

(五)园林应用

仙客来花型奇特，株型优美，花色艳丽，花期长，花期又正值春节前后，可盆栽，用以节日布置或作家庭点缀装饰，也可作切花。

十、大岩桐

大岩桐(*Sinningia speciosa* Benth. et Hook)，别名：落雪泥。科属：苦苣苔科，大岩桐属。见图6-10。

图6-10　大岩桐

(一)形态特征

多年生草本。地下部分具有块茎，初为圆形，后为扁圆形，中部下凹。地上茎极短，全株密被白色茸毛，株高15～25 cm。叶对生，卵圆形或长椭圆形，肥厚而大，有锯齿，叶背稍带红色。花顶生或腋生，花冠钟状，5～6浅裂，有粉红、红、紫蓝、白、复色等色，花期4—11月，夏季盛花。蒴果，花后1个月种子成熟，种子极细，褐色。

(二)类型及品种

常见栽培的主要类型:厚叶型、大花型、重瓣型、多花型。

(三)生态习性

原产巴西,世界各地温室栽培。喜温暖、潮湿,忌阳光直射,生长适温 18～32℃。在生长期,要求高温、湿润及半阴的环境。有一定的抗炎热能力,但夏季宜保持凉爽,23℃左右有利于开花,冬季休眠期保持干燥,温度控制在 8～10℃。不喜大水,避免雨水侵入。喜疏松、肥沃的微酸性土壤,冬季落叶休眠,块茎在 5℃左右的温度中,可以安全过冬。

(四)生产技术

1. 繁殖技术

大岩桐可用播种、扦插和分球茎等方法来进行繁殖。

扦插法:可用芽插和叶插。块茎栽植后常发生数枚新芽,当芽长 4 cm 左右时,选留 1～2 个芽生长开花,其余的可取之扦插,保持 21～25℃温度及较高的空气湿度和半阴的条件,半个月可生根。叶插在温室中全年都可进行,但以 5—6 月及 8—9 月扦插最好。选生长充实的叶片,带叶柄切下,斜插入干净的基质中,基质可用河沙、蛭石或珍珠岩等。10 d 后开始生根。为了提高叶片的利用率增加繁殖系数,可把叶片沿主脉和侧脉切割成许多小块,逐一插入基质中,这样一片叶可分插 50 株左右,大大提高了繁殖率。

分球法:选生长 2～3 年的植株,在新芽生出时进行。用利刀将块茎分割成数块,每块都带芽眼,切口涂抹草木灰后栽植。初栽时不可施肥,也不可浇水过多,以免切口腐烂。

播种:温室中周年均可进行,以 10—12 月播种最佳。从播种到开花需 5～8 个月。播前用温水将种子浸泡 24 h,以促其提早发芽。在 18.5℃的温度条件下约 10 d 出苗,出苗后让其逐渐见阳光,当幼苗长出 2 枚真叶时及时分苗。待幼苗 5～6 枚真叶时,移植到 7 cm 口径盆中。最后定植于 14～16 cm 口径的盆中。定植时给予充足基肥,在移植后 1 周开始追施稀薄液肥,每周 1 次即可。

2. 生产要点

温度:大岩桐生长适温:1—10 月为 18～32℃,10 月至翌年 1 月为 10～12℃。冬季休眠期盆土宜保持稍干燥,若温度低于 8℃,空气湿度又大,会引起块茎腐烂。

湿度:大岩桐喜湿润环境,生长期要维持较高的空气湿度,浇水应根据花盆干湿程度每天浇 1～2 次水。

光照:大岩桐喜半阴环境,故生长期要注意避免强烈的日光照射。

施肥:大岩桐喜肥,从叶片伸展后到开花前每隔 10～15 d 应施稀薄的饼肥水一次。当花芽形成时,需增施一次骨粉或过磷酸钙。花期要注意避免雨淋。开花后若培养土肥沃加上管理得当,它不久又会抽出第二批花蕾。从 5 月到 9 月可开花不断。

栽培应注意以下问题:

大岩桐叶面上生有许多茸毛,因此,注意肥水不可施在叶面上,以免引起叶片腐烂。

大岩桐不耐寒,在冬季植株的叶片会逐渐枯死而进入休眠期。此时可把地下的块茎挖出贮藏于阴凉干燥的沙中越冬,温度不低于 8℃,待到翌年春暖时再用新土栽植。

生长过程中要注意防治腐烂病和疫病,腐烂病主要以预防为主,栽植前用甲醛对土壤进行消毒,浇水时避免把水浇到植株上。疫病防治,浇水避免顶浇,盆土不能过湿,发病初期喷施 72.2%普力克水剂 600 倍液。

(五)园林应用

大岩桐小巧玲珑，花大色艳，花期夏季，堪称夏季室内佳品。

一一、朱顶红

朱顶红(*Hippeastrum vittatum* Herb.)，别名：百枝莲、孤挺花、花胄兰、对红。科属：石蒜科，朱顶红属(百枝莲属、孤挺花属)。见图 6-11。

图 6-11　朱顶红

(一)形态特征

地下鳞茎球形。叶着生于鳞茎顶部，4～8 枚呈二列叠生，带状。花、叶同发，或叶发后数日即抽花葶。花葶粗壮，直立，中空，高出叶丛。近伞形花序，每个花序着花 4～6 朵，花大，漏斗状，花径 10～13 cm，红色或具白色条纹，或白色具红色、紫色条纹。花期 4—6 月。果实球形，种子扁平。

(二)类型及品种

朱顶红属植物园艺品种很多，可分为两大类：一类为大花圆瓣类，花大型，花瓣先端圆钝，有许多色彩鲜明的品种，多用于盆栽观赏；另一类为尖瓣类，花瓣先端尖，性强健，适于促成栽培，多用于切花生产。

常见种类：孤挺花(*H. paniceum*)，王百枝莲(*H. reginea*)，网纹百枝莲(*H. reticulatum*)。

(三)生态习性

原产秘鲁，世界各地广泛栽培，我国南北各省均有栽培。春植球根，喜温暖，生长适温 18～25℃，冬季休眠期要求冷凉干燥，适合 5～10℃的温度。喜阳光，但光线不宜过强。喜湿润，但畏涝。喜肥，要求富含有机质的沙质壤土。

(四)生产技术

1. 繁殖技术

朱顶红花期在 2—5 月，花后 30～40 d 种子成熟。采种后要立即播于浅盆中，覆土厚度 0.2 cm，上盖玻璃置于半阴处，经 10～15 d 可出苗。幼苗长出 2 片真叶时分栽，以后逐渐换大盆，2～3 年后可开花。

分球：花谢后结合换盆，将母株鳞茎四周产生的小鳞茎切下另栽即可。

2. 生产要点

朱顶红在长江流域以南可露地越冬，华北地区仅作温室栽培。3—4 月将越冬休眠的种球进行栽种，一般从种植至开花需 6～8 周。培养土可用等量的腐叶土、壤土、堆肥土配制。朱顶红栽植时顶端要露出 1/4～1/3。浇一次透水，放在温暖、阳光充足之处，少浇水，仅保持盆土湿润即可。

发芽长出叶片后，逐渐见阳光，当叶长 5～6 cm 时开始追肥，每隔 10～15 d 追施 1 次蹄角片液肥，花箭形成时，施两次1%磷酸二氢钾，谢花后每20 d施饼肥水一次，促使鳞茎肥大。朱顶红浇水要适当，一般以保持盆土湿润为宜，随着叶片的增加可增加浇水量，花期水分要充足，花后水分要控制，以盆土稍干为好。

10月下旬入室越冬，将盆置干燥庇荫处，室温保持5～10℃，可挖出鳞茎贮藏，也可直接保留在盆内，少浇水，保持球根不枯萎即可。露地栽培的略加覆土就可安全越冬，通常隔2～3年挖球重栽一次；盆中越冬的，春暖后应换盆或换土。

朱顶红常见病害有红斑病、病毒病等。红斑病喷洒75%百菌清700倍液防治。病毒病防治要严格挑选无毒种球，防治传毒蚜虫，手和工具注意消毒。

（五）园林应用

朱顶红花大、色艳，栽培容易，常作盆栽观赏或作切花，也可露地布置花坛。

十二、天竺葵

天竺葵（*Pelargonium hortorum*），别名：入腊红、石腊红、洋绣球。科属：牻牛儿苗科，天竺葵属。见图6-12。

（一）形态特征

多年生草本花卉，全株有特殊气味。基部茎稍木质，茎肥厚略带肉质多汁，整个植株密生茸毛。单叶对生或近对生，叶心脏形，边缘为钝锯齿，或浅裂，叶绿色。伞形花序，腋生或顶生，花序柄较长，花蕾下垂。花色有红、白、橙黄等色，还有双色。外面瓣大，内面瓣小。全年开花，盛花期4—5月。

图6-12　天竺葵

（二）类型及品种

园林中常用种类：马蹄纹天竺葵（*P. zonale*），大花天竺葵（*P. domesticum*），香叶天竺葵（*P. graveolens*），豆蔻香天竺葵（*P. odoratissimum*）。

（三）生态习性

原产于南非。性喜冷凉气候，能耐0℃低温，忌炎热，夏季为半休眠状态。喜阳光充足的环境。要求土壤肥沃、疏松、排水良好，怕积水。冬季需保持室温为10℃左右。

（四）生产技术

1. 繁殖技术

以扦插繁殖为主，除夏季外，其余时间均可以进行，插穗最好选用带有顶梢的枝条，切口宜稍干燥后再插，插好后应置于半阴处，并使室温保持在13～18℃，大约两周便可生根。播种温度13℃，7～10 d发芽，半年到一年可开花。

2. 生产要点

扦插苗生根后及早炼苗，炼苗 7～10 d 后转入盆栽。上盆时施足基肥，生长期施 2～3 次追肥。在栽培时应适当进行摘心，以促使多产生侧枝，以利于开花。整个生长期浇水不能过多。花后一般进行短截修剪，目的是使植株生长健壮，圆满而美观，剪后一周内不浇水，不施肥，以使剪口干缩避免水湿而腐烂。此外，天竺葵喜阳光，放置地要阳光通透，注意调整盆间距，及时剥除变黄老叶及少量遮光的大叶。一般盆栽经 3～4 年后老株就需进行更新。在栽培过程中利用矮壮素和赤霉素处理，可使植株低矮，株型圆整，提早开花。

潮湿低温，通风透光不良，易发灰霉病，生产上应注意排湿，通风透光，发病前喷洒克菌丹 800～1 000 倍液预防。

(五)园林应用

天竺葵株丛紧密，花极繁密，花团锦簇，花期长，是重要的盆栽观赏植物。有些种类常在春、夏季作花坛布置。香叶天竺葵可提取香精，供化妆品、香皂工业用，常作为经济作物大片栽植。

十三、马蹄莲

马蹄莲(*Zantedeschia aethiopica* Spreng)，别名：水芋、观音莲、慈姑花。科属：天南星科，马蹄莲属。见图 6-13。

图 6-13　马蹄莲

(一)形态特征

多年生草本。地下具肉质块茎。叶基生，具粗壮长柄，叶柄上部具棱，下部呈鞘状抱茎，叶片箭形，全缘，具平行脉，绿色有光泽。花梗粗壮，高出叶丛，肉穗花序圆柱状，黄色，藏于佛焰苞内，佛焰苞白色，形大，似马蹄状，花序上部为雄花，下部为雌花。温室栽培花期 12 月至翌年 5 月，盛花期 2—4 月，果实为浆果。

(二)类型及品种

同属有 8 种，常栽培的有：

1. 银星马蹄莲

叶片上有银白色斑点，叶柄较短，佛焰苞为白色，花期 7—8 月。

2. 黄花马蹄莲

株高 60～100 cm，叶有半透明斑，叶柄较长，佛焰苞黄色，花期 5—6 月。

3. 红花马蹄莲

株型矮小，20～30 cm，叶片呈窄戟形，佛焰苞粉色至红色，也有白色，花期 4—6 月。

(三)生态习性

马蹄莲原产南非，现我国各地广为栽培。为秋植球根花卉。喜温暖气候，生长适温为 15～25℃，能耐 4℃低温，夜温 10℃以上生长开花好，冬季如室温低，会推迟花期。性喜阳光，也能耐阴，开花期需充足阳光，否则花少，佛焰苞常呈绿色。喜土壤湿润和较高的空气湿度。忌炎热，夏季高温植株呈枯萎或半枯萎状态，块茎进入休眠。适于富含腐殖质、排水良好的沙壤土。

（四）生产技术

1. 繁殖技术

播种或分株繁殖。果实成熟后，剥出种子播种，栽培2～3年即可开花，一般用分株繁殖。可在9月初，对休眠贮藏的块茎，分别将大、小块茎分开，大块茎用于栽植观花，小块茎培养2年后也可开花。

2. 生产要点

马蹄莲盆栽于8—9月栽植，每盆植球4～5个。盆土要用疏松肥沃的土壤，施足基肥。稍予遮荫，以便保持湿润，出芽后置阳光下，每周追肥一次。注意勿将肥水浇入叶鞘内。天凉移入温室养护，室内忌烟熏。马蹄莲喜湿，生长期间应充分浇水，在叶面、地面经常洒水，保持较高的空气湿度。枝叶繁茂时需将外部老叶摘除，以利于花梗抽出。3—4月为盛花期，可施1%磷酸二氢钾。开花后，植株因天气转热而枯黄，此时减少浇水，让其干燥，以利其休眠。叶全部枯黄后，取出块茎，放置通风阴凉处贮藏，待秋季栽植前将块茎的底部衰老部分去除后重新上盆栽植。

马蹄莲病害主要有叶霉病、叶斑病、根腐病、软腐病等。叶霉病防治主要预防为主，采用无病植株或种子，播种前用0.2%多菌灵浸种30 min后再播。叶斑病可用50%多菌灵800倍液防治。根腐病为土传病害，可用0.4%土菌消喷洒土壤。软腐病属于细菌性病害，初发病时可用1 000 mg/L的农用链霉素浇灌盆土。

（五）园林应用

马蹄莲花形奇特，花苞纯白，状如马蹄，清秀挺拔，叶色翠绿，轻盈多姿，苍翠欲滴，花叶两绝。鲜黄色的肉穗花序，直立的佛焰苞，像观音端坐莲座上，是书房、客厅的良好盆栽花卉，也是重要的切花材料。

十四、八仙花

八仙花（*Hydrangea macrophyla*），别名：绣球、阴绣球、草绣球、紫阳花。科属：虎耳草科，绣球花属。为常绿多年生木本花卉。见图6-14。

（一）形态特征

株高1～4 m，小枝粗壮，有明显的皮孔与叶迹。叶对生，大而稍厚。椭圆形至阔卵形，边缘有锯齿，叶柄粗。由许多不孕花组成顶生伞房花序，呈球形，直径可达20 cm，不孕花有4枚花瓣状的萼片，初开放时白色，渐转蓝色或水红色，色彩多变。

（二）类型及品种

八仙花的主要栽培变种有：

（1）紫阳花　叶质较厚，花序为圆球形，直径可达20 cm，为不孕花，花色为蓝色或淡红色，极其美丽，在园林中被大量栽培。

图 6-14　八仙花

(2)大八仙花　花全为不孕性，萼片为卵形，全缘。原产日本。

(3)蓝边八仙花　花为两性，深蓝色，边缘的花有蓝色和白色。

(4)银边八仙花　叶片较狭小，边缘为白色，花序具有可孕花和不孕花两种，是良好的观叶植物。

(5)齿瓣八仙花　花为白色，花瓣边缘具有齿牙。

(6)紫茎八仙花　花茎为暗紫色或接近黑色。

(三)生态习性

原产于中国南方，系暖温带花卉，喜温暖阴湿，耐寒力弱，在富含腐殖质、湿润、排水良好、通气性强的轻壤土中生长良好，且花期较长。花色的变化与土壤酸碱度有关，植于酸性土中花为蓝色，碱性土中为红色。地上部分经霜枯萎，翌年春再由根茎萌发新梢。在寒冷地区难以露地越冬，可盆栽于冬季置放在冷室内，6—7 月开花，可延续到下霜。

(四)生产技术

1. 繁殖技术

扦插、分株、压条繁殖均可。扦插时期除严冬外，其余季节皆可进行，成活率高。分株压条宜在叶芽萌动前进行。

2. 生产要点

花后追肥并及时剪除花枝，促进新枝生长。新枝长 8～10 cm 时，可进行截梢，使芽充实。冬季应剪去未木质化的枝条。盆栽置于冷室前要摘除叶片，以免烂叶，还应注意节水，因其肉质根易烂根。

(五)园林应用

八仙花花大色艳，且较为耐阴，宜配置于疏林下及行道树旁，列植为花篱、花境或丛植于庭园一角。也可作切花及插花的材料。

任务三　观花木本花卉盆栽

一、茶花

茶花(*Camelia japonica* L.)，别名：山茶花、山茶、耐冬。科属：山茶科，山茶属。见图 6-15。

(一)形态特征

图 6-15　茶花

茶花为常绿灌木或小乔木，枝条黄褐色，小枝呈绿色或绿紫色至紫褐色。叶片革质，互生，卵形至倒卵形，先端渐尖或急尖，基部楔形至近半圆形，边缘有锯齿，叶片正面为深绿色，多数有光泽，背面较淡，叶片光滑无毛，叶柄粗短，有柔毛或无毛。花两性，常单生或2～3朵着生于枝梢顶端或叶腋间。花梗极短或不明显，苞片9～13片，覆瓦状排列，被茸毛。花单瓣或重瓣，花色有红、白、粉、玫瑰红及杂有斑纹等不同花色，花期2—4月。

(二)类型及品种

茶花按花瓣形状、数量、排列方式分为：

1. 单瓣类

花瓣一层，仅5～6片，抗性强，多地栽。主要品种有铁壳红、锦袍、馨口、金心系列。

2. 文瓣类

花瓣平展，排列整齐有序，又分为：

(1)半文瓣　大花瓣2～5轮，中心有细瓣卷曲或平伸、瓣尖有雄蕊夹杂，常见品种有六角宝塔、粉荷花、桃红牡丹。

(2)全文瓣　花蕊完全退化，从外轮大瓣起，花瓣逐渐变小，雄蕊全无。主要品种有白十八、白宝塔、东方亮、玛瑙、粉霞、大朱砂。

3. 武瓣类

花重瓣，花瓣不规则，有扭曲起伏等变化，排列不整齐，雄蕊混生于卷曲花瓣间，又可分托桂型、皇冠型、绣球型。主要品种有石榴红、金盆荔枝、大红宝珠、鹤顶红、白芙蓉、大红球。

(三)生态习性

原产于中国东部、西南部，为温带树种，现全国各地广泛栽培。茶花性喜温暖湿润的环境条件，生长适温为18～25℃。忌烈日，喜半阴。要求蔽荫度为50%左右，若遭烈日直射，嫩叶易灼伤，造成生长衰弱。在短日照条件下，枝茎处于休眠状态，花芽分化需每天日照13.5～16.0 h，过少则不形成花芽，然而，花蕾的开放则要求短日照条件，即使温度适宜，长日照也会使花蕾大量脱落。茶花喜空气湿度大，忌干燥，要求土壤水分充足和良好的排水条件。喜深厚肥沃、微酸性的沙壤土。pH 5.0～6.5为宜。

(四)生产技术

1. 繁殖技术

茶花可用扦插、嫁接、高空压条等方法繁殖。

(1)扦插　扦插在春末夏初和夏末秋初进行。选树冠外部生长充实、叶芽饱满、无病虫害的当年生半木质化的枝条作插穗，长5～10 cm，先端留2～4片叶，剪取时基部带踵易生根。扦插基质用素沙、珍珠岩、松针、蛭石等较好。插入基质中3 cm左右，浅插生根快，过深生根慢。插后要及时用细孔喷壶喷透水，插床上应遮阳，叶面每天要喷3～4次水，1个月后逐步见光。

(2)嫁接　优良品种发根较困难，因此多采用嫁接法繁殖，时间在4—9月，春末效果好，嫁接采用靠接和切接法，砧木多用单瓣品种或油茶苗，也可高接换头或1株多头。

(3)高空压条　对于一些优良品种也可采用高空压条法繁殖，在4—6月间进行，选母株上健壮外围枝，由顶端往下约30 cm处，环剥1～2 cm宽，再用1 000 mg/L吲哚乙酸溶液涂在环剥伤口处，然后用湿润的基质包住伤口，用塑料条绑扎牢固，再包塑料袋。在20～30℃条件下，2个月可生根，切离母株成苗。

2. 生产要点

茶花的栽培有露地栽培和盆栽两种。

(1)露地栽培　常在我国长江以南温暖地区露地栽植。栽植地应选择半阴，通风良好，土壤肥沃、疏松、富含腐殖质，排水良好的场地。以秋季栽植为宜，栽植时，应尽可能带土球移植。栽植时把地上部残枝、过密枝修剪掉，成活后及时浇水，中耕除草，防治病虫害。

(2)盆栽技术　茶花盆栽用盆最好选用透气、透水性强的泥瓦盆，南方多使用山泥作培养土。没有山泥的地方可选用腐叶土4份，堆肥土3份和沙土3份配制成培养土，小苗1～2年换盆1次，5年生以上大苗2～3年换盆1次。换盆宜在开花后进行，在盆底垫蹄片或油渣少许。每年出室后应放在荫蔽处，防止强光直射，秋末多见光，以利于植株型成花蕾。

茶花浇水最好用雨水或雪水，如用自来水需放在缸内存放2～3 d方可使用。山茶根细弱，浇水过多易烂根，过少则落叶落蕾，日常多向叶面喷水，土壤保持半湿。

茶花施肥以有机肥为主，辅以化肥。在花谢后及时施氮肥1～2次，每10 d 1次，以促发新枝生长。5月份后，施氮、磷结合的肥料1～2次，每半个月1次，以促进花芽分化。夏季生长基本停止，不施肥或少施肥。秋季追施磷、钾肥。施肥以稀薄液肥与矾肥水相间施用，使土壤保持酸性，并能使肥效提高。

茶花忌烈日，喜半阴，因而炎热夏季，应遮荫、喷水、通风等，若温度超过35℃，则易出现日灼，叶片枯萎，翻卷，生长不良。

在温度5～10℃时就应移入室内。当花蕾长到黄豆粒大小时进行疏蕾，每枝头留一个蕾，其余摘去，花谢后及时摘除残花，以免消耗养分。注意整形修剪。

茶花主要病害有炭疽病、灰斑病等。炭疽病在高温高湿，多雨季节发病严重，在新梢萌发后喷洒1%波尔多液预防，发病初期喷50%托布津500～800倍液防治。灰斑病可参照炭疽病的防治方法。山茶主要虫害有茶毛虫、介壳虫、蚜虫、红蜘蛛等。及时喷杀虫剂灭杀。

(五)园林应用

茶花是中国著名的传统名花之一。树姿优美，四季常绿，花色娇艳，花期较长，象征吉祥福瑞。茶花具有很高的观赏价值，特别是盛开之时，给人以生机盎然的春意。花的色、姿、韵，怡情悦意，美不胜收。茶花广泛应用于公园、庭院、街头、广场、绿地，又可盆栽，美花居室、客厅、阳台。

二、杜鹃

杜鹃(*Rhododendroon simsii* Planch.)，别名：映山红、照山红、野山红。科属：杜鹃花科，杜鹃花属。见图6-16。

(一)形态特征

枝多而纤细;单叶,互生;春季叶纸质,夏季叶革质,卵形或椭圆形,先端钝尖,基部楔形,全缘,叶面暗绿,疏生白色糙毛,叶背淡绿,密被棕色糙毛;叶柄短;花两性,2～6 朵簇生于枝顶,花冠漏斗状,蔷薇色、鲜红色或深红色;萼片小,有毛;花期 4—5 月。

图 6-16 杜鹃

(二)类型及品种

杜鹃花属植物有 900 多种,我国就占 600 种之多,除新疆、宁夏外,南北各地均有分布,尤其以云南、西藏、四川种类最多,为杜鹃花属的世界分布中心。杜鹃是我国传统名贵花卉,栽培历史悠久。中国杜鹃花在民间有许多传说故事,在花卉中被誉为“花中西施”。18—19 世纪欧美国家大量地从我国云南、四川等地采集种子,猎取标本,进行分类、培育。他们用中国杜鹃与其他地方产的杜鹃进行杂交,选育出了一批新品种,其中以比利时根特市的园艺学者育出的大花型、并适合冬季催花的品种最受欢迎,被称为比利时杜鹃,也称西鹃。

杜鹃根据亲本来源、形态特征、特性可分为分东鹃、夏鹃和毛鹃、西鹃。

1. 东鹃

东鹃自然花期 4—5 月,引种日本。叶小而薄,色淡绿,枝条纤细,多横枝。花小型,花径 2～4 cm,喇叭状,单瓣或重瓣。东鹃代表种有新天地、碧止、雪月、日之出等。

2. 夏鹃

夏鹃原产于印度和日本,日本称皋月杜鹃。先发枝叶后开花,是开花最晚的种类。自然花期在 6 月前后。叶小而薄,分枝细密,冠形丰满。花中至大型,直径在 6 cm 以上,单瓣或重瓣。夏鹃代表种有长华、陈家银红、五宝绿珠、大红袍等。

3. 毛鹃

毛鹃又称毛叶杜鹃,本种包括锦绣杜鹃、毛叶杜鹃及其变种。自然花期 4—5 月。树体高大,可达 2 m 以上,发枝粗长,叶长椭圆形,多毛。花单瓣或重瓣,单色,少有复色。毛鹃代表种有玉蝴蝶、琉球红、紫蝴蝶、玉玲等。

4. 西鹃

西鹃最早在荷兰、比利时育成,系皋月杜鹃、映山红及白毛杜鹃等反复杂交选育而成。自然花期 2—5 月。有的品种夏秋季也开花。树体低矮,高 0.5～1 m,发枝粗短,枝叶稠密,叶片毛少。花型花色多变,多数重瓣,少有半重瓣。西鹃代表种有锦袍、五宝珠、晚霞、粉天惠、王冠、四海波、富贵姬、天女舞等。

(三)生态习性

杜鹃原产于中国,性喜凉爽气候,忌高温炎热;喜半阴,忌烈日暴晒,在烈日下嫩叶易灼伤枯死;最适生长温度 15～25℃,若温度超过 30℃或低于 5℃则生长不良。喜湿润气候,忌干燥多风;要求富含腐殖质、疏松、湿润及 pH 5.5～6.5 的酸性土。忌低洼积水。

(四)生产技术

1.繁殖技术

杜鹃繁殖可用播种、扦插、嫁接、压条等方法。

(1)播种法　生产上很少采用种子繁殖,只有在以下几种情况下使用:一是培育砧木用;二是杂交育种获得新品种时用;三是遇到优良的野生种需要引种时用。保持温度15～20℃,约20 d即可出苗。

(2)扦插繁殖　杜鹃扦插适宜季节为春、秋两季,选用当年生绿枝或结合修剪硬枝插,春季更易生根。插穗应生长健壮,无病虫害,半木质化或木质化当年新梢,长5～10 cm,摘去下部叶片,留4～5片上部叶片。选用蛭石、细沙或松针叶为基质,深度为插穗长的1/3～1/2。在半阴环境,喷雾保湿培养1个月可生根。

(3)嫁接繁殖　一般采用嫩枝顶断劈接,时间在5—6月。砧木多用毛白杜鹃或其变种,如毛叶青莲、玉蝴蝶、紫蝴蝶等。选2年生独干植株作砧木。接穗要求品质纯,径粗与砧木相近或略小,枝条健壮,无病虫害,长度为3～4 cm,留上部2～3片叶,将基部削成长0.5～1.0 cm平滑楔形。将砧木当年新梢3～4 cm处剪断,摘除叶片,纵切1 cm左右,插入接穗,对准形成层。绑扎紧密后,套塑料袋保湿,2个月后去袋。

(4)压条繁殖　一般用高压法,在春末夏初进行,3个月生根,成活率较高。

2.生产要点

杜鹃是典型酸性土花卉,对土壤酸碱度要求严格。适宜的土壤pH 5～6,pH超过8,则叶片黄化,生长不良而逐渐死亡。培养土可选用落叶松针叶,或林下腐叶土、泥炭土、黑山泥等栽培,再加入人工配制肥料和调酸药剂效果最好。上盆在春季出室和秋季入室时进行,上盆后要留"沿口"。浇透水,扶正苗,放阴处缓苗1周。每隔3～4年换盆一次,杜鹃花须根细弱,要注意保护,换盆时只去掉部分枯根,切不可弄散土坨。

杜鹃对水分特别敏感,栽培管理上应注意浇水问题。生长季节浇水不及时,根端失水萎缩,随之叶片下垂或卷曲,嫩叶从尖端起变成焦黄色,最后全株枯黄。浇水太勤太多则易烂根,轻者叶片变黄,早落,生长停止,严重时会引起死亡。浇水要根据植株大小、盆土干湿和天气情况而定,水质要清洁卫生,水质要酸性。夏日白天要向叶面喷水,午间向地面喷水降温,浇水不能过多,以增加空气湿度为准。

施肥也是栽培杜鹃的重要环节。基肥用长效肥料如蹄甲片、骨粉、饼肥等有机肥料,在上盆或换盆时埋入盆土中下层。追肥应用速效肥,应薄肥勤施,开花前每10 d追施一次磷肥,连续进行2～3次;露色至开花应停止施肥;开花以后,应立即补施氮肥;7—8月生长停滞不宜施肥;秋凉季节一般7～10 d追施一次磷肥,直至冬季使花蕾充实,可定期浇施"矾肥水"。

杜鹃在春、秋、冬三季要充足光照,夏季强光高温时,要遮阳,保持透光率40%～60%。在秋冬季应适当增加光照,只在中午遮阳,以利于形成花芽。

杜鹃具有很强的萌芽力,栽培中应注意修剪,以保持株型完美。常用的方法有摘心、剥蕾、抹芽、疏枝、短截等,上盆后苗高15 cm时进行摘心,促进侧枝形成和生长,并及时抹除多余枝条,内膛的弱枝、枯老枝、过多的花蕾要随时剪除。杜鹃修剪量每次不能过大,以疏剪为主。

杜鹃常见病害有褐斑病、叶肿病等。发病初期喷洒70%甲基托布津1 000倍液,连喷2～3次,可有效防治褐斑病。叶肿病可在发芽前喷施石硫合剂,展叶后喷2%波尔多液2～

3 次防治。常见虫害有红蜘蛛、军配虫等。红蜘蛛在夏季高温干燥时盛行，为害严重，可用杀螨醇 1 000 倍液防治。军配虫可在 5 月第一代若虫期用 50%杀螟松 1 000 倍液防治。

(五)园林应用

杜鹃为我国传统名花，它因种类、花型、花色的多样性被人们称为"花木之王"。在园林中宜丛植于林下、溪旁、池畔等地，也可用于布置庭院或与园林建筑相配置，也是布置会场、厅堂的理想盆花。

三、一品红

一品红(*Euphorbia pulcherrima* Willd.)，别名：象牙红、圣诞树、星湼木、老来娇。科属：大戟科，大戟属。见图 6-17。

图 6-17　一品红

(一)形态特征

茎光滑，淡黄绿色，含乳汁。单叶，互生，卵状椭圆形乃至披针形，全缘或具波状齿，有时具浅裂；顶生杯状花序，下具 12～15 枚披针形苞片，开花时红色，是主要观赏部位。花小，无花被，鹅黄色。着生于总苞内，花期恰逢圣诞节前后，所以又称圣诞树。

(二)类型及品种

目前，栽培的主要园艺变种有：一品白(var. *alba*)，开花时总苞片乳白色。一品粉(var. *rosea*)，开花时总苞片粉红色。重瓣一品红(var. *plenissima*)，顶部总苞下叶片和瓣化的花序形成多层瓣化瓣，红色。

(三)生态习性

原产于墨西哥及中美洲，我国南北均有栽培，在我国云南、广东、广西等地可露地栽培，北方多为盆栽观赏。喜温暖、湿润气候及阳光充足，光照不足可造成徒长、落叶。忌干旱，怕积水，对水分要求严格。土壤湿度过大会引起根部发病，进而导致落叶；土壤湿度不足，植株生长不良，并会导致落叶。耐寒性弱，冬季温度不得低于 15℃，为典型的短日照花卉，在日照 10 h 左右，温度高于 18℃的条件下开花，要求肥沃湿润而排水良好的微酸性土壤。

(四)生产技术

1. 繁殖技术

多用扦插繁殖，嫩枝及硬枝扦插均可，但以嫩枝扦插生根快，成活率高。扦插时期以 5—6 月最好，越晚插则植株越矮小，花叶也渐小，老化也早。扦插时选取健壮枝条，剪成 10～15 cm 作插穗，切口立即蘸以草木灰，以防白色乳液堵塞导管而影响成活。稍干后再插于基质中，扦插基质用细沙土或蛭石，扦插深度 4～5 cm，温度保持 20℃左右，保持空气湿润。20 d 左右即可生根，2～3 个月后新梢长到 10～12 cm 时即可分栽上盆，当年冬天开花。

2. 生产要点

扦插成活后，应及时上盆。盆土以泥炭为主，加上蛭石或陶粒或沙混合而成，基质一定要严格消毒，并将 pH 调到 5.5～6.5。一品红对水分十分敏感，怕涝，一定要在盆底加上一层碎瓦片。

一品红怕旱又怕涝，浇水时要注意。生长初期气温不高，植株不大，浇水要少些；夏季气温高，枝叶生长旺盛，需水量多，浇水一定要充分，并向植株四周洒水，以增加空气湿度。但栽培中要适当控制水分，以免水分多引起徒长，破坏株型。一品红整个生长期都要给予充足的肥水，每周追施 1 次液体肥料，8 月以后直至开花，每隔 7～10 d，施一次氮磷结合的叶肥，接近开花时，增施磷肥，使苞片更大，更艳。

一品红必须放在阳光充足处，光照不足，容易徒长。盆间不能太拥挤，以利于通风，避免徒长。盆位置定下后切勿移动，否则会造成黄叶。

一品红不耐寒，北方地区每年 10 月上旬要移入温室内栽培，冬季室温保持 20℃，夜间温度不低于 15℃。吐蕾开花期若低于 15℃，则花、叶发育不良。进入开花期要注意通风，保持温暖和充足的光照，开花后减少浇水，进行修剪，促使其休眠。

对于普通的一品红品种为使其矮化，常采取以下措施：

(1)修剪　通过修剪截顶控制高度，促进分枝。第一次在 6 月下旬新梢长到 20 cm 时，保留 1～2 节重剪，第二次在立秋前后再保留 1～2 节，并剥芽一次，保留 5～7 个高度一致的枝条。

(2)生长抑制剂　每半月用 5 000 mg/L 多效唑，2 500 mg/L 矮壮素灌根。

(3)作弯造型　新梢每生长 15～20 cm 就要作弯 1 次。作弯通常在午后枝条水分较少时进行。先捏扭一下枝条，使之稍稍变软后再弯。作弯时要注意枝条分布均匀，保持同样的高度和作弯方向。最后一次整枝应在开花前 20 d 左右，使枝条在开花前长出 15 cm 左右。若作弯过早，枝条生长过长容易摇摆，株态不美；过晚则枝条抽生太短，观赏价值不高。

一品红为短日照花卉，利用短日照处理可使提前开花。一般给 8～9 h 光照，经 45～60 d 左右便可开花。

一品红病害有褐斑病、溃疡病等。褐斑病可用 1∶1∶100 倍波尔多液或 50%多菌灵 500 倍液防治。溃疡病防治，插条用 68%农用硫酸链霉素 1 000 倍液浸泡 30 min，预防插条带菌，发病后，喷施 68%或 72%农用硫酸链霉素水溶性粉剂 2 000 倍液。一品红虫害有水木坚蚧，冬季或早春喷施石硫合剂，防治越冬若虫，5—6 月喷施 50%速扑杀 1 500 倍液。

(五)园林应用

一品红株型端正，叶色浓绿，花色艳丽，开花时覆盖全株，色彩浓烈，花期长达 2 个月，有极强的装饰效果，是西方圣诞节的传统盆花。一品红成为必不可少的节日用花，象征着普天同庆。在中国大部分地区作盆花观赏或用于室外花坛布置，是“十一”常用花坛花卉。也可用作切花。

四、米兰

米兰(*Aglaia odorata* Lour.)，别名：米仔兰、树兰、鱼子兰、碎米兰。科属：楝科，米仔兰属。见图 6-18。

(一)形态特征

高可达 4～5 m，多分枝。奇数羽状复叶，互生，小叶 3～5 枚，具短柄，倒卵形，深绿色具光泽，全缘。圆锥花序腋生，花小而繁密，黄色，花瓣5枚，花萼5裂，极香。花期从夏至秋。

图 6-18　米兰

(二)类型及品种

1. 米仔兰

灌木或小乔木；茎多小枝，幼枝顶部被星状锈色的鳞片。

2. 小叶米仔兰

叶通常具小叶5～7枚，间有9枚，狭长椭圆形或狭倒披针状长椭圆形，长在4 cm以下，宽8～15 mm。

3. 四季米兰

四季开花，夏季开花最盛。家庭盆栽宜选择一般的米兰，其花期长，花序密，花香如幽兰。

4. 台湾米兰

叶形较大，开花略小，其花常伴随新枝生长而开。

5. 大叶米兰

常绿大灌木，嫩枝常被褐色星状鳞片，叶较大。

(三)生态习性

原产我国南部各省区及亚洲东南部。性喜温暖、湿润、阳光充足的环境，不耐寒，生长适温20～35℃，12℃以下停止生长。除华南、西南外，均需在温室盆栽。怕干旱，土质要求肥沃、疏松、微酸性。

(四)生产技术

1. 繁殖技术

主要采用高枝压条法和扦插法。

(1)高枝压条法　多在春季4—5月，选1～2年生枝条环剥后，用湿润的基质包住伤口，用塑料条绑扎牢固。1个月后压条部分叶片泛黄色，表示伤口开始愈合，再过一周就能生根。生根后即可断离母株上盆。

(2)扦插法　扦插生根比较困难，在6—8月采当年生绿枝为插条，长约10 cm，插前使用50 mg/L的萘乙酸或吲哚乙酸溶液浸泡15 min，可提高成活率。插后保持较高的空气湿度和一定的温度，45 d后可生根。

2. 生产要点

米兰喜酸性，因此必须配置酸性基质。常用泥炭7份、河沙3份，每盆拌入1%硫酸亚铁和0.8%硫黄，生育期每隔3—5 d浇稀矾肥水。盆栽米兰每1～2年需翻盆一次，新上盆的花苗不必施肥，生长旺盛的盆株可每月施饼肥水3～4次。

米兰极喜阳光，室内若没有强光，入室后3 d叶子就会变黄脱落。有谚说“米兰越晒花越香”。但夏季需防烈日暴晒。盆栽米兰秋季于霜前入中温温室养护越冬，温室保持12～15℃，低于5℃易受冻害，要注意通风，停止施肥，节制浇水，至翌年春季气温稳定在12℃以上再出室。要经常保持盆土湿润，但过湿易烂根，夏季可经常向叶面喷水或向空间喷雾增加空气湿度。为促使盆栽植株生长得更丰满，可对中央部位枝条进行修剪摘心，促进侧枝的萌芽、新梢开花。

米兰的主要病害有炭疽病。发病时可用75%百菌清800倍液喷洒2～3次防治。主要虫害是白轮盾蚧。在4—5月或8—9月喷40%速扑杀乳油1 500倍液和蚧死净乳油2 000倍液防治。

(五)园林应用

米兰茎壮枝密，翠叶茂生，四季常青，花香馥郁，沁人心脾，为优良的香花植物，常盆栽以供观赏，在暖地的庭园中可露地栽植。花可以提炼香精，也是重要的熏茶原料，枝、叶可入药。

五、茉莉

茉莉［*Jasminum sambac*（L.）Ait.］，别名：抹丽、茶叶花。科属：木犀科，茉莉花属。见图6-19。

图6-19　茉莉

(一)形态特征

常绿灌木，小枝细长有棱，上被短柔毛，略呈藤本状。单叶对生，椭圆形至广卵形，叶全缘。聚伞花序顶生或腋生，每序着花3～9朵，花冠白色，有单、重瓣之分，单瓣者香味极浓，重瓣者香味较淡。花期5—11月，其中以7—8月为最盛。

(二)类型及品种

茉莉的栽培品种有3种：

1. 金花茉莉

枝条蔓生，花单瓣，花数多，花蕾较尖，香气较重瓣茉莉花浓烈。

2. 广东茉莉花

枝条直立，坚实粗壮，花头大，花瓣二层或多层，香味淡。

3. 千重茉莉花

枝条比广东茉莉柔软，新生枝似藤本状，最外两层花瓣完整，花心的花瓣碎裂，香气较浓。

(三)生态习性

原产我国西部和印度，现我国南北各地普遍栽培。性喜阳光充足和炎热潮湿的气候，生长适温为25～35℃，不耐寒，冬季气温低于3℃时，枝叶易遭受冻害，如持续时间长，就会死亡。畏旱又不耐湿涝，如土壤积水常引起烂根。要求肥沃、富含腐殖质和排水良好的沙质壤土，耐肥力强，土壤的pH 5.5～6.5为宜。

(四)生产技术

1. 繁殖技术

茉莉可用扦插、分株及压条法繁殖。

(1)扦插繁殖　一般多用扦插繁殖。扦插以6—8月为宜，在温室内周年可插。选择当年生且发育充实、粗壮的枝条作插穗，插后注意遮荫并保湿，在 30℃的气温下约 1 个月即可生根。

(2)分株繁殖　茉莉的分蘖力强，多年生老株还可进行分株繁殖，春季结合换盆、翻盆，适当剪短枝条，利于恢复，并尽量保护好土团。

(3)压条繁殖　选较长的枝条，在夏季进行，1 个月生根，2 个月后可与母枝割离，另行栽植。

2. 生产要点

茉莉性喜肥沃疏松、排水良好的微酸性土壤。一般用田园土 4 份、堆肥土 4 份、河沙或砻糠灰 2 份，外加充分腐熟的干枯饼末，鸡鸭粪等适量。为保持盆土呈微酸性，可每 10 d 左右浇一次 0.2%硫酸亚铁水溶液。2～3 年换一次盆。换盆时一般不去根，换上新的营养土，并在盆底放一些骨粉及马蹄片作基肥，换盆后浇透水。

茉莉花喜阳光怕阴暗。俗话说“晒不死的茉莉，阴不死的珠兰”。茉莉养护一定放在阳光充足之处。

根据茉莉性喜湿润又怕积水，喜透气的特点，应掌握这样的浇水原则，春季 4—5 月，茉莉正抽枝展叶，气温不高，耗水量不大，可 2～3 d 浇一次。中午前后浇，要见干见湿，浇必浇透；5—6 月是春花期，浇水比前期略多一些；6—8 月为伏天，气温最高，也是茉莉开花盛期，日照强需水多，可早晚各浇一次，天旱时，还应用水喷洒叶片和盆周围的地面。9—10 月可 1～2 d 一次；冬季必须严格控制水量，不然盆土湿度过大而温度过低，对茉莉越冬不利。就生长期浇水总原则来说，应不干不浇，待盆土干成灰白色时便予浇透。

茉莉喜肥，有“清兰草，浊茉莉”之说。特别是花期长需肥较多。施肥可用矾肥水，刚出室后施肥，肥液应淡，每周施一次，肥水之比 1∶5。孕蕾和花后施肥，肥水比例应为 1∶1，盛花期高温时应每 4 天施肥 1 次，不妨大肥大水，一般上午浇水傍晚浇肥，这样有利于茉莉根部吸收，至霜降前应少施或停施，以提高枝条成熟度以利越冬。施肥时间可灵活掌握，一般在傍晚为好，施前先用小铲锄松盆土，而后再施。注意不要在盆土过干或过湿时施用，盆土似干非干时施肥效果最好。

花谚说“茉莉不修剪，枝弱花少很明显”“修枝要狠，开花才稳。”茉莉一般于每年出室前结合换盆时进行修剪。具体办法：待盆土干爽以后，除了每个枝条上各保留 4 对老叶外，其余叶片都剪去，但应注意不要损伤叶腋内的幼芽，茉莉一年中一般生长五批枝条，第一批粗壮有力，第二批次之，第三批又次，第四、第五批就十分细弱了。对细弱枝应剪去，因为它们不能孕育大量花蕾，而且浪费营养影响透光。

入冬前不要浇大水，使植株在寒冬到来之前得到耐旱锻炼，同时停止施氮肥，令植株组织充实，含水量降低。北方地区每年 10 月上旬就要搬入室内，放在阳光充足的地方。室温应保持在 5℃以上，在整个冬季都不要浇水过多。

茉莉花的病虫害主要有褐斑病、白绢病、介壳虫、朱砂叶螨。褐斑病发病期为 5—10 月，主要危害嫩枝叶，导致枝条枯死。感染此病的枝条上呈现黑褐色斑点，可用 800 倍多菌灵，甲基托布津喷洒枝叶。白绢病防治，在植株茎基部及基部周围土壤上浇灌 50%多菌灵可湿性粉剂。介壳虫可人工刮除或用 20%灭扫利 2 000 倍液进行防治。朱砂叶螨可喷施 5%霸螨灵或 10%浏阳霉素防治，喷药时应对叶背面喷，并注意喷洒植株的中下部的内膛枝叶。

(五)园林应用

茉莉花色洁白，香气袭人，多开于夏季，深受人们喜爱，南方可露地栽培于庭院中、花坛内。长江流域多盆栽，开花时可放置阳台或室内窗台点缀，其花朵也常作切花，可串编成型作佩饰，它还是制茶和提取香精的原料。

六、栀子花

栀子花(*Gardenia jasminoides* Ellis)，别名：黄栀子、山栀子。科属：茜草科，栀子属。见图 6-20。

图 6-20　栀子花

(一)形态特征

枝丛生，干灰色，小枝绿色有毛。叶对生或 3 叶轮生，有短柄，革质，倒卵形或矩圆状倒卵形，全缘，顶端渐尖而稍钝，色翠绿，表面光亮。花大，白色，有芳香，单生于枝顶或叶腋，花冠高脚碟状。花期 6—8 月。

(二)类型及品种

大花栀子(f. *grandiflora*)、水栀子(var. *radicana*)。

(三)生态习性

原产我国长江流域以南各省区，北方也有盆栽。喜温暖，阳性，但又要求避免强烈阳光直晒。在庇荫条件下叶色浓绿，但开花较差。喜空气湿度高，通风良好的环境，喜疏松肥沃且排水良好的酸性土。

(四)生产技术

1. 繁殖技术

以扦插、压条繁殖为主。在 4—5 月选取半木质化枝条，插于沙床中，经常保持湿润，极易生根成活。另外也可用水插法，插条长 15～20 cm，上部留 2～3 片叶，插在盛有清水的容器中，经常换水以免伤口腐烂，3 周后即可生根。压条繁殖，在 4 月上旬选取 2～3 年生强壮枝条压于土中，30 d 左右生根，到 6 月中、下旬可与母株分离。北方压条可在 6 月初进行。

2. 生产要点

4 月下旬出室，夏季应放在荫棚下养护，并注意喷水、浇水。雨后及时倒掉盆中积水，若强光直射，高温加上浇水过多，可造成下部叶黄化，甚至死亡；栀子喜肥，但以薄肥为宜。小苗移栽后，每月可追肥 1 次；每年 5—7 月修剪，剪去顶梢，促使分枝，以形成完整的树冠。成年树摘除残花，有利于继续旺盛开花，延长花期，叶黄时及时追施矾肥水。

栀子病害主要是黑星病、黄化病等。黑星病在多雨条件或贮运途中湿气滞留，发病严重，可用 50%多菌灵 500 倍液喷洒防治，并注意贮运途中通风换气。黄化病是一种生理病害，在碱性土栽培时普遍发生。因此在栽培栀子花时要选用酸性土，栽培过程中注意施有机肥和矾肥水，用硫酸亚铁 50～100 倍液喷洒叶面。

(五)园林应用

栀子花叶色亮绿，四季常青，花色洁白，香气浓郁，与茉莉、白兰同为“香花三姊妹”。是很好的香化、绿化、美化树种，可成片丛植或配置于林缘、庭前、路旁，也可作盆花或切花观赏。有一定的抗有毒气体的能力。

七、叶子花

叶子花(*Bougainvillea spectabilis*)，别名：毛宝巾、三角梅、九重葛。科属：紫茉莉科，叶子花属(三角花属)。见图 6-21。

(一)形态特征

常绿攀缘性灌木，枝叶密生茸毛，拱形下垂，刺腋生。单叶互生，卵形或卵圆形，全缘。花生于新梢顶端，常 3 朵簇生于 3 枚较大的苞片内，苞片椭圆形，形状似叶，有红、淡紫、橙黄等色，俗称为“花”，为主要观赏部分。花期很长，11 月至翌年 6 月初。花梗与苞片中脉合生，花被管状密生柔毛，淡绿色，瘦果。

图 6-21　叶子花

(二)类型及品种

常见的园艺变种有：白苞三角花(cv. *Alba-plena*)，苞片白色；艳红三角花(cv. *Butt*)，苞片鲜红色；砖红三角花(cv. *Lateritia*)，苞片砖红色。

(三)生态习性

原产巴西以及南美洲热带及亚热带地区，我国各地均有栽培。性喜温暖，湿润气候，不耐寒。我国华南北部至华中、华北的广大地区只宜盆栽。冬季室温不得低于 7℃。喜光照充足，较耐炎热，气温达到 35℃以上仍可正常开花；喜肥，对土壤要求不严，以富含腐殖质的肥沃沙质土壤为佳，生长强健，耐干旱，忌积水。萌芽力强，耐修剪。属短日照植物。

(四)生产技术

1. 繁殖技术

以扦插繁殖为主，也可用压条法繁殖。5—6 月扦插成活率高，选一年生半木质化枝条为插穗，长 10～15 cm，插于沙床。插后经常喷水保湿，25～30℃条件下，约 1 个月即可生根，生根后分苗上盆，第二年入冬后开花。扦插不宜成活的品种，可用嫁接法或空中压条法繁殖。

2. 生产要点

叶子花适合在中性培养土中生长，可用腐叶土或泥炭土加入 1/3 细沙及少量芝麻酱渣混合作基质，1～2 年要翻盆换土一次。翻盆时宜施用骨粉等含磷、钙的有机质作基肥。

叶子花属强阳性花卉，一年四季都要给予充足的光照，若放在蔽荫地方，新枝生长弱，叶片暗淡易落，不易开花。

生长期要有充足的肥水，平时要保持盆土湿润，干旱影响生长并造成落花，雨天要防盆中积水。在生长期每半个月施液肥一次，花期适当增施磷钾肥。

叶子花萌芽力强，成枝率高，注意整形修剪，花期过后应对过密枝、内膛枝、徒长枝进行疏剪，改善通风透光条件。对水平枝要轻剪长放，促使发生新枝，多形成花芽。

盆栽大株三角花常绑扎成拍子形、圆球形等，以提高观赏性，也可春季通过修剪，使其分枝多，成圆头形。地栽的还可设支架，使其攀缘而上。

盆栽叶子花在秋季温度下降后，移入高温温室中养护，可一直开花不断。冬季如温度在10℃左右则进行休眠，如得到充分休眠，春、夏开花更为繁茂。北方如欲使其在国庆节开花，需提前 50 d 进行短日照处理。

管理过程中注意防治叶子花叶斑病，发病前期喷洒 75％百菌清可湿性粉剂 500 倍液，连续喷 3～4 次，发病期喷洒 45％特克多悬浮剂 1 500 倍液防治。

（五）园林应用

叶子花苞片大而美丽，盛花时节艳丽无比。在我国南方，可置于庭院，是十分理想的垂直绿化材料。在长江流域以北，是重要的盆花，作室内大、中型盆栽观花植物。据国外介绍，现已培育出灌木状的矮生新种。采用花期控制的措施，可使叶子花在“五一”“十一”开花，是节日布置的重要花卉。

八、白兰花

白兰花（*Michelia alba.*），别名：芭兰、缅桂。科属：木兰科，含笑属。见图 6-22。

图 6-22　白兰花

（一）形态特征

常绿乔木，干皮灰色，分枝较少。新枝及芽有浅白色绢毛，一年生枝无毛；单叶互生，叶薄革质、较大，卵状长椭圆形，先端渐尖，基部楔形，全缘。叶柄长 1.5～3 cm，托叶痕仅达叶柄中部以下；花单生于叶腋，具浓香，花瓣白色，狭长，长 3～4 cm，萼片和花瓣共 12 片。花期 4 月下旬至 9 月下旬。

（二）类型及品种

同属花木除含笑外，还有黄兰。黄兰外形与白兰相近，花橙黄色，香气甜润，比白兰更浓，花期稍迟，6 月开始开花，黄兰叶柄上的托叶痕常超过叶柄长度的 1/2 以上。

（三）生态习性

原产喜马拉雅山南麓及马来半岛。性喜温暖湿润，不耐寒冷和干旱，在长江以北很难露地过冬。喜阳光充足，不耐阴，如在室内种养 1～2 周，叶片会变黄。白兰花根肉质，愈合能力差，对水分非常敏感，不耐干又不耐湿。喜富含腐殖质、排水良好、微酸性的沙质土壤。

（四）生产技术

1. 繁殖技术

多采用高枝压条法和嫁接法繁殖，扦插不易生根。

（1）嫁接法　多以紫玉兰、黄兰为砧木。在夏季生长期间进行靠接，接后 60～70 d 愈合。

（2）高枝压条法　一般在 6 月进行。选二年生发育充实的枝条作压条，60 d 左右可生根。

2. 生产要点

盆栽的白兰花要求盆土的通透性良好，因此盆底排水孔要大，盆内要作排水层。使用酸性腐殖质培养土上盆，底部加腐熟饼肥或碎骨头等作基肥。每隔 1～2 年换盆一次，换盆时不要修根，应保持原来的须根，缓苗后放在阳台或庭院背风向阳处。

白兰花特别喜肥，肥料充足才能花多香浓。自 4 月中旬起，每周施 20% 人粪尿或矾肥水一次，进入开花前，可追施以磷为主的氮磷钾复合肥，到 9 月后停止追肥。

白兰花对水分非常敏感，浇水应掌握盆土不宜过湿，尤其是生长势较弱的植株应节制浇水，使它处于较干燥的状态，经常喷水以增加空气湿度。

10 月上、中旬移入温室，冬季室温不应低于 12℃。在室内停止施肥，控制浇水，并置于阳光充足处，注意通风，春季气温转暖稳定后再出室。

白兰不可乱剪枝，特别是梅雨期，因为白兰木质部疏松柔软呈棉絮状，剪后易吸水感染细菌而腐烂，剪口慢慢发皱干瘪，所以最好以摘嫩头来代替。如果非剪不可，要斜剪，剪口修整光滑，并用塑料纸将剪口扎紧，也可用火烧焦。

白兰常见病害有炭疽病。发病初期可用 70% 炭疽福美 500 倍液，每隔 10～15 d 喷一次，连喷 3～4 次。常见虫害有考氏白盾蚧，在若虫初孵时向枝叶喷洒 10% 吡虫啉可湿性粉剂 2 000 倍液或花保乳剂 100 倍液。

（五）园林应用

白兰花叶润滑柔软，青翠碧绿，花洁白如玉，芳香似兰，是很好的香花植物，在温暖地区可露地栽植作庭荫树及行道树。北方宜作盆栽观赏。其花朵芳香常切作佩花，并可熏制花茶。

九、瑞香

图 6-23　瑞香

瑞香（*Daphne odora*），别名：千里香、瑞兰、睡香。科属：瑞香科，瑞香属。为常绿小灌木花卉。见图 6-23。

（一）形态特征

株高 1.5～2 m，单叶互生，长椭圆形，全缘，无毛，质稍厚，表面深绿，叶柄粗短，长 5～8 cm。花被筒状，先端 4 裂，外面无毛，径 1.5 cm，白色或淡紫色，芳香，密生成簇，为顶生有梗之头状花序。核果肉质圆球形，红色。

(二)类型及品种

瑞香有栽培变种：毛瑞香（var. *atrocaulis*），花白色，花瓣外侧具绢状毛；蔷薇瑞香（var. *rosacea*），花淡红色；金边瑞香（var. *marginata*），叶缘金黄色，花淡紫，花瓣先端 5 裂，白色，基部紫红，浓香，为瑞香中的珍品。尤以江西大余的金边瑞香最为闻名。

(三)生态习性

原产我国长江流域及以南各省。喜阴，忌强光直晒，怕寒及高温、高湿，尤其是金边瑞香，烈日后潮湿易引起蔫萎，甚至死亡，花期 2—4 月。

(四)生产技术

1. 繁殖技术

扦插繁殖为主，也可压条繁殖。早春叶芽萌动前，选用一年生壮枝，按 10～12 cm 的长度剪截插穗，顶梢保留一对叶片。入土深约 1/2，21 d 后即生根，7—8 月进行嫩枝扦插，注意遮阳保温。压条在 3—4 月进行。

2. 生产要点

盆栽宜用疏松、肥沃、酸性培养土，注意排水、通气，置遮阳棚养护。冬季移入温室，室温不得低于 5℃。萌芽力强，耐修剪，宜造型，春季对过密枝条要进行疏剪。地栽时宜半阴，表土深厚，排水良好处栽种，忌积水。最好与落叶乔灌木间种，在夏季可提供林荫的环境，冬季又能增加光照。栽种穴内用堆肥作基肥，切忌用人粪尿，6—7 月追肥水 2 次，入冬后再施有机肥，根软且有香味，蚯蚓翻土易影响生长，应注意防治。

(五)园林应用

瑞香枝干丛生，株型优美，四季常绿，早春开花，香味浓郁，有较高的观赏价值；宜在林下、路缘、建筑物及假山的背阴处丛植。盆栽或制作盆景，颇有市场。

任务四　观叶植物盆栽

一、榕树

榕树（*Ficus microcarpa*），别名：细叶榕、榕树。科属：桑科榕属。见图 6-24。

(一)形态特征

常绿大乔木，高 20～30 m，胸径可达 2 m，有气生根，多细弱悬垂或入土生根。树冠庞大呈伞状，枝叶稠密。单叶互生，革质，倒卵形至椭圆形，全缘或浅波状，花序托单生或成对腋生。隐花果近球形，初时乳白色，熟时黄色或淡红色、紫色。

(二)类型及品种

1. 高山榕（*F. altissima*）

常绿乔木。叶卵形至椭圆形，长 8～21 cm，厚革质，表面光滑，幼芽嫩绿色，果实椭圆形。

2. 大叶榕(*F. viren*)

落叶乔木，叶薄革质，长椭圆形，长 8～22 cm，顶端渐尖，果生于叶腋，球形。

3. 人参榕(*F. microcarpa* cv. *ginseng*)

根部肥大，形似人参，是小品榕树盆景之良材，原产中国台湾。

4. 厚叶榕(*F. microcarpa* var. *carssifolia*)

又称金钱榕，耐阴、耐旱，适合盆栽或庭院美化。

5. 垂叶榕(*F. benjamina*)

别名柳叶榕，垂榕，枝叶弯垂，叶缘浅波状，先端尖，叶较软，质薄。华南地区修剪圆柱造型，常用此品种。原产中国南部、印度。

图 6-24 榕树

6. 金公主垂榕(*F. benjamina* cv. *Golden princess*)

别名金边垂叶榕，叶缘黄白色，有微波状，生长较慢，可修剪造型，不耐寒。

7. 斑叶垂榕(*F. benjamina* cv. *Variegata*)

别名花叶垂榕，叶缘、叶面有不规则的黄色或白色斑纹，生长较慢，不耐寒。

(三)生态习性

原产热带或亚热带地区，我国南部各省区及印度、马来西亚、缅甸、越南等有分布。性喜温暖多湿、阳光充足的环境，要求深厚肥沃排水良好的微酸性土壤。对煤烟、氟化氢等毒气有一定抵抗力，生长适温 22～30℃，生长快，寿命长。

(四)生产技术

1. 繁殖技术

用扦插、嫁接、播种、压条繁殖均可。

(1)扦插　硬枝扦插：切取具有饱满腋芽的粗壮枝作插穗，长度为 15～20 cm 作枝条或柱状扦插均可，长短、大小按需选定，可在 3—5 月施行。软枝扦插：切取半木质化的顶芽作插穗，长 10～15 cm，剪去半截叶片，待切口干燥后才扦插于苗床，蔽荫保湿，宜 5—10 月施行。

(2)嫁接　常用在生长较慢的彩叶或珍稀品种繁殖上。用普通榕树品种作砧木，茎粗 1～2 cm 以上，茎高 80～100 cm，实施截顶芽接或切接均可，选在 4—8 月进行。

(3)播种　8—10 月，将成熟种子先泡水 1 昼夜，捞起用双层纱布包扎沉入水中搓洗，清除浆果黏液和杂质，然后将种子晾干，混合细土撒播入苗床，蔽荫，经常喷水保持湿润，1～2 个月发芽，苗高 3～5 cm，可移植。

(4)压条　春、夏季进行。

2. 生产要点

培养土用疏松肥沃排水良好的微酸性土壤，置阳光充足处养护。生长期要求一定的光照，但忌强光直射，生长期要经常注意修剪造型促发新枝，生长期每月追肥 1～2 次。普通品种越冬保温 5℃以上，彩叶及厚叶、柳叶品种越冬保温 10℃以上。另有介壳虫危害，可用人工刮除或用 20%灭扫利 2 000 倍液进行防治。生长过程中常发生黑霉病和叶斑病，发病初期每 15 d 用波尔多液喷洒防治。

(五)园林应用

榕树生长迅速,幼树可制作盆景,修剪造型。北方地区常成株栽植,布置在大型建筑物的门厅两侧与节日广场;在南方城市作庭院绿化和行道树或绿篱使用。

二、龟背竹

龟背竹(*Monstera deliciosa* Liebm.),别名:蓬莱蕉、电线兰、龟背芋。科属:天南星科,龟背竹属。见图 6-25。

图 6-25 龟背竹

(一)形态特征

大型常绿多年生草本攀缘植物,茎伸长后呈蔓性,能附生他物成长。茎粗壮,具节,茎节上具气生根;叶厚革质,互生,暗绿色,幼叶心脏形,无孔;长大后呈矩圆形或椭圆形,羽状深裂,叶脉间形成椭圆孔洞,形似龟背。叶柄长 50~70 cm,深绿色;花梗自枝端抽出顶生肉穗花序,佛焰苞厚革质,白色。花淡黄色,花期 7—9 月,浆果紧贴连成松球状。

(二)类型及品种

同属常见栽培品种有:迷你龟背竹(*M. epipremnoides*),别名多孔蓬莱蕉、小叶龟背竹、窗孔龟背竹。叶与茎均细,叶片宽椭圆形,淡绿色,侧脉间有多数椭圆形的孔洞。斑叶龟背竹(*M. adansonii* cv. *Variegata*),龟背竹的变种,叶片带有黄、白色不规则的斑纹,极美丽。

(三)生态习性

原产墨西哥热带雨林,性喜温暖和潮湿的气候,耐阴,忌阳光直射。稍耐寒,生长适温为 20~25℃,5℃以下休眠,停止生长。

(四)生产技术

1.繁殖技术

繁殖以扦插为主。每年 4—8 月剪取侧枝带叶茎顶或茎段 2~3 节扦插或带有气生根的枝条可直接种植于盆中,经常保湿保温,易生根成活。或可将老株茎干切断,每 2 节为一个插穗,扦入沙床中,置半阴处,保持湿润,4~6 周可长出新根,10 周后新芽产生,稍长大便可移植。盆栽时,选用大花盆,需立支柱于盆中,让植株攀附向上伸展。也可用播种和压条繁殖。龟背竹在我国南方可开花,人工授粉可结籽,种子极少;在生长季节也可用压条繁殖。

2.生产要点

用疏松透气肥沃的壤土栽植。在室外潮湿较阴处栽植,或盆栽可长年置室内明亮散射光处培养。龟背竹叶片大,夏天水分蒸腾快,叶面要经常洒水,保持空气湿度和盆土湿润,但不要积水,冬季可减少水分。龟背竹根系发达,吸收营养快,培养土应加入一些骨粉和饼肥作基肥，每半个月到一个月施一次以氮肥为主的复合肥作追肥，再用0.1%尿素和0.2%磷酸二氢钾水溶液喷洒叶面，以保持植株生长更旺盛，叶色深绿而光泽。每年在春季和夏初，进行换土换盆，剪去过多的老根。龟背竹栽培较易，但过于荫蔽和湿度过大容易引起斑叶病或褐斑病、灰斑病和茎枯病，可用65%代森锌菌灵可湿性粉剂600倍液喷洒防治。生长期如通风不好，茎叶易遭介壳虫危害，可用刷子刷去或用20%灭扫利2 000倍液进行防治。

(五)园林应用

龟背竹是一种久负盛名，适应性较强的室内大型装饰植物，可用来布置厅堂或于庭院荫蔽处栽植。在南方可散植于池边、溪边和石隙中或攀附墙壁篱垣上。

三、苏铁

苏铁(*Cycas revoluta* Thumb.)，别名：铁树、凤尾蕉、福建苏铁。科属：苏铁科，苏铁属。见图6-26。

(一)形态特征

常绿棕榈状植物，茎干圆柱形，由宿存的叶柄基部包围。大型羽状复叶簇生于茎顶；小叶线形，初生时内卷，成长后挺拔刚硬，先端尖，深绿色，有光泽，基部少数小叶呈刺状。花顶生，雌雄异株，雄花尖圆柱状，雌花头状半球形。种子球形略扁，红色，花期7—8月，结种期10月。

图6-26 苏铁

(二)类型及品种

同属常见栽培的种类有：华南苏铁(*C. rumphii*)，云南苏铁(*C. siamensis*)，墨西哥苏铁(*Ceratozamia mexicana*)，南美苏铁(*Zamia furfuracea*)，海南苏铁(*C. hainanensis*)，叉叶苏铁(*C. micholitzii*)，篦齿苏铁(*C. pectinnata*)，台湾苏铁(*C. taiwaniana*)，四川苏铁(*C. szechuanensis*)。

(三)生态习性

苏铁原产我国南部，全国各地均有栽培。性喜光照充足、温暖湿润环境，耐半阴，稍耐寒；在含砾和微量铁质的土壤中生长良好，生长适温20～30℃。

(四)生产技术

1.繁殖技术

繁殖方法有播种、分蘖和切茎繁殖。

春季播于露地苗床或花盆里，覆土2～3 cm，经常喷水保湿，在30～33℃高温下2～3周可发芽，长出2片真叶时即可移植。也可分割蘖苗或侧向幼枝，有根的即分栽；无根的先扦插于沙池催根，经1～2个月，即形成新株。采下的种子用40℃温水浸泡24 h后，搓去外种皮，阴干后沙藏。沙藏温度宜控制在1～5℃，来年4月上旬苗圃畦播，高畦育苗。种子上覆土 1～2 cm，浇水保湿。由于种子发芽缓慢，又无规律，播种后 4～6 个月开始陆续成苗，一般在苗圃内需生长 1～2 年，根系旺盛后，才适合移植。

2. 生产要点

华南温暖地区可露地栽于庭园中，南北各地均多盆栽苏铁，栽时盆底要多垫瓦片，以利于排水，并培以肥沃壤土，压实植之。春、夏生长旺盛时，需多浇水；夏季高温期还需早晚喷叶面水，以保持叶片翠绿新鲜。每月可施腐熟饼肥水 1 次，入秋后应控制浇水。日常管理要掌握适量浇水，若发现倾倒现象，应于根部开排水沟，并暂时停止浇水，因水分过多，易发生根腐病。苏铁生长缓慢，每年仅长 1 轮叶丛，新叶展开生长时，下部老叶应适当加以剪除，以保持其整洁古雅姿态。

每隔 2～3 年换土转盆一次，室内通风不好，叶片易遭介壳虫危害，用人工刮除或用 20% 灭扫利 2 000 倍液进行防治。

(五)园林应用

盆栽观赏摆设于大建筑物之入口和厅堂，也可制成盆景摆设于走廊、客厅等。华南地区露地栽植可作花坛中心，切叶供插花使用。

四、绿萝

绿萝(*Scindapsus aureus* Engler.)，别名：黄金葛、飞来凤。科属：天南星科，绿萝属。见图 6-27。

图 6-27　绿萝

(一)形态特征

多年生常绿蔓性草本，茎叶肉质，攀缘附生于他物上。茎上具有节，节上有气根。叶广椭圆形，蜡质，浓绿，有光泽，亮绿色，镶嵌着金黄色不规则的斑点或条纹。幼叶较小，成熟叶逐渐变大，越往上生长的茎叶逐节变大，向下悬垂的茎叶则逐节变小。肉穗花序生于顶端的叶腋间。

(二)类型及品种

常见栽培种有白金绿萝(*Scindapsus aureus* cv. *Marble*)、三色绿萝(*Scindapsus aureus* cv. *Tricolor*)、花叶绿萝(*Scindapsus aureus* cv. *Wilcoxii*)。

(三)生态习性

原产马来半岛、所罗门群岛。喜高温多湿和半阴的环境，散光照射，彩斑明艳。强光暴晒，叶尾易枯焦。生长适温 20～28℃。

(四)生产技术

1. 繁殖技术

主要用扦插法繁殖。剪取 15 cm 长的茎，只留上部 1 片叶子，直接插入一般培养土中，入土深度为全长的 1/3，每盆 2～3 株，保持土壤和空气湿度，遮阳，在 25℃条件下，3 周即可生根发芽，长成新株。大量繁殖，可用插床扦插，极易成活，待长出一二小叶后分栽上盆。另外，剪取较长枝条，插在水瓶中，适时更换新水，便可保持枝条鲜绿，数月不凋，取出时，枝条下部已经生根，盆栽便成新株。也可用压条繁殖。

2. 生产要点

绿萝生长较快，栽培管理粗放。在栽培管理的过程中，夏季应多向植株喷水，每 10 d 进行 1 次根外追肥，保持叶片青翠。盆栽苗当苗长出栽培柱 30 cm 时可剪除；当脚叶脱落达 30%～50%时，应废弃重栽。冬季可放在室内直射阳光下，控水，只要保持温度在 10℃以上，就可正常生长。生长期主要有线虫引起的叶斑病，用 70%代森锌菌灵可湿性粉剂 500 倍液喷洒防治；叶螨可用三氯杀螨醇 2 000 倍液喷洒。

(五)园林应用

绿萝喜阴，叶色四季青翠，有的品种有花纹，是极好室内观叶植物。中大型植株可用来布置客厅、会议室、办公室等地，华南地区可在室外庇荫处地栽，附植于大树、墙壁棚架、篱垣旁，让其攀附向上伸展。

五、花叶竹芋

花叶竹芋(*Maranta bicolorker*)，别名：孔雀竹芋、二色竹芋。科属：竹芋科，竹芋属。为多年生常绿草本花卉。见图 6-28。

(一)形态特征

竹芋类是常绿宿根草本。有块状根茎，叶基生或茎生，叶柄基部鞘状。根出叶，叶鞘抱茎，叶椭圆形、卵形或披针形，全缘或波状缘。叶面具有不同的斑块镶嵌，变化多样，花自叶丛抽出；穗状或圆锥花序。花小不明显，以观叶为主。叶形、叶色如图案般美妙，适合盆栽或园景荫蔽地美化，是很好的室内观叶植物。

图 6-28 花叶竹芋

(二)类型及品种

1. 天鹅绒竹芋

其叶长圆形，叶面具华丽的天鹅绒质感，有斑马状的羽状条斑。

2. 美丽竹芋

叶背红，纹理清晰，侧脉间有多对乳白条斑。

3. 彩虹竹芋

又称玫瑰竹芋，叶上玫瑰色的斑纹与侧脉平行，植株较矮小。

4. 箭羽竹芋

叶宽披针形，似绚丽的鸟羽毛，叶面灰绿，叶缘色稍深，与侧脉平行的羽毛花斑。

5. 猫眼竹芋

叶基生或茎生，叶片呈长椭圆形，偏细长，叶面上的黑色斑点比较多，像熊猫的眼睛。

主脉两侧有白色带与暗绿色带交互成羽状排列，色彩对比鲜明。

(三)生态习性

竹芋类原产美洲热带，性喜半阴和高温多湿的环境。3—9 月为生长期，生长适温 15～25℃，越冬温度 10～15℃，不可低于 7℃，冬宜阳光充足。

(四)生产技术

1. 繁殖技术

主要采用分株法繁殖。多在春季 4—5 月结合换盆进行，可 2～3 芽分为 1 株。盆土以腐叶土或园土、泥炭和河沙的混合土壤为宜。

2. 生产要点

生长期每月追肥 1～2 次，夏季高温期宜少施并适当拉长追肥的间隙。生长期除正常浇水外，应经常喷水，以增加空气湿度。冬季盆土宜适当干燥，过湿则基部叶片易变黄而枯焦。生长期若通风不好，易遭介壳虫或红蜘蛛为害，可用 40%氧化乐果乳油 1 000 倍液喷杀或用刷子刷掉介壳虫。常见有叶斑病危害，可用 65%代森锌菌灵可湿性粉剂 500 倍液喷洒防治。

(五)园林应用

竹芋属为重要的小型观叶植物，在北方长年室内种植，南方可露地栽培。其叶形优美，叶色多变，周年可供观赏，是室内布置与会场布置的理想材料。

六、五彩凤梨

五彩凤梨(*Neoregelia carloinae*)，别名：艳凤梨、羞凤梨。科属：凤梨科，彩叶凤梨属。为多年生常绿草本花卉。见图 6-29。

图 6-29　五彩凤梨

(一)形态特征

植株高 25～30 cm，茎短。叶呈莲座状互生，长带状，长 20～30 cm，宽 3.5～4.5 cm，顶端圆钝，叶革质，有光泽，橄榄绿色，叶中央具黄白色条纹，叶缘具细锯齿。成苗临近开花时心叶变成猩红色，甚美丽。穗状花序，顶生，与叶筒持平，花小，蓝紫色。

(二)类型及品种

常见栽培品种有：大火剑凤梨(*V. splendens*. var. *major*)，是火剑凤梨变种，植株较原种健壮；莺歌凤梨(*V. carinata*)，又称虾爪凤梨，花冠顶部苞片扁平，叠生，似莺歌鸟的冠毛；大莺歌凤梨(*V. cnrinata* cv. *Mariae*)，为栽培种，花序较莺歌凤梨更长、更宽；斑叶莺歌(*V. carinata* var. *iegata*)，叶身具纵向白色条。

(三)生态习性

五彩凤梨原产于巴西。其性喜温暖、半荫蔽的气候环境，在疏松、肥沃、富含腐殖质的土壤中生长最好。花后老植株萌蘖芽后死亡,五彩凤梨耐荫蔽和干旱,怕涝,不耐高温,生长适温为 18～25℃。

(四)生产技术

1. 繁殖技术

五彩凤梨采用分株和组织培养繁殖。分株繁殖数量少,时间长,生产上采用组织培养育苗,可满足市场的需求。

2. 生产要点

五彩凤梨夏季应在半荫蔽条件下养护,防雨水过多,防止因高温、高湿而诱发的心腐病,尤其是幼苗。入秋后,成年植株花芽开始分化,心叶变艳,也是蘖芽萌发之时,此时应适当增加光照,控制浇水量,增施磷、钾肥,以增强幼苗的生活力,提高幼苗的移植成活率。

(五)园林应用

五彩凤梨叶色艳丽,观赏期长,耐阴,抗尘,是室内盆栽观叶佳卉。成片布展,效果极佳;也可作切花配叶。

七、印度橡皮树

印度橡皮树(*Ficus elastica*),别名:印度榕树、橡胶树。科属:桑科,榕属。为常绿小乔木花卉。见图 6-30。

(一)形态特征

树皮平滑,树冠卵形,叶互生,宽大具长柄,厚革质,椭圆形或长椭圆形,全缘,表面亮绿色。幼芽红色,具苞片。夏日由枝梢叶腋开花,隐花果长椭圆形,无果梗,熟时黄色。

图 6-30 橡皮树

(二)品种类型

其观赏变种有:黄边橡皮树,叶片有金黄色边缘,入秋更为明显;白叶黄边橡皮树,叶乳白色,而边缘为黄色,叶面有黄白色斑纹。

(三)生态习性

印度橡皮树为热带树种。原产印度,性喜暖湿,不耐寒,喜光,也能耐阴。要求肥沃土壤,喜湿润,也稍耐干燥,生长适温为 20～25℃。

(四)生产技术

1. 繁殖技术

以扦插为主,在每年的 3—10 月进行,选植株上部和中部的健壮枝条作插穗,长 20～30 cm,留茎上叶片 2 枚,上部两叶须合拢起来,用细绳捆在一起。切口待流胶凝结或用硫黄粉吸干,再插入以沙质土为介质的插床上,蔽荫保湿约 30 d 出根,既可移栽,也可压条繁殖。

2. 生产要点

盆栽对土壤要求不严，但以肥沃疏松、排水性好的土壤最佳，春、夏、秋三季生长旺盛，每1～2个月需施肥1次。秋后要逐渐减少施肥和浇水，促使枝条生长充实。每年秋季修剪整枝1次，这对盆栽尤为重要，可促使来年多发新枝，达到枝叶饱满的观赏效果。注意截顶促枝，修剪造型越冬保温10℃以上。橡皮树抗旱性较强，北方寒冷地区则宜盆栽，其生育适温为22～32℃；温度低于10℃时，应移入室内越冬；若长期处于低温和盆土潮湿处易造成根部腐烂死亡。常见黑霉病、叶斑病和炭疽病危害，可用65%代森锌菌灵可湿性粉剂500倍液喷洒防治，虫害有介壳虫和蓟马。

(五)园林应用

印度橡皮树叶大光亮，四季葱绿，为常见的观叶树种。盆栽可陈列于客厅、卧室中，在温暖地区可露地栽培作行道树或风景树。

任务五　观果花卉盆栽

一、金橘

金橘(*Fortunella orassifolia*)，别名：金柑、罗浮。科属：芸香科，柑橘属。见图6-31。

图6-31　金橘

(一)形态特征

常绿小灌木，多分枝、无枝刺。叶革质，长圆状披针形，表面深绿光亮，背面散生腺点，叶柄具狭翅。花1～3朵着生于叶腋，白色，芳香。果实长圆形或圆形，长圆形的称金橘，味酸；圆形的称金弹，味甜，熟时金黄色，有香气。

(二)类型及品种

我国特产供观赏的品种有：四季橘，能四季开花结果，果倒卵形不可食；金柑(金弹)，叶缘向外翻卷，果小倒卵形，可生食；圆金橘，矮小灌木，果圆形，皮厚可食；长叶金橘，叶子特长，果圆形、皮薄；金豆(山橘)，矮小灌木，果实圆形，小如黄豆，不可食。

(三)生态习性

原产我国广东、浙江等省。喜阳光充足、温暖、湿润、通风良好的环境。在强光、高温、干燥等因素的作用下生长不良。宜生长于疏松、肥沃的酸性沙质壤土。金橘喜湿润，但不耐积水，最适生长温度15～25℃，冬季低于0℃易受伤害，高于10℃不能正常休眠。每年6—8月开花，12月果熟。

(四)生产技术

1. 繁殖技术

采用嫁接法繁殖。以一、二年生实生苗为砧木，以隔年的春梢或夏梢为接穗。每年春季

3—4 月用切接法进行枝接，芽接在 6—9 月进行。

2. 生产要点

金橘盆栽宜选用疏松而肥沃的沙质壤土或腐叶土。每年在早春发芽前进行换盆、上盆，2～3 年换一次盆。栽后浇透水，放在通风背阴处；经常向叶面喷水，防止植株体内水分蒸发。缓苗 1 周后，逐渐恢复正常。

生长期盆土应经常保持湿润，忌长时间的过干过湿，否则易引起落花落果。特别是 6 月上旬，金橘第一次开花时，很容易落花。在夏季雨水过多时，应防止盆土积水，及时扣水。冬季浇水，不干不浇，浇必浇透。

盆栽金橘只要做好 4 月重施催芽肥，6—7 月花谢结幼果时期注意养分补充，8—9 月再追施 P、K 肥，就能结出好果实。

金橘每年春、秋两季抽出枝条，在 5—6 月间，由当年生的春梢萌发结果枝，并在结果枝叶腋开花结果，6—7 月开花最盛，果实 12 月成熟。所以每年在春季萌芽前进行一次重剪，剪去过密枝、重叠枝及病弱枝，保留下的健壮枝条只留下部的 3～4 个芽，其余部分全部剪去，每盆留 3～4 枝。这样就可萌发出许多健壮、生长充实的春梢，当新梢长到 15～20 cm 长时，及时摘心，限制枝叶徒长，有利于养分积累，促使枝条饱满。在 6 月开花后，适当疏花。

秋季 8 月当秋梢长出时要及时剪去，这样不仅能提高坐果率，而且果实大小均匀，成熟整齐。在北方一般不进行重剪，每年只修剪干枯枝、病虫枝、交叉枝，注意保持树冠圆满。

冬季移入室内向阳处，室温保持在 0℃以上，不宜过高。控制浇水，清明节后移出室外。

主要病害有树脂病、炭疽病等，用 50%的甲基托布津或 50%的多菌灵 600 倍液喷洒。

主要虫害：①天牛。在成虫产卵季节，要清刷树干、堵塞孔洞、减少虫源。或用 8%高效氯氰菊酯微胶囊剂（绿色威雷）200～300 倍液喷洒树木主干及枝叶杀灭成虫。②红蜘蛛、潜叶蛾、蚜虫、介壳虫等。常用药剂有 50%三氯杀螨醇 2 500 倍液或 50%杀螟松 1 000 倍液喷洒。

（五）园林应用

金橘四季常青，枝叶茂密，冠姿秀雅，花朵皎洁雪白，娇小玲珑，芳香远溢，果实熟时金黄色，垂挂枝梢，味甜色丽，为我国特有的冬季观果盆景珍品。可丛植于庭院，盆栽可陈列于室内观赏。

二、佛手

佛手（*Citrus medica*），别名：佛手柑。科属：芸香科，柑橘属。见图 6-32。

（一）形态特征

常绿小灌木，枝条灰绿色，幼枝绿色，具刺。单叶互生，革质，叶片椭圆形或倒卵状矩圆形，先端钝，边缘有波状锯齿，叶表面深黄绿色，背面浅绿色。总状花序，白色，单生或簇生于叶腋，极芳香。果实奇特似手，握指合拳的为“拳佛手”，而伸指开展的为“开佛手”。初夏开花，11—12 月果实成熟，鲜黄而有光泽，有浓香。

（二）类型及品种

目前常见的有白花佛手和紫花佛手两种。

图 6-32　佛手

(三)生态习性

原产我国印度及地中海沿岸。佛手喜温暖、湿润、光照充足、通风良好的环境。不耐寒冷,低于 3℃易受冻害。适生于疏松、肥沃、富含腐殖质的酸性土壤。萌蘖力强。

(四)生产技术

1. 繁殖技术

可用扦插、嫁接和压条法进行繁殖。

(1)扦插　南方可在梅雨季节进行,也可在春季新芽未萌发前进行。选取 1～2 年生生长健壮的枝条,剪成 20 cm 左右长,留 4～5 个芽。扦插床用通气透水性良好的沙土或蛭石,插深 6～8 cm,上端留 2 个芽,插后浇透水,注意遮阳,保持湿润,20～30 d 即可生根。

(2)嫁接　每年 3—4 月用 2～3 年生的枸橘或柚子为砧木,选健壮一年生佛手嫩枝做接穗进行切接;也可用芽接或靠接法繁殖。嫁接成活的苗,根系发达,生长旺盛,抗寒能力较强,结果早。

(3)压条　于每年 5—6 月进行,在每株上选择 1～2 年生枝条,进行环剥,然后用苔藓、泥炭包扎保湿,40 d 即可生根。也可于 8 月选择带果实的枝条压条,10 月分离母株上盆,果实继续生长,当年即可装饰房间或出售。

2. 生产要点

佛手栽植应选择疏松,肥沃,排水良好、富含有机质的酸性沙质壤土。喜肥,若施肥不足或不及时,易发生落花、落果现象。但施肥不宜太浓。生长季节每 20 d 追施一次有机腐熟液肥,以矾肥水为好。为保证土壤酸性,要定期浇灌硫酸亚铁 500 倍液。

浇水应根据佛手的生长习性进行,生长旺盛期应多浇水,在夏季高温时,要早晚各浇水一次,还要向叶面上喷水,以增加空气湿度。入秋后,气温下降,浇水量应减少,冬季休眠期,保持土壤湿润即可。开花、结果初期,为防止落花、落果,应控制浇水量,不可太多。雨季少浇水并及时排涝,春夏应适当遮荫,避免暴晒。

要提高佛手坐果率,应及时整形修剪,修剪宜在休眠期进行。一般保持 3～5 个主枝构成树形骨架。温室内生长的春梢,于 3 月中旬剪去,夏季长出的徒长枝,可剪去 2/5,使其抽生结果枝。立秋后抽生的秋梢,多为来年的花枝,适当保留,以利于第二年结果。佛手一年可多次开花结果,3—5 月开的花,多为单性花,应全部疏去,6 月前后开的夏花,花大、坐果率高,可疏去部分细小花,保留一定数量让其形成果实。在结果期,抹去枝干上的新芽,当果实长到葡萄大小时,可疏去一部分果实,以利于保留下的果实得到充足的养分。

在霜降前将佛手移入温室内越冬。保持室温在 10～16℃,低于 3℃易受冻害,置于光照充足的地方进行养护,同时保持盆土湿润,切忌过干或过湿。

在生长期中,佛手常发生红蜘蛛、介壳虫、蚜虫和煤烟病,应及时防治。红蜘蛛可用高氯马防治,蚜虫可喷吡虫啉防治。介壳虫可喷 20%的灭扫利乳油 5 000 倍溶液。煤烟病主要发生在夏季,可喷水将叶面洗净,并注意通风透光,保持环境清洁卫生,也可用 200 倍波尔多液喷洒。

(五)园林应用

佛手果形奇特，颜色金黄，香气浓郁，是一种名贵的常绿观果花卉。南方可配植于庭院中，北方盆栽是点缀室内环境的珍品。叶、花、果可泡茶、泡酒，具有舒筋活血的功能，果实具有较高的药用价值。

三、冬珊瑚

冬珊瑚(*Solanum psedocapsicum*)，别名：珊瑚豆、寿星果、吉庆果、万寿果。科属：茄科，茄属。见图6-33。

(一)形态特征

常绿小灌木花卉，株高30～80 cm。叶互生，长椭圆形至长披针形，边缘呈波状；花小，白色。花期春末夏初。浆果橙红色或黄色，球形，果实10月成熟，冬季不落。

图6-33 冬珊瑚

(二)类型及品种

品种有矮生种、橙果种、尖果种。

(三)生态习性

原产欧、亚热带。喜阳光充足、温暖、湿润的气候。耐高温，35℃以上无日灼现象。不耐阴、也不耐寒，不抗旱，夏季怕雨淋、怕水涝。对土壤要求不严，但在疏松、肥沃、排水良好的微酸性或中性土壤中生长旺盛，萌生能力强。

(四)生产技术

1.繁殖技术

通常采用种子繁殖。室内3—4月进行盆播，播后盆上罩盖玻璃或塑料薄膜保温、保湿。露地4月播种，苗床土以疏松的沙质壤土最好，播后覆土1 cm，经常保持床土湿润，15 d后发芽出土。

2.生产要点

在长江以南方可露地越冬，落叶休眠，春暖后自老茎上再萌发新叶，其他地区盆栽。当小苗长到6～10 cm高时，带土球上盆，盆土宜选用疏松、肥沃、排水良好的沙壤土。上盆后要浇透水，注意遮荫、通风，经1周缓苗后，可逐渐见光。浇水见干就浇，夏季要防止积水烂根。生长季节和开花前，每15 d左右施1次腐熟的稀薄肥水，以促进生长。开花坐果期，应控制施肥，少浇水，保持土壤湿润，冬季移入室内。若室温过高会造成落果、落叶、萌发新枝，消耗植株养分。越冬期间经常向植株喷水，保持叶和果清洁。4月中旬可移至室外换盆。

主要病害有炭疽病。用75%百菌清600～700倍液喷洒叶片正反面，防治效果较好。主要虫害有介壳虫。

(五)园林应用

冬珊瑚夏秋开小白花,秋冬观红果,果实橙红色,长挂枝头,经久不落,十分美观。夏、秋可露地栽培,点缀庭院;冬季盆栽于室内观赏。

四、火棘

火棘(*Pyracantha fortuneana*),别名:红果树、救兵粮、火把果、救军粮。科属:蔷薇科,火棘属。见图6-34。

图6-34 火棘

(一)形态特征

常绿小灌木,其侧枝短,顶端呈刺状。单叶互生,倒卵状长椭圆形,先端钝圆或微凹,叶缘有圆钝锯齿,基部渐狭而全缘,两面无毛。复伞房花序,花白色。梨果近圆形,橘红或深红色,缀满枝头,经久不落。花期4—5月。果期10月。

(二)类型及品种

常见园林品种有:狭叶火棘,叶狭长,全缘,倒卵状披针形,果实橙黄色;细齿火棘,叶长椭圆形,边缘具齿,果实橙红色。

(三)生态习性

原产我国华东、华中及西南地区。喜光、喜温暖、湿润的气候,抗旱耐瘠薄,山坡、路边、灌丛、田埂均有生长。适生于疏松、肥沃、排水良好的土壤上。萌芽力强,耐修剪。

(四)生产技术

1.繁殖技术

采用播种或扦插法繁殖。播种,可于果熟后采收,随采随播,也可将种子阴干储藏至翌年春播。扦插可在2—3月进行,也可在雨季进行嫩枝扦插。

2.生产要点

火棘是喜阳树种,要求植株全年都要放在全日照环境下养护,特别是秋季要求光照充足,使植株健壮并形成花芽。火棘耐旱不耐湿,浇水应以"不干不浇,浇则浇透"的原则进行,盆土不能太潮湿。

由于火棘开花多,挂果时间长,且挂果较多,营养消耗快,从春季萌芽时开始,每隔15~30 d要施肥一次。秋季果实逐渐成熟,需肥量加大,所以秋季施肥量要适当加大,每隔10~20 d施一次,肥以富含P、K的有机肥为主,少施无机肥。

火棘生长快,要经常进行修剪和摘芽。秋季修剪时,剪去徒长枝、细弱枝和过密枝,留下能开花结果的枝头,并确保挂果枝能享受充足的光照。结果后再长出的新枝可随时剪除,保持植株的冠幅不变,且结出的果实都在冠幅的外层,果熟后,观赏效果更佳。

为防止冻害,冬季可将火棘移到背风向阳处或移到室内越冬。越冬期间要经常检查盆土，如盆土过分干旱，要浇1次透水防冻。1～2年换盆一次，以春季进行最好，需带土球栽植。盆土选用疏松、肥沃的腐叶土或园土。

主要虫害有介壳虫、蚜虫等，介壳虫用人工刮除或用20%灭扫利2 000倍液进行防治，蚜虫用吡虫啉喷杀；主要病害有白粉病、煤烟病等，白粉病和煤烟病可用波尔多液或多菌灵进行防治。

(五)园林应用

火棘枝叶繁茂，春季白花朵朵，入秋红果累累，经久不落，是观花观果的优良盆栽植物。可用作绿篱及盆景材料，也可丛植或孤植于草地边缘。

五、枸骨

枸骨(*Ilex cornuta*)，别名：老虎刺、猫儿刺、鸟不宿。科属：冬青科，冬青属。见图6-35。

(一)形态特征

常绿小乔木或灌木。树皮灰白色，平滑不开裂。枝条开展而密生，形成圆形或倒卵形树冠。叶互生，革质坚硬，长椭圆状，表面深绿色而有光泽，背面淡绿，光滑无毛。花小，黄绿色，簇生于二年生枝条的叶腋。核果球形，大如豌豆，熟时鲜红色。花期4—5月，9月果实成熟。

图6-35 枸骨

(二)类型及品种

园林中有黄果枸骨和无刺枸骨两种。黄果枸骨果实暗黄色；无刺枸骨是枸骨的一个变种，叶缘无刺。

(三)生态习性

原产我国长江中下游各省。喜光照充足，也能耐阴。喜温暖、湿润的气候，不耐寒。喜疏松、肥沃、排水良好的酸性土壤，在中性及偏碱性土壤中也能生长。须根少，较难移栽。生长缓慢，但小枝萌发力强，耐修剪，对二氧化硫、氯气等有害气体抗性强。

(四)生产技术

1. 繁殖技术

可采用播种或扦插法繁殖，也可挖掘根部萌蘖苗进行栽植。播种繁殖在9—10月果熟时采种，去除果皮，低温层积沙藏，于翌年春季3—4月在露地条播，行距20～25 cm。幼苗怕晒，出苗后应搭棚遮荫，培育2～3年后，即可出圃栽植。枸骨在自然条件下极易自播繁衍，故播种较易繁殖。

枸骨的实生苗生长缓慢，多进行扦插繁殖，扦插一般在梅雨季节采取当年生嫩枝带踵，经常喷水以提高空气湿度，45 d可生根。

2. 生产要点

枸骨由于须根较少，移植时必须带土球。定植后，要适当浇水，除草松土，宜在秋季或春季2—3月，追施P、K肥，以促进生长。盆栽枸骨宜选用富含有机质、疏松、肥沃、排水良好的酸性土壤，一般在春季2—3月萌动前上盆，栽后浇透水，放在半阴处缓苗2～3周。生长期间保持土壤湿润而不积水，并经常向叶面喷水。夏季高温时应加强通风，稍作遮荫，防止烈日暴晒。枸骨耐修剪，剪去干枯枝、病虫枝、过密枝及徒长枝。冬季移至阳光充足的低温温室内，保持盆土稍干，0℃以上可安全越冬。每年春季换盆一次，盆土以腐叶土、园土和沙土各一份。

易发生介壳虫，可人工除去或喷洒50%马拉硫磷1 500倍液进行防治。冬季易患煤烟病，使叶变黑，加强通风透光，喷洒50%乐果乳剂2 000倍液防治。

（五）园林应用

枸骨枝叶茂密、叶形奇特，浓绿而有光泽，入秋红果累累，经久不凋，艳丽可爱，为良好的观果、观叶树种。宜作基础种植及岩石园材料；也可孤植于花坛中心，对植于路口或丛植于草坪边缘。同时又是很好的绿篱和盆景材料。

任务六　多浆花卉盆栽

一、仙人掌

仙人掌（*Opumtia dillenii*），别名：仙巴掌。科属：仙人掌科，仙人掌属。见图6-36。

图6-36　仙人掌

（一）形态特征

多年生常绿肉质植物。茎直立扁平多分枝，扁平枝密生刺窝，刺的颜色、长短、形状数量、排列方式因种而异。花色鲜艳，花期4—6月。肉质浆果，成熟时暗红色。

（二）类型及品种

1. 叶仙人掌类

通常为灌木或者乔木。茎嫩，刺较硬。时常在休眠期落叶。辐射较为对称，有白、粉、菊等多色。其果实为肉质球状。全属2系列约20种：小花叶小，1.5 cm；大花叶大，8 cm。

2. 掌状仙人掌类

有粗壮的主干，茎叶呈扁平状。其叶多数早落，为圆锥状。其有多数属种皆没有的芒刺。假种皮硬，种子大，本属约有300种分布于美洲各地。

3. 附生型仙人掌类

约3棱，节状茎，它的气根比较多，能够长到10 m左右。漏斗状的花开放较晚，通常为红果，花筒鳞片为叶状。

(三)生态习性

大多原产美洲,少数产于亚洲,现世界各地广为栽培。喜温暖和阳光充足的环境,不耐寒,冬季需保持干燥,忌水涝,要求排水良好的沙质土壤。

(四)生产技术

1. 繁殖技术

常用扦插繁殖,一年四季均可进行,以春、夏季最好。选取母株上成熟的茎节,用利刀从茎基部割下,晾 1～2 d,伤口稍干后,插入湿润的沙中即可。也可用嫁接、播种法繁殖,但因扦插繁殖简易,所以嫁接和播种不常使用。

2. 生产要点

培养土可用等量的园土、腐叶土和粗沙配制,并适当掺入石灰少许;也可用腐叶土和粗沙按 1:1比例混合作培养土。植株上盆后置于阳光充足处,尤其是冬季需充足光照。仙人掌较耐干旱,但不能忽视必要的浇水,尤其在生长期要保证水分供给,并掌握"一次浇透,干透再浇"的原则。生长季适当施肥可加速生长。11 月至次年 3 月,植株处于半休眠状态,应节制浇水、施肥,保持土壤适当干燥即可。

(五)园林应用

仙人掌姿态独特,花色鲜艳,常作盆栽观赏。在南方,多肉多浆花卉常建成专类观赏区,北方的一些观赏温室里也设有专类观赏区,其中各类仙人掌是重要的组成部分。多刺的仙人掌种类在南方常用作樊篱。

二、蟹爪兰

蟹爪兰(*Zygocactus truncactus*),别名:螃蟹兰、圣诞仙人花。科属:仙人掌科,蟹爪兰属。见图 6-37。

(一)形态特征

多年生常绿草本花卉。茎多分枝,常成簇而悬垂;茎节扁平,幼时紫红色,以后逐渐转为绿色或带紫晕;边缘有 2～4 个突起的齿,无刺,老时变粗为木质。花着生于茎节先端,花略两侧对称,花瓣张开翻卷,多淡紫色,有的品种还有粉红、深红、黄、白等色。花期通常 12 月至次年 3 月间。

图 6-37 蟹爪兰

(二)类型及品种

与蟹爪兰非常相似的有仙人指。仙人指是蟹爪兰与蟹爪(*S. russellianum*)杂交育成的杂种。生长更加繁茂快速,茎节边缘没有尖齿而呈浅波状,茎皮绿色。花近辐射对称。

(三)生态习性

原产巴西热带雨林中,为附生类型。喜温暖、湿润及半阴的环境。喜排水、透气性能良好、富含腐殖质的微酸性沙质壤土。不耐寒,越冬温度不低于10℃。

(四)生产技术

1. 繁殖技术

常用扦插和嫁接法繁殖。扦插繁殖在温室一年四季都可进行,但以春、秋两季为最好。剪取成熟的茎节2~3节,阴干1~2 d,待切口稍干后插于沙床,保持湿润环境即可。

嫁接在春、秋两季的晴天进行。常用三棱箭、仙人掌作砧木。取生长充实的蟹爪兰2~3节作接穗,进行髓心嫁接。1个砧木可接多枝接穗,成活后"锦上添花"。

2. 生产要点

要注意肥水管理,浇水要视具体情况,全年大部分时间要保持土壤湿润,盆土不可过干、过湿,否则会造成花芽脱落。生长期每隔10~15 d施1次腐熟、稀释的人畜粪尿或豆饼液肥。要特别注意施花前肥,但不施浓肥。为保持盆土排水良好,每年可在花后进行翻盆。翻盆时施足基肥。夏季要遮荫、避雨,通风良好。蟹爪兰茎节柔软下垂,盆栽时应设立支架并造型,使茎节分布均匀,提高观赏价值。

蟹爪兰是短日照花卉,光照少于10~12 h,花蕾才能出现。要使提前开花,可采用短日照处理。自7月底8月初起,每天下午4时到次日上午8时,用黑色塑料薄膜罩住,"十一"前后花蕾就可逐渐开放。为了促进花芽的形成,处理期间逐渐减少浇水,停止施肥。

(五)园林应用

蟹爪兰节茎常因过长,而呈悬垂状,故又常被制作成吊兰作装饰。蟹爪兰开花正逢圣诞节、元旦节,株型垂挂,适合于窗台、门庭入口处和展览大厅装饰。在日本、德国、美国等国家,蟹爪兰已规模性生产,成为冬季室内的主要盆花之一。

三、长寿花

长寿花(*Kalanchod blossfeldiana* cv. *Tomthumb*),别名:寿星花。科属:景天科,长寿花属。见图6-38。

图6-38 长寿花

(一)形态特征

为多年生常绿多浆花卉。植株光滑,直立。叶肉质,有光泽,绿色或带红色,交互对生,叶形因品种不同有较大区别。聚伞花序,花冠具4裂片,有红、橙、粉、白等色。冬、春开花。

(二)类型及品种

有重瓣长寿花和单瓣长寿花。

(三)生态习性

原产非洲马达加斯加岛。耐干旱,喜阳光充足。夏季炎热高温时生长迟缓,冬季低温(5~8℃)时叶片发红,0℃以下受害。择土不严,喜肥沃沙壤土。日照性明显。

(四)生产技术

1. 繁殖技术

扦插繁殖,通常在初夏或初秋进行枝插。剪取约 10 cm 长的枝茎,插于沙床,保持环境湿润即可。也可剪取带柄叶片进行叶插。

2. 生产要点

长寿花多盆栽观赏。浇水掌握“见干见湿”原则,过湿易烂根。定期追施腐熟液肥或复合肥,缺肥时叶片小,叶色淡。夏季适当遮荫、降温,冬季宜保持 12～15℃。花后剪去残花,翻盆换土,促长新枝叶。

(五)园林应用

长寿花株型紧凑,花朵繁密,花期长,是冬春盆栽观赏的优良花卉。

四、虎刺梅

虎刺梅(*Erphorbia milii* Desmoul.),别名:铁海棠、麒麟刺、龙骨花。科属:大戟科,大戟属。见图 6-39。

(一)形态特征

为常绿亚灌木花卉。茎粗厚,肉质,有纵棱,具硬而锥尖的刺,5 行排列在纵棱上。叶通常生于嫩枝上,无柄,倒卵形,全缘。花小,2～4 枚生于顶枝,花苞片鲜红色或橘红色,十分美丽。花期全年,但冬、春开花较多。

图 6-39　虎刺梅

(二)类型及品种

品种有红花虎刺梅和浅黄虎刺梅。

(三)生态习性

原产热带非洲。喜阳光充足,在花期更是如此。耐旱,不耐寒。温度太低时,叶子脱落而进入休眠。要求通风良好的环境和疏松的土壤。

(四)生产技术

1. 繁殖技术

扦插繁殖。6—8 月,从老枝顶端剪取 8～10 cm 长的枝作插穗,插穗伤口有乳汁,可在伤口涂抹炉灰并放置 1～2 d 后,插于湿润素沙中。插后 2 个月生根,翌年春季分栽。

2. 生产要点

栽培管理容易,注意盆上不能积水,浇水应掌握一次浇透,干透再浇的原则。生长期施以腐熟稀释的人畜粪尿。冬季保持室温 15℃以上。

(五)园林应用

盆栽观赏,或作为刺篱等。虎刺梅栽培容易,开花期长,红色苞片,鲜艳夺目,是深受欢迎的盆栽植物。由于虎刺梅幼茎柔软,常用来绑扎孔雀等造型,成为宾馆、商场等公共场所摆设的精品。

练习题

一、选择题

1. 君子兰在转盆时一般转多少角度适宜(　　)。

A. 45°　　B. 90°　　C. 120°　　D. 180°

2. 下列有"养小不养老"之说的花卉是(　　)。

A. 天门冬　　B. 文竹　　C. 肾蕨　　D. 梅花

3. 下列不属于温室花卉特点的是(　　)。

A. 小巧玲珑,花冠紧凑　　B. 能及时调节市场

C. 不可连续多年观赏　　D. 营养面积有限

4 下列不属于观果类花卉是(　　)。

A. 佛手　　B. 米兰　　C. 代代花　　D. 乳茄

5. 仙人掌类植物通常采用(　　)的方法进行繁殖。

A. 髓心接　　B. 播种　　C. 分株　　D. 压条

6. 被称为"花中西施"的花卉是(　　)。

A. 杜鹃　　B. 水仙　　C. 梅花　　D. 蜡梅

7. 被称为"人间第一香"的花卉是(　　)。

A. 桂花　　B. 茉莉　　C. 米兰　　D. 兰花

8. 被称为"凌波仙子"的花卉是(　　)。

A. 荷花　　B. 百合　　C. 水仙　　D. 蜡梅

9. 下列属于耐酸性花卉的是(　　)。

A. 杜鹃　　B. 香石竹　　C. 梅花　　D. 蜀葵

10. 叶子花观赏的主要部位是(　　)。

A. 花　　B. 苞片　　C. 叶　　D. 果

二、判断题

1. 中国兰分株时,一定要伤及假鳞茎,利于成活。(　　)

2. 八仙花花大色艳,但不耐阴。(　　)

3. 朱顶红上盆时宜将茎埋入土中 2/3,外露 1/3。(　　)

4. 绿萝主要以种子繁殖为主。(　　)

5. 花叶竹芋属于竹芋科竹芋属,为一年生草本花卉。(　　)

6. 瑞香喜阴,忌强光直晒,怕寒及高温、高湿。(　　)

7. 茉莉花属木犀科茉莉花属,为常绿小乔木花卉。(　　)

8. 含笑花单生于叶腋,花小,直立,乳黄色,花开而不全放,故名"含笑"。(　　)

9. 叶子花以扦插繁殖为主,春季扦插成活率高。(　　)

10. 金橘浇水有"干花湿果"之称。(　　)

三、填空题

1. 盆花浇水的原则是__________、__________、不干不浇、__________。

2. 盆花施肥的原则是__________。

3. 盆栽花卉培养土的常用消毒方法有__________消毒、__________消毒和__________消毒。

4. 列举 5 种常见的观花草本花卉________、________、________、________、________。

5. 列举 5 种常见的观叶花卉________、________、________、________、________。

四、名词解释

1. 上盆
2. 换盆
3. 翻盆

五、论述题

1. 温室花卉上盆前的注意事项有哪些？
2. 适宜栽培温室花卉的土壤应具备什么条件？
3. 简述君子兰夹箭的原因及防治方法。
4. 简述仙客来的繁殖技术要点。
5. 简述天竺葵的扦插繁殖技术。
6. 简述绿萝扦插繁殖的具体操作方法。
7. 简述四季海棠的繁殖技术。
8. 简述蟹爪兰的嫁接繁殖技术要点。
9. 简述一品红的扦插繁殖技术要点。
10. 简述橡皮树的扦插繁殖技术要点。
11. 佛手的水肥管理应注意哪些问题？
12. 金橘养护需要注意什么问题？

学习情境 6 习题答案

学习情境 7

切花花卉生产技术

课件(PC端下载)

试题库

课程思政元素

让学生清楚作为园艺花卉人要承担的社会责任，要刻苦钻研，锐意创新，学有所用，为花卉产业发展贡献自己的力量。

知识目标

1. 掌握四大鲜切花的生产栽培管理方法。
2. 熟记常见的新兴切花的种类与栽培管理。
3. 了解切枝与切叶类花卉的种类及养护。

能力目标

1. 掌握常见的鲜切花的栽培管理方法。
2. 掌握常见的鲜切花的种类与应用。

本情境导读

切花是指将具有观赏价值或有香气的花朵、叶片、果实连同枝条剪切下来用于插花装饰的花卉。切花有鲜花和干花两种，鲜花是在新鲜状态下被应用的切花，常作为花卉装饰的素材，如瓶插或盆插、花束、花篮、花环、壁花、胸花、花圈等观赏用品。在切花生产和应用实践中，通常按照其主要观赏部位分成切花类、切叶类、切枝类和切果类四大类。

由于具有运输方便、变化性大、应用面广、装饰性强、价格相对便宜等特点，目前切花是花卉商品的主要销售形式，占世界花卉产品的50%左右。

任务一　四大鲜切花生产技术

一、菊花的切花生产技术

(一)形态特征

菊花(*Dendranthema morifolium*)为菊科菊属多年生草本花卉,株高 60～180 cm,茎直立,上被灰色柔毛,具纵条沟,呈棱状,半木质化。单叶互生,有叶柄,部分品种有托叶。叶片有缺刻,表面粗糙,叶背有茸毛,叶表有腺毛,能分泌菊香气。头状花序,花单生或数朵聚生,边缘为舌状花,多为单性雌花或无性花,中部为筒状花,为两性花。花序的颜色、形状和大小变化很大,花色主要有黄、白、红、紫和粉等色系,花期因品种而异。见图 7-1。

图 7-1　菊花

菊花的种子实际上是类似种子的果实,在植物学上称为瘦果,长 1～3 mm,表面有棱,黄褐色或绿褐色,种子成熟后无明显休眠期,生活力可保持 1～3 年。

(二)品种类型

切花菊应选标准菊,具体应选择花型饱满、花色鲜艳、花朵大小适中,茎长、茎秆粗壮挺拔,叶片肉厚平展而不大、鲜绿有光泽,适合长途运输和贮存,瓶插期长,2～3 d 内无水也不易萎蔫,吸水后能挺拔复壮,浸泡后能够全开而耐久,适宜做切花的优良品种。我国常见栽培切花菊类型和品种见表 7-1。

表 7-1　切花菊不同类型品种及其花芽分化与花芽发育对日长和温度的反应

类型	花期	对温度的反应	对日长的反应	品种
夏菊	华中地区为 4—6 月,北方寒冷地区 5—7 月	花芽分化温度多数为 10℃左右,少数在 5℃,高温抑制花芽发育	日中性	新精兴、白精兴、夏红、金碧辉煌、千代姬和赤壁鏖战等
夏秋菊	花期在 7—9 月	花芽分化温度为 15℃左右,低温抑制花芽分化	量性短日[①]	精云、精军、白天惠、宝之山和夏牡丹等

续表 7-1

类型	花期	对温度的反应	对日长的反应	品种
秋菊	花期在 10—11 月	花芽分化温度多数为 15℃左右,临界低温 10℃,高温抑制花芽分化与发育	短日	秀芳之力、秋樱、巨宝、日橙、日本雪青和四季之光等
寒菊	花期在 12 月至翌年 1 月	花芽分化温度为 6~12℃,高温抑制花芽分化与开花	短日	金御园、银正月、寒娘红、寒白梅、寒太阳和春姬等

注 ①量性短日即在长日照条件下能正常开花,短日处理能促进开花的类型。

(三)生态习性

菊花原产于我国,喜光照充足、气候冷凉、地势高燥、通风良好的环境条件,要求富含腐殖质、肥沃疏松的沙壤土 pH 为 6.0~7.2,耐旱、耐寒,忌积涝重茬。生长适温白天为 18~21℃,夜间为 10~15℃。秋菊、寒菊是典型的短日性植物,夏菊为日中性植物。

(四)育苗技术

作为规模化的商品生产的切花菊,对种苗的质量、苗龄、苗的大小、整齐度等都有较高的要求。切花菊生产上育苗多采用扦插繁殖,具有育苗周期短、繁殖系数高、成活率高、不受季节限制、操作简便等特点。

1. 母株选择

秋冬季,将脱毒、生长健壮、无病虫害的组培苗定植于圃地,施足基肥。采穗母株定植密度为 40 株/m^2,合理进行肥水管理,当母株长到 12~15 cm 时,用手摘心 1 次,摘去顶芽 1~2 cm,促发分枝。20 d 后进行第 2 次摘心,促进母株萌发较多的根蘖和顶芽,加强养护管理,以获取足够的插穗。母株要多留,以防插穗不够,按母株与栽培用苗 1∶10 的比例确定母株数。

2. 采穗

温室育苗不受季节限制,选择健壮、品系纯的母株采芽,采穗前 20~25 d 对植株喷施杀虫剂。插穗取自母株顶芽的应选未木质化嫩梢的顶芽,长 5~8 cm,插穗长度尽量一致,差异不可超过 0.5 cm,否则影响整齐度。摘去插穗下部叶片,以留 3~4 片展叶为最好,若叶片不易摘,说明插穗已老,不宜用。

3. 扦插育苗

春、秋茬栽培的切花菊均采用扦插繁殖,培育质量高、整齐度好的栽植苗,以提高切花菊的产量和质量。

扦插前,将插穗 20 支捆为 1 束,打捆部位应在生长点下 2~3 cm 处。把下切口速蘸 200 mg/L 萘乙酸、吲哚丁酸溶液或 50 mg/L 生根粉 2 号,以促进扦插生根。为获得健壮无病虫害的小苗,扦插苗床用福尔马林以及一些杀虫剂消毒,1 m^2 用福尔马林 50 mL 兑水 5 kg 混匀后喷在苗床上,然后用旧麻袋或薄膜盖 4~6 d。

为了确保扦插质量,菊花扦插应在大棚内进行,以达到避雨防病保湿的目的。气温高时,在棚内搭架盖遮阳网,减少因蒸腾失水过快而死苗。

先用小棒在基质上垂直插一个深 2~3 cm 的洞,再插入插穗,扦插不宜过密,株行距 3~

4 cm 为宜，扦插密度为 700～1 000 支/m^2，插后基部轻轻压紧介质，并立即浇水，将插入的缝隙密合，水量要足，待水分被吸收后再浇 1 次，直到完全浇透。扦插后覆盖塑料薄膜保持湿度。

插后管理时要防风、遮光、保湿 3～4 d，以防叶面蒸腾过量，促进生根。后期注意光照和通风，以防霉烂和病害。扦插生根适宜温度为：白天 22～25℃，夜间 18～20℃。冬季注意保温，夏季注意遮荫和保湿。一般插条在 15～20℃，1 周后开始生根，灌水量可逐步减少，2 周后可基本生根，并可逐渐见光，大约 30 d，待根系长到 1.5～2 cm 时便可定植。

（五）生产技术

以秋菊为例介绍其生产技术。

1. 整地作畦

菊花为喜肥植物，种植前务必施足基肥，基肥应以有机肥料为主。整片土地要尽量平整。检测土壤 pH，以熟石灰或硫黄粉来调节土壤的 pH 至 5.5～6.5。把肥料、石灰等均匀撒在地上，与土层一起均匀翻耕，深度为 20～25 cm。土块耕成 0.5～2.0 cm 大小的土粒为宜。同时，进行清除杂草、石块、瓦片、玻璃、树枝等工作。整地之后进行作畦，以南北方向做深沟高畦，宽度为 1～1.2 m，高度为 25～30 cm，操作道为 50 cm。畦的长度不宜过长，便于操作。应拉线放样，保证作畦的垂直整齐。

2. 定植

秋菊栽培一般在 5 月中、下旬至 6 月上旬，选择阴天或傍晚进行定植。挑选质量好、无病虫害、均匀一致的种苗。单花型独本菊每平方米栽培 60 株，多本菊每平方米栽培 30 株。以宽窄行种植为例，1 畦 4 行，两侧留 15 cm，中间留 30 cm，行距 10 cm。独本菊栽培的株距为 7～8 cm，多本菊栽培的株距为 10～15 cm。定植深度 4～5 cm，定植后压紧扶正，并浇透水。病弱苗在 3 d 内拔除并补苗，力求达到整齐一致。植株定植 1 周后摘心，标准为保留 2 片功能叶。

3. 栽培管理

（1）肥水管理　定植后，应及时除草，防止杂草争夺养分。缓苗后，每隔 3～5 d 浇水 1 次，植株长到 30 cm 以后需适当控制浇水次数和浇水量，有利于促进花芽形成。浇水时以弥雾喷灌和滴管为好，防止漫灌造成根茎部位浸水而引起生长点腐烂。

定植后，每 10～15 d 追肥 1 次，施肥时应薄肥勤施，防止施肥过量，造成营养生长过旺及柳叶的发生。

（2）摘心、除侧芽、整枝　当植株长有 5～6 片叶时开始摘心，促进萌发多个分枝。为了使养分集中，根据植株长势，选留生长健壮、分布均匀的 3～4 个侧枝，多余的分枝全部除去。同时及时摘去基部老叶，使菊苗通风、透光。

摘心定芽后施 1 次含氮为主的花生麸，每亩用量 20～25 kg，可与复合肥一起施用。当花蕾直径有 0.5～1.0 cm 时，施最后 1 次复合肥。

（3）立柱张网　在生产期为确保茎秆挺直，生长均匀，必须立柱架网，防其折伏和偏头。当菊花苗生长到 30 cm 高时架第 1 层网。一般在畦的四周立几根支柱（用来固定网），网是用塑料线编织而成，网眼为 10 cm×10 cm，每网眼中 1 枝；以后随植株生长到 60 cm 时，架第 2 层网；出现花蕾时架第 3 层网。立柱要稳，架网平展，起到抗倒伏的作用。

（4）剔芽和抹蕾　在枝条生长过程中及现蕾的同时，应及时抹去腋芽。菊花现蕾后及时去除副蕾和侧蕾，集中营养供给顶部主蕾。

(5)松土与除草　在整个栽培管理过程中，松土与除草同时进行，防止板结。

(6)人工加光推迟开花　每年冬季及其前后为菊花切花供应的旺盛期。菊花大部分品种属于秋菊，冬季及其前后市场上供应的菊花切花，除了一部分是自然花期的秋菊与冬菊之外，其他的都是通过黑夜人工加光的方法，推迟开花的菊花。

菊花是短日照植株，临界日长 10～11 h，通过对菊花日照长短调控，来保持营养生长与生殖生长协调。经多年研究，秋菊 7 月下旬后栽的要补光，才能提高产品的合格率，具体掌握在栽后至 16 d，22:00—24:00，补光 2 h(每个大棚 20 个 100 W 白炽灯)；16～26 d，22:00 至次日 1:00，补光 3 h；26～50 d，22:00 至次日 2:00，补光 4 h。当植株高达 50～60 cm 就停止补光。

(7)病虫害防治　切花菊常见的病害有黑斑病、锈病、白粉病等，以上几种病的病原菌均属真菌，皆因土壤湿度太大、排水及通风透光不良所致。故宜选生态条件良好处栽培，并需注意排涝，清除病株、病叶，烧毁残根。盆土宜用 1∶8 福尔马林液消毒，生长期再用波尔多液、80%代森锌液或 50%甲基托布津液喷布。

虫害有蚜虫、红蜘蛛、尺蠖、螨虫、蛴螬、潜叶蛾幼虫等，可通过人工捕杀及喷洒杀菌剂时混合杀虫剂进行防治。常用的杀虫剂有一遍净、斑潜净、阿维菌素等。另外，在大棚上覆盖防虫网可有效防止蚜虫等害虫的危害。

5. 采收包装

(1)采收标准　切花菊采收适期在花蕾期，花蕾发育不充分不能采收，当菊花开至 5～6 成时，即可选花和叶都比较健康的枝条剪下。对于大花型品种，在花头直径达 5.0～6.5 cm 时，进行切枝采收，可以节约培育和运输成本。

标准菊在花序张开 5～7 成，舌状花紧抱，有 1～2 个外层瓣开始伸出时为采收适期。从地面以上 10 cm 处剪下花枝，切花枝长宜在 60～100 cm。

多花型切花菊要在主茎顶端小花盛开、侧枝上有 3 朵以上小花透色时采收。

(2)采后处理　采收后将基部 20 cm 左右的叶片摘除，浸入清水中，按色彩、大小、长短分级放置，为了保持鲜活度，摘叶处理后把花枝基部及时放到保鲜液中浸蘸，包装后再进行干藏低温保鲜。加工整理后的菊花首先进入 8℃的预冷室中预冷吸水，时间为 6～8 h；之后转入 2～3℃，空气相对湿度 90%的条件下保藏，可较长时间保鲜。

二、切花月季生产技术

(一)形态特征

月季(*Rosa hybrida* cvs)，灌木，茎为棕色偏绿，具有钩刺或无刺。小枝绿色，叶为墨绿色，奇数羽状复叶互生，小叶一般 3～5 片，宽卵形(椭圆)或卵状长圆形，叶缘有锯齿，两面无毛，光滑；托叶与叶柄合生。花单生、丛生或呈伞房花序生于枝顶，花色甚多。果卵球形或梨形。见图 7-2。

(二)类型及品种

现代月季大致可以分为 6 大类：杂种香水月季、聚花月季、壮花月季、微型月季、藤本月

图 7-2　切花月季

季和灌木月季。其中杂种香水月季、聚花月季、壮花月季的一些品种有适宜作切花生产的。切花月季与其他系列月季一样，品种丰富且每年世界各地都有新品培出。

（三）生态习性

月季喜温和，忌炎热，怕严寒。最适生育温度白天 20～27℃，夜间 15～22℃，能耐 35℃高温，过于干燥与低于 5℃的寒冷条件下，即进入休眠或半休眠状态。切花月季为日中性植物，喜日光充足，不耐荫蔽，在荫蔽环境中枝条细长，叶薄色浅，花少而小。对土壤要求不严，但在地势高燥、空气流通、排水良好、pH 6～7 的肥沃而湿润的疏松土壤中栽植，生长健壮，花繁叶茂。

（四）繁殖方法

切花月季繁殖的方法主要有扦插、嫁接和组织培养 3 种繁殖方法，前两种为主要方式。

1. 扦插繁殖

截取生长健壮、组织充实稍带木质化的当年生枝，或结合花后修剪截取开过花的当年生枝，剪成长 10 cm 左右带 2～4 个芽的插穗，保留上部 2 片复叶，每片复叶保留基部 2 片小叶，用 500 mg/kg 的吲哚丁酸粉剂溶液处理，以蛭石为基质。

扦插时，株行距为 5 cm×6 cm，插入深度为插条长的 1/3。插后浇足水分，保温保湿遮荫，20～30 d 即可生根。

2. 嫁接繁殖

切花月季用苗大多数为芽接苗，嫁接繁殖时间通常在 3 月中旬或 7 月上旬至 9 月中旬。砧木是本属中最常见而且抗逆性最强的蔷薇属野生种，如野蔷薇、粉团蔷薇及无刺狗蔷薇，后者抗白粉病强又无刺，是较理想砧木。

（五）生产技术

1. 定植

切花月季定植时间最好在 5—6 月，经过 3～4 个月的培养，至 9—10 月开始产花。栽植密度因品种、苗情和环境而异。每床栽两行，株间交错，有利于通风透光。大花型的品种株距 45 cm，一般品种株距 30～40 cm，100 m^2 可栽植 700～900 株。

2. 定植后的管理

在种植床东西两边两端立桩，高 1.5 m；桩子两头分别系着高 1 m 与高 1.3 m 的两条铁丝，每个植床各有 2 条支架，使植床上两行月季植株的外侧都有 1 根支撑铁丝。

栽培时，昼温 20～21℃，夜温应维持在 15℃。温度过高（>30℃）花朵变小，瓣数减少，茎枝软弱，质量下降；一些品种在低温下形成过量花瓣的大头花，花色与花型变劣。温度过低（<5℃）生长速度急剧下降，产量明显降低，花朵畸形，花色变浅。但在采花期可将温度适当降低些，以利于对病害的控制。定植初期的水分管理以见干见湿为主，肥料以氮肥为主，薄肥勤施，促发新根，尽快形成强大的根系，使植株快速成型。抽梢、孕蕾、开花期需充足水分；修剪前适度停水，控制生长；修剪后为促进芽的抽动，需及时浇水；孕蕾开花期，肥水需要量增大，土壤应经常保持湿润状态，施肥次数和施肥量都增多，通常 1 周 2 次。温室切花月季栽培，通风极为重要。当室内温度高于 22℃时就应注意适当通风，特别在有日光时，温度高而不及时通风就会引起病害，使植株受到严重的损害。夏季温室栽培，强光伴随着高温，必须进行遮阳，遮阳的目的是降温。有些地方夏季最强光照可以达到 129 000 lx，应遮阳降低约一半光强。冬季温室栽培的月季受光量明显减少，但月季仍然能开花。利用高光强度电流的荧光灯和白炽灯组合的光源补光，可以提高花枝质量和单位面积花枝产量。

3. 整枝修剪

整枝修剪是切花月季栽培管理中十分重要的环节，其主要目的是控制高度、促进更新枝条，还能控制产量、控制花期。

（1）修剪方法　轻度修剪、中度修剪、低位重剪。

轻度修剪：把不合格的短枝、弱枝、病枝剪掉，内短枝剪空，外围短枝摘花蕾，以保持植株的营养面积，树势强健，生长旺盛。

中度修剪：一般立秋前后进行，只需摘蕾，保留叶片，立秋后将上部剪掉，主枝留 2～3 档叶片。

低位重剪：就是把植株回剪到离地面 60 cm 左右的高度。

（2）抹芽与剥蕾　抹芽是月季整枝的重要手段。小苗期主要是去蕾，通过反复去蕾，以增强花枝向上生长的能力。抹芽的基本原则是留强去弱、留外去内。

（3）决定产量、控制花期　修剪的时间主要根据月季各个品种的有效积温特性，并考虑保护地设施的保温或加温能力来推算合理的修剪日期。大多数品种一般夏季开花需 35～42 d，冬季在保护地内栽培，开花天数需 50～60 d。

4. 切花的采收及包装运输

（1）采收　切花月季的采收期一定要把握准确，采收过早，花蕾会出现弯头或不能正常开放；采收过晚，如内层花瓣开始松散时，会增加运输中的损耗。一般来说，远距离运输在 1/3 花朵花萼松散，花瓣紧抱，开始显色便采收；近距离销售时，采收期在 2/3 花萼松散，1/3 花朵花瓣松散时采收。

切花月季采收时间和采收次数因季节而异，春、夏、秋季一般每天采收 2 次，分别在 6:30—8:00 和 18:00—19:30 进行，冬天一般每天早上采收 1 次。采收时根据植株整体株型，在花枝着生基部留 2～3 个叶腋芽处剪切。剪切后需在 5 min 之内插入含有保鲜剂的容器中，尽快保鲜运输并在冷库冷藏。

月季的红、粉品种一般在第 1 片花瓣向外松展时采收；白色品种开放慢，可以稍晚一些采收，应在第 3 片花瓣向外松展时采收；黄色品种开放快，采收应稍早一些。

（2）包装运输　月季切花包装方法是扎成一层或两层圆形或方型花束，各层切花反向叠放箱中，花朵朝外，离箱边 5 cm；小箱为 10 扎或 20 扎，大箱为 40 扎；装箱时，中间需捆绑固定;纸箱两侧需打孔,孔口距离箱口 8 cm;纸箱宽度为 30 cm 或 40 cm。外包装的标识必须注明切花种类、品种名、花色、级别、花茎长度、装箱容量、生产单位、采切时间等。

三、切花唐菖蒲生产技术

(一)形态特征

唐菖蒲(*Gladiolus hybridus*),多年生草本,地下部分球茎扁圆形,茎节明显,有褐色膜质外皮。基生叶剑形,排成两列抱茎互生。花葶自叶丛中央抽出,穗状花序顶生,由 8～20 朵组成,自下而上依次开花,花冠基部有短筒,漏斗状,花瓣边缘有皱褶或波状等变化。花色有白、粉、黄、橙、红、紫、蓝等深浅不一的单色或复色。果为蒴果,长圆形,种子褐色。见图 7-3。

图 7-3 切花唐菖蒲

(二)类型及品种

唐菖蒲的栽培品种极为丰富,且每年都有新品种投放市场。由于长期大量杂交、品种混杂,难以归纳分类。现多按照开花习性分为春花种(秋季栽球,翌春开花)。夏花种(春季栽球,夏秋开花)两类。也可按生育期长短,分为早花类(60～65 d,如马斯卡尼、欧洲之梦等)、中花类(70～75 d,如金色田野、白衣女神等)、晚花类(80～90 d,如忠诚)三类。此外还可按花型、花色等分类。

(三)生态习性

唐菖蒲喜温暖、湿润环境,喜阳光充足,有一定的耐寒性,不耐涝。生长适宜温度,白天为 25～27℃,夜间为 12～15℃,球茎在 4～5℃时萌动。在长日照情况下能促进花芽分化,分化后短日照可使其提前开花。喜肥沃、排水良好的沙质壤土,pH 5.6～6.5 为佳。唐菖蒲极不耐盐,对氯元素及含氟气体较敏感,在用自来水浇灌和选择栽培场地时应特别注意。

(四)繁殖方法

唐菖蒲以分球繁殖为主,一个较大的商品球经栽种开花后,可形成 2 个以上的新球。新球下面还能生出许多小子球。生产栽培以球茎直径大小分级:一级大球(直径大于 6 cm)、二级中球(直径在 4～5.9 cm)、三级小球(直径在 2～3.9 cm)、四级子球(小于 1.9 cm)。为保证切花品质,一、二级球常用于生产,三、四级球常用于繁殖,经 1～2 年栽培后,可用作开花种球。但分球繁殖易出现品种混杂和品质退化。为提高种球品质,可定期采用组织培养的方法,即取花茎或球茎的侧芽,剥去绿色叶鞘,摘除花蕾,消毒后作外植体接种在培养基上进行培养,60 d 左右开始结球,4～6 个月可收获到种球。

(五)生产技术

1. 露地栽培

(1)整地施肥　栽植前先将土壤深翻,深度可达 40 cm,土壤瘠薄的施入腐熟的农家肥作基肥。结合土壤深翻进行土壤消毒。多雨地区做高畦，干旱地区多用平畦。

(2)球茎处理　球茎种植前用500倍多菌灵或百菌清消毒液进行消毒。

(3)种植　在适宜的温度条件下，多数品种从种植到花盛开约需90 d。定植株距10～20 cm，行距为30～40 cm，种植深度为5～12 cm。

(4)肥水管理　生长初期主要依靠球茎中贮藏的养分，可不追肥；在2片叶形成后，进行1次追肥；3～4片叶时增加施肥量，促进孕蕾；花期不施肥，花后应施磷、钾肥，促进新球生长。经常保持土壤湿润，在植株型成3～4片叶、进行花芽分化时，应适当控水，促进花芽分化。

2.保护地栽培

唐菖蒲在长江下游及以北地区，必须有保护地条件才能周年生产。

(1)补光　唐菖蒲喜光，冬季生产时，常因光照强度不够而产生“盲蕾”。因此，温室内栽培应备有补光设备，以便在日照不足时使用。冬季生产时，特别是在花芽分化后几周内，要进行补光处理，一般补8 h即可。

(2)通风　唐菖蒲喜温暖但不闷热的环境条件，最适温度为20～25℃。在栽培过程中要注意保证通风良好，特别是在冬季栽培的过程中更应注意通风，避免产生“盲花”。

(3)浇水　提倡使用喷灌或滴灌栽培唐菖蒲。

3.冬春栽培

唐菖蒲的周年生产中，10月至翌年5月为生产关键时期，这一时期市场切花紧缺，也是唐菖蒲生产淡季，用调节定植时间来进行淡季生产。若10—12月产花，需7—9月定植。这一时期气温较高，且雨水较多，因此要重点防止球茎感病。可以在地面铺稻草等隔热材料，或架设遮荫网，以降低环境温度。若12月至翌年3月产花，应在10—12月定植，管理也需要格外精心。第一，要尽可能选用比较耐低温和低光照的品种；第二，应选择饱满的大球；第三，栽植密度要比春、夏季小。

在我国北方冬季温室栽培，应使用滴灌系统，而不宜使用喷灌，因喷灌会吸收很多热量，致使加温系统工作负荷加重。秋、冬季节栽培唐菖蒲，除温度外，增加光照是一项重要措施，一般每天14～16 h的光照才能促进花芽分化。从2～3片叶期起每天增加光照3～4 h，连续55 d以后可以开花。

4.病虫害防治

唐菖蒲的常见病害有枯萎病、灰霉病、锈病、细菌性病害、线虫病害等。枯萎病要提前防治，种植前用50%多菌灵500倍液浸0.5 h，消毒球茎，再以5%福美双拌粉后种植；灰霉病用5%农利灵可湿性粉剂800～1 000倍液喷施，或喷5%扑海因可湿性粉剂1 000～1 500倍液；锈病发生期喷80%大生粉剂500倍液；细菌性病害防治时选用无病种球繁殖，及时拔除病株，发病初期喷农用链霉素1 000倍液；线虫病害要认真检疫，防止有线虫的病株或土壤、肥料传播，与禾本科植物进行轮作。主要虫害有花蓟马、梨剑纹夜蛾等，花蓟马采用50%杀螟松1 000倍液喷，或2.5%溴氰菊酯乳油3 000倍液喷雾防治；梨剑纹夜蛾发生多使用敌百虫、敌敌畏1 000倍液喷杀。

5.花期控制

唐菖蒲的花期控制较为容易，球茎采收后经过一定时期的休眠就可种植。不种植的球茎在5℃下保存。从种植至开花约需3个月。分期种植即可获得不同花期，实现周年供花。如3月中旬种植，6月出花；7月种植，9—10月出花。露地栽培花期为6—11月，冬、春需要设施栽培。休眠期可用人工措施打破。

6. 采收与保鲜贮藏

当唐菖蒲有1～3朵小花已透色时即可采收。剪切时保留植株基部3～4片叶，花采收后立即放入清水中，然后分级处理，20支1束。花束贮藏在2～5℃条件下待运。

四、切花香石竹生产技术

(一)形态特征

香石竹(*Dianthus caryophyllus*)，株高50～100 cm，茎直立，多分枝，基部半木质化。耐寒性品种冬季可形成莲座状。整株被蜡状白粉，呈灰蓝色；茎秆硬而脆，节膨大。叶对生，线状披针形，基部抱茎。花单生或2～6朵聚生枝顶，有短柄；花径长筒形，先端5裂；花瓣扇形，多为重瓣；花色有红、玫瑰红、粉红、深红、黄、橙、白、复色等，花径3～9 cm，花有香气。见图7-4。

图7-4 香石竹

(二)类型及品种

按花朵数目和花径大小分为单花型和多花型，单花型为大花型，每枝上着生1朵花；多花型主枝上有数朵花，花径较小，为中小型花。根据对环境的适应及性状表现分为夏季型和冬季型，夏季型主要品种有“坦加丁”“托纳多”“罗马”“尼基塔”“海利丝”“马斯特”等，冬季型主要品种有“白西姆”“诺拉”“卡利”“莱纳”“达拉斯”“俏新娘”等。

(三)生态习性

香石竹喜温暖、凉爽气候，忌严寒、酷暑，生长适温白天20℃左右，夜间10～15℃，气温低于10℃，生长停滞；高于30℃，生长受到抑制。夏季连续高温易发生病害。喜干燥通风环境，喜阳光充足。适于疏松透水、富含腐殖质土壤，pH 6～6.5。忌连作。香石竹多为中日性花卉，15～16 h长日照的条件，对花芽分化和花芽发育有促进作用。

(四)繁殖方法

香石竹易受病毒感染，切花香石竹一般用组织培养法去除病毒，获得脱毒苗，然后再用扦插法繁殖。扦插繁殖要建立优良的品种圃、采穗圃。品种圃和采穗圃应覆盖防虫网，防止害虫侵入而感染病毒，导致种性退化。香石竹种苗的优良性状一般能维持8～12个月，之后性状退化，影响切花质量。种苗生产的母株必须每年更换1次。

生产用种苗的插穗最好采母株茎中部2～3节抽生的侧芽，采穗长度6～8 cm，保留6～8片叶，速蘸50 mg/L的NAA或2号ABT溶液，促进生根。扦插采用全光喷雾苗床，基质为蛭石，基质厚度8～10 cm，插后立即浇水。生根前要适当遮阳，夏季高温喷水降温。苗床注意防病，及时发现，及时防治。在高温、高湿环境下，6～8 d喷1次杀菌剂，如多菌灵、百菌清、甲基托布津等，喷洒应在表面水分刚蒸发完时进行。

(五)生产技术

1. 土壤准备

选择没有种植过香石竹的地块,连作时对土壤进行消毒。整地,施入腐熟的有机肥作基肥,通常每 100 m 施有机肥 300 kg,过磷酸钙 12~15 kg。香石竹喜干忌涝,地下水位高的地区作高畦,水位低的作平畦,注意排水。

2. 定植

香石竹定植时期按春作型、秋作型和冬作型进行划分。春作型 4—5 月定植,10 月以后秋冬出花;秋作型 9 月定植,翌年 3—4 月出花;冬作型 12 月定植,翌年 6—7 月出花。定植的密度一般为 35~40 株/m^2,有效花枝控制在 180~200 支/m^2。定植株行距为 10 cm×10 cm,深度为 3~5 cm,以香石竹幼苗能直立为宜。

3. 浇水追肥

一次浇水不宜过多,以湿润 30 cm 土层为好。土壤过湿容易发生茎腐病。9 月下旬至 10 月下旬气温 15℃左右时,可增加浇水量。冬季因昼夜温差大,要严格控制浇水量。

香石竹在定植后追施有机肥,追肥要薄肥勤施,注意全面营养。生长前期需氮肥较多,中后期减少氮肥的用量,适当增加磷、钾肥。花蕾形成后,可每隔 5~7 d 喷 1 次 0.2%~0.3% 的磷酸二氢钾,以提高茎秆的硬度和开花质量。

4. 架网

香石竹在侧枝开始生长后,整个植株张开,花茎易弯曲,应提早张网,使茎正常发育。一般张 3 层网:苗高 20 cm 时,张第 1 层网,网距床面 15 cm;第 2 层网距第 1 层网 20 cm;第 3 层网距第 2 层网 20 cm。

5. 摘心和花期控制

定植后 4~6 周,侧枝长至 5 cm 时即可摘心。有 4 种摘心方法,摘心方法的不同可影响切花产量和采收时间。

(1)单摘心　对定植植株只进行一次摘心,一般在有 6~7 对叶进行,摘去顶芽,使下部 4~5 对侧芽几乎同时生长,同时开花。此摘心方法能出现两次采收高峰,可在短时间内同时收获大量切花。

(2)一次半摘心　摘去顶芽,侧枝伸长后,从所有侧芽中选半数较长者再摘心。这种方法可降低第 1 茬花产量,但各茬花产量较均匀,可延长采花时间。

(3)双摘心　摘除顶芽,侧枝生长后再摘除所有侧枝的顶芽。这种方法可使第 1 茬花产量大而集中。主要为推迟采花期。

(4)单摘心与打梢　摘除顶芽,侧枝伸长超过正常的该摘心的长度时,去除较长的枝梢,打梢需持续进行 2 个月左右。这种方法可降低第 1 茬花产量,使第一年中产花量平稳,可与双摘心方法一样提高产量,但在生产上要求高光照条件下采用。

6. 摘芽和摘蕾

这是香石竹栽培中一项持续且费工的操作,除产花侧枝外,其余侧枝应及早摘除;留下茎顶端花蕾位置适中且发育良好的一个,其余全部摘除。摘芽及摘蕾应用手掐住芽或蕾向下作圆弧旋转将其剥掉,而不可向下直拉,否则容易损伤茎叶,导致以后花茎弯曲。

7. 病虫害防治

香石竹常见病害有立枯病、病毒病、叶斑病及锈病等。应选用无病插穗(芽),拔除病株,喷药防治，或进行土壤消毒。虫害有蝇、蝼蛄危害，可用毒饵诱杀。对蚜虫、红蜘蛛、夜盗蛾等虫害，可喷药毒杀。

8. 采收与处理保鲜

大花型香石竹可在花蕾即将绽开时采收。多花型香石竹应在两朵花已开放，其余花蕾透色时采收。采收时间应在每日 13:00—16:00。花采下之后，应放在清洁的水或保鲜液中，冷藏温度在 0～0.5℃，相对湿度 90%～94%，分级包装，20 支为 1 束打捆保存或运输。

任务二　常见新兴切花生产技术

一、切花向日葵

观赏向日葵为菊科一年生草本植物，别称葵花、太阳花，花色多为黄色。原产地为拉丁美洲、墨西哥一带。最早由欧洲人种在庭院或花园里供人观赏，中国自 20 世纪 50 年代从欧洲引种。由于观赏向日葵花色鲜艳，花型、株型丰满，头状花序多，舌状花有黄、橙、乳白、红褐等，管状花有黄、橙、褐、绿和黑色等，具有较高的观赏价值，市场前景广阔。

(一) 形态特征

一年生草本，高 1.0～3.5 m，杂交品种有 0.5 m 高。茎直立，粗壮，圆形多棱角，为白色粗硬毛。叶通常互生，心状卵形或卵圆形，先端锐突或渐尖，有基出 3 脉，边缘具粗锯齿，两面粗糙，被毛，有长柄。头状花序，极大，直径 10～30 cm，单生于茎顶或枝端，常下倾。总苞片多层，叶质，覆瓦状排列，被长硬毛，夏季开花，花序边缘生黄色的舌状花，花序中部为两性的管状花，棕色或紫色。见图 7-5。

图 7-5　向日葵

(二)类型及品种

向日葵有较多的切花品种，比如阳光(sunbright)、巨秋(autumn giant)、意大利白(Italian white)、橙阳(orange sun)、节日(holiday)等，也可通过生长调节剂的处理作为盆花观赏。

(三)生态习性

向日葵四季皆可生产，最适宜的生长温度介于 21～27℃，昼夜温差控制在 8～10℃，有利于早开花，花期可达 2 周以上。向日葵除了外形酷似太阳以外，它的花朵明亮大方，适合观赏摆饰，也成为切花中的新宠。向日葵生长相当迅速，通常种植约两个月即可开花，其花型有单瓣、重瓣或单花、多花之分，花期相当长久。

(四) 繁殖方法

向日葵主要以种子繁殖方式为主，切花可四季生产，根据需要可起垄覆膜直播，将种子直接点播，并浇足水，在日照条件好的情况下生长良好。

(五) 生产技术

1. 选种与栽植

选优良、早花的向日葵切花品种，合理轮作，选好茬口。向日葵不宜连作，也不宜在低洼易涝地块种植，对前茬选择并不严格。向日葵的适应性较强，最适宜土层深厚、腐殖质含量高pH 6～8 的沙壤土或壤质土壤种植为好。向日葵秆高、茎粗，要合理密植，有利于通风透光，提高光合作用。适时早播，可防止或减轻叶部斑病和菌核病的发生，温差过小，容易导致植株徒长。

2. 肥水管理

加强中耕，适时追肥。早疏苗、早定苗，当幼苗长到 2 对叶时，进行定苗；出苗到现蕾期，进行 2～3 次中耕除草；最后一次应深耕培土，防止倒伏，但应该注意的是不能伤根。追肥既要适时，又要合理，向日葵现蕾至开花期，每亩追肥 8～12 kg，沟施或穴施，待花瓣略展开即可采收。

二、切花非洲菊

非洲菊又叫扶郎花是现代切花中的重要花材。非洲菊花径较大(8～10 cm)，花期调控容易，应用日渐广泛。非洲菊还有耐长途运输，切花供养时间长等优点。

图 7-6　非洲菊

(一)形态特征

非洲菊属菊科多年生草本植物，全株具细毛，顶生花序，多数叶为基生，羽状浅裂。株高 30～45 cm，头状花序单生，顶生花序，花色分别有红色、白色、黄色、橙色等。高出叶面 20～40 cm，花径 10～12 cm，总苞盘状，钟形，舌状花瓣 1～2 轮或多轮呈重瓣状，通常四季有花，以春、秋两季最盛。见图 7-6。

(二)类型及品种

常见的有单瓣型、半重瓣型、重瓣型；根据颜色可分为鲜红色系、粉色系、纯黄色系、橙黄色系、纯白色系等。

(三)生态习性

生长期适温 20～25℃，低于 10℃或高于 30℃则停止生长，处于半休眠状态。冬季生产环境温度需维持在 12～15℃，夏季不超过 26℃，因此在生产中大部分要求设施栽培，不但能保证产量，还能确保高质量的切花。

(四)繁殖方法

非洲菊多采用组织培养快繁；也可采用分株法繁殖，每个母株可分 5～6 小株；播种繁殖用于矮生盆栽型品种或育种；也可用单芽或茎基部的短侧芽分切扦插繁殖。

(五)生产技术

1. 选种与栽植

选择苗高 11～15 cm、4～5 片真叶的种苗定植。优质种苗标准：种苗健壮，叶片油绿，根系发达、须根多、色白，叶片无病斑、虫咬伤缺口和机械损伤的苗。周年均可定植，但从生产及销售的角度考虑，4—6月较为理想。定植方式：每畦种3行，中行与边行交错定植，株距30 cm，每平方米定植9～10株。定植时一定要浅植，使根颈部露出土面为宜，并浇透水，刚定植的植株应用遮阳网遮光。

2.肥水管理

非洲菊能抗旱而不耐湿，切忌积水，苗期应适当湿润，以促使根系发育，生长期的浇水量可视土壤的干湿情况而定，不干不浇，浇则浇透。冬季尽量少浇水，土壤以稍干为好。夏季天气炎热时水分蒸发快，植株进入半休眠状态，产花量明显下降，植株长势衰弱，病虫害极易发生，可结合追肥进行，以促进根系对肥料的吸收。夏季要做到及时松土、清根防病、控水控肥、遮阳防雨。

花芽分化前应增施有机肥和氮肥，促使植株充分生长，常以磷酸二氢钾和尿素为主，再加以适量的液体有机肥，每周追施1次，植株进入营养和生殖增长并进的时期，应提高磷钾肥的比例，一般每周1次，同时加入适量的有机肥在4—6月和9—11月的2次开花高峰期前应酌情进行叶面喷施磷酸二氢钾以满足生殖生长的需要。

3.环境调控

非洲菊较耐寒，它的生长对光照不敏感，但性喜阳光充足。大棚内栽培，在冬季加2～3层塑料薄膜可安全过冬。10月下旬初霜来临之前盖好一层塑料薄膜，11月左右应在每畦上搭小棚以保温。6—9月可用50%的遮阳网降温。

对于非洲菊在栽培管理过程中，还有一项工作就是剥叶疏蕾，及时将下部密集、枯老、病叶进行摘除，提高植株群体的通风透光度；平衡叶的生长与开花的关系，适当进行剥叶。当叶片生长过旺时，花枝数量会减少，并出现短梗、花枝少及畸形花蕾的现象，应及时进行剥叶疏蕾，每枝花保留3～4片功能叶，每株保留2～3枝花，疏去发育不良和畸形花枝。

4.病虫害防治

非洲菊的主要病害有叶斑病、白粉病、病毒病。叶斑病可用70%的甲基托布津可湿性粉剂800～1 000倍液或50%的多菌灵可湿性粉剂500倍液喷施。白粉病可用70%的甲基托布津1 500倍液或75%的粉锈宁可湿性粉剂1 000～1 200倍液进行防治，每7～10 d 1次，连续喷2～3次。

5.采收与保鲜

当外轮花的花粉开始散出时采收。采收时要求植株生长旺盛，花茎直立，花朵开展。切花质量的优劣影响切花的瓶插寿命，切忌在植株萎蔫或夜间花朵半闭合状态时剪取花枝。采后进行分级、保鲜处理包装上市。

三、切花马蹄莲

马蹄莲在切花中常应用的有白色和彩色迷你马蹄莲，为多年生草本，是商业插花和艺术插花中新兴起的一种重要花材。

(一)形态特征

马蹄莲是天南星科马蹄莲属的多年生粗壮草本。具块茎，并容易分蘖形成丛生植物。叶基生，叶下部具鞘；叶片较厚，绿色，心状箭形或箭形，先端锐尖、渐尖或具尾状尖头，基部心形。见图 7-7。

图 7-7　马蹄莲

(二)类型及品种

有红色马蹄莲、黄色马蹄莲、黑色马蹄莲、银星马蹄莲等。

(三)形态习性

马蹄莲性喜温暖气候，不耐寒，不耐高温，不耐旱。喜疏松肥沃、腐殖质丰富的黏壤土。生长适温为 20℃左右，0℃时根茎就会受冻死亡。冬季需要充足的日照，光线不足着花少，影响正常生长，稍耐阴。夏季阳光过于强烈时，应适当遮荫。

(四)繁殖方法

可采用分球和播种两种方式，分球繁殖在休眠期或花期过后进行分球，将母球从土壤中挖出，剥取母块茎周围的小球或小蘖芽，分级培养，经过 1～2 年小球也可开花。培养小球需要土壤疏松、肥沃保水良好的基质，生长期需少量多次追肥，促进营养生长，防止小球开花，应集中养分长球。

(五) 生产技术

1. 选种与栽植

栽植前要施足基肥。每平方米施用腐热厩肥 3 kg，过磷酸钙 0.1 kg，饼粕、骨粉各 0.3 kg，翻入土中耙匀，做成宽 1.2 m 的种植畦。株行距 50 cm×70 cm，每畦栽种 2 行。每穴内放置具有 3～4 个芽的块茎，覆土深度约 5 cm。不可栽植过密。

2. 肥水管理

最好 5～7 d 用海绵蘸水揩抹叶面，以保持叶片新鲜清洁。叶子繁茂时应及时疏叶，以利花梗抽出。第一批花枝采收后应及时进行追肥，施肥时切忌将肥水浇入叶鞘内，以免引起腐烂。此外，生长期需经常浇水，并且早、晚用水喷洒花盆周围地面，以增加湿度，同时保持叶片新鲜清洁。

3. 环境调控

夏季阳光过于强烈，要适当遮荫。四季如春的温度可使马蹄莲周年开花。温度以维持 15～25℃为最好，高于 25℃或低于 5℃都会造成植株休眠。0℃时，块茎就会受冻死亡。生长期，若叶片繁茂、过于拥挤，应及时疏叶。将外部枯老的叶子自基部剪除，以保持株间通风良好，促进花茎不断抽生。

4. 采收与保鲜

马蹄莲鲜切花采摘后应及时进行包装存放，一般 10 枝为 1 束，将 10 枝鲜花头部对齐并拢用牵胶带将花颈部、中部及下部分别捆扎，一般鲜花保留 80 cm 后将其余尾部切除，且应注意每枝鲜花尾部都应切去一些以利于水分向上部的输送。鲜花包装后应及时垂直放于水桶中且置于阴凉处存放，应注意保持水的清洁且应浸过花茎 2/3 高度，温度在 4℃条件下，可保存 7～10 d。

四、切花红掌

(一)形态特征

红掌为天南星科花烛属植物，也称花烛、安祖花，切花栽培有红掌(红烛)、粉掌、绿掌等，红掌花色艳丽丰富，花型高雅华贵，具有很高的观赏价值，是插花中的名贵花材之一。

红掌为肉质根，节间短，紧缩，长柄叶自根茎部位抽出，长卵圆形或心形叶片，具有光泽，花葶自叶腋处抽生，佛焰苞蜡质，直立展开，肉穗花序圆柱状、两性花。见图 7-8。

图 7-8 红掌

(二) 类型及品种

切花品种有红掌、绿掌、粉掌、白掌等。

(三)生态习性

红掌是多年生常绿草本植物，原产中、南美洲的热带雨林，通常附生于树干、岩石或地表，喜欢阴暗、潮湿、温暖的生长环境，不耐寒。理想的基质为 pH 5.2～6.0，最佳温度为白天 20～28℃，夜间 18℃以上。相对湿度要求晚上低于 90%，晴天白天大于 50%，阴天 70%～80%。最佳光照度为 15 000～25 000 lx。

(四)繁殖技术

红掌可以用分株、扦插、播种和组织培养的方式进行繁殖。生产上多采用组织培养育苗方式，可选择茎尖、茎段、幼嫩叶片和叶柄作为组培外植体。

(五)生产技术

1. 选种与栽植

红掌切花种苗有大、中、小苗之分。大苗指株高在 30～40 cm 的植株，中苗指株高在 20～30 cm 的植株，小苗指株高在 10～20 cm 的植株。大苗能较早开花，但成本高，在种植和运输过程中容易伤根，缓苗慢。一般红掌可周年种植，但要避免极热或极冷的季节，在气候比较温和的季节栽种。现代化大型温室主要采用床栽、槽栽和盆栽 3 种方式。种植红掌的基质需要达到下列要求：保水保肥力强，良好的排水力，一定的支撑能力，不含有毒成分，水、空气维持一定的平衡，比例为 1∶1，小块颗粒必须在 2～5 cm。基质不能混用，否则空隙度下降。

2. 肥水管理

红掌对盐分敏感，溶液浓度过高会引起花朵缩小、产量降低和茎秆矮小等情况的出现，水质太差可以使用水处理设备进行脱盐。定期使用洁净灌溉水淋洗栽培床，可以降低盐分在基质中的积累。水质的好坏直接影响切花红掌的质量和产量。营养液的灌溉使红掌根部施肥效果比叶面追肥效果好，主要由于红掌叶表面有一层蜡质，使叶片不能对肥料进行很好的吸收，而且这种方法能保持叶片和花朵的清洁。红掌的营养供给量与基质、季节和植株的生长发育时期有关。一般要求每立方米每天喷灌 3 L 或滴灌 2 L,每升肥料溶液所含的营养量应不少于 1 g。栽培红掌应使基质 pH 保持在 5.2～6.2,以 5.7 最为理想。

3.环境调控

红掌是喜温植物,对热量的需求较大。根据温室面积和当地的气候环境安装加温设备。保证冬季红掌生长的最适合温度。

(1)雾喷装置　温室棚内安装雾喷装置,一般降温可达到 3～5℃,同时能够增加湿度,缺点是耗水量大。喷雾系统产生的雾滴越细,使用效果越好。湿帘—风机降温系统。在密闭的温室一侧安装湿帘另一侧安装风机。风机向外抽风,空气通过湿帘实现降温。同时相应地增加了空气湿度,温室内即能形成一个适合红掌生长的环境。这种系统效果比较好。

(2)遮阳系统　夏天过强的光照,使植株生长迟缓,生长发育不良,温室需配备可移动的内外遮阳系统。

4.病虫害防治

病虫害防治是红掌切花生产中非常重要的环节。应以预防为主,综合防治。其中搞好化学防治之外的工作非常重要,主要有以下预防措施:

①清洁温室,拔除杂草。

②对切花小刀等工具定期消毒。

③温室开口处安装防虫网。

④及时清除病残体。

⑤温室严格管理,非生产人员严禁出入,如要进入必须按要求进行消毒。

⑥生产过程中严格按操作规程。避免交叉感染。

⑦培养健壮植株。

细菌性病害是危害最严重的病害,常常会造成毁灭性的灾害,主要有细菌性疫病和枯萎病,采取预防措施对防治这两种病害十分有效,化学防治主要采用 1.5%的农用链霉素防治。真菌病害主要有炭疽病、根腐病等,用 50%甲基托布津 800 倍液加 75%的百菌清 800 倍液防治。虫害主要有蓟马、红蜘蛛等,可以采用 20%的绿威乳油等防治。

5.采收与保鲜

红掌肉穗花序的雌蕊首先成熟,成熟开始于花序的底部,收获时雄蕊部分还没成熟,当花序 3/4 着色时即可采收。但并非所有的品种如此,也可根据佛焰苞下面的花茎是否挺直坚硬作为判断依据,还可通过瓶插期测试最佳收获时期。

切取的红掌在搬运、分级、包装、运输和销售等过程中,非常容易受到损伤,所以要小心的收获,避免相互碰伤。采切时尽量将花茎切至最长,但注意切花时植株上应保留 3 cm 的茎,以防烂茎。剪切下来的花枝应尽快放入盛有净水的带分隔的水桶中。包装可以防止冷害和运输过程中的振动带来的损伤。红掌的最适贮藏温度为 18～20℃,低于 15℃容易发生冷害,高于 23℃瓶插寿命明显缩短。

五、切花蛇鞭菊

蛇鞭菊是菊科多年生草本,茎基部膨大呈扁球形。植株低矮,常从块根上抽出数枝 30～50 cm 高的花莛,花莛直立且多叶。叶线形,头状花序排列成密穗状,紫色,耐寒,喜光或稍耐阴，生长季节耐水湿。用于布置花境，也可作为切花，花期由夏至秋季，是插花的好材料。

(一)形态特征

为多年生草本植物。具地下块根，株高约1 m。叶线形。头状花序排列呈密穗状，长约60 cm，淡紫红色。见图7-9。

图7-9 蛇鞭菊

(二)生态习性

耐寒，喜阳光，要求疏松肥沃湿润土壤。

(三)繁殖方法

播种或分株法繁殖，春、秋季均可进行。实生苗2年开花，栽培地宜选排水良好处。

(四)生产技术

1. 选种与栽植

播种繁殖在春、秋季均可进行，发芽适温为18～22℃，播后12～15 d发芽。播种苗2年后开花。分株繁殖在春季萌芽前进行，将地下块根切开直接栽植或盆栽。

2. 肥水管理

露地栽培或盆栽均需选用肥沃、排水良好的基质，切忌积水，否则块根易腐烂死亡。在生长期时保持土壤稍湿润，每15 d施肥1次。

3. 环境调控

在夏季应适当培土，防止植株倒伏，规模化生产时设置网架以防止倒伏。每2～3年分株1次。

4. 病虫害防治

常有叶斑病、锈病和线虫为害，可用稀释800倍的75%百菌清可湿性粉剂喷洒。对于线虫可施用3%呋喃丹颗粒剂进行防治。

六、切花丝石竹

丝石竹原名为重瓣丝石竹，又名六月雪、满天星，原产我国。它是切花中较为重要的点状花材之一，深受消费者的喜爱。

图7-10 丝石竹

(一)形态特征

属石竹科多年生宿根草本，原产于地中海沿岸。其株高为65～70 cm，茎细光滑，分枝甚多，叶片窄长，无柄，对生，叶色粉绿。每当初夏无数的花蕾集结于枝头，花细如豆，每朵5瓣，洁白如云，略有微香，有如万星闪耀，高挂天边。如果远眺，又仿佛清晨云雾，傍晚霞烟，故又别名“霞草”。见图7-10。

(二)类型及品种

常见品种有胭脂红(carminea,花深玫瑰红色)、大白花(grandiflora alba,花大,白色)及玫瑰红(rosa,花浅玫瑰色)。满天星高达 100 cm,外形似缕丝花,但具较粗的根状茎,花白色至淡粉红色。

(三)生态习性

喜温暖湿润和阳光充足环境,较耐阴,耐寒,在排水良好、肥沃和疏松的壤土中生长最好。

(四)繁殖方法

丝石竹的繁殖主要是以扦插和组织培养两种方式繁殖。扦插育苗是小面积生产自繁种苗的常用方法,大面积生产多采用组织培养育苗。扦插育苗首先要保证母株纯正,株型健壮、无疾虫害,花茎未生长之前,应摘心促发侧枝,用于采条。

(五)生产技术

1. 选种与栽植管理

土地选择,栽培满天星的田块要求光照充足,土层深厚,给排水方便,富含有机质,通透性良好,pH 6.5~7.5。将土地深耕,施入腐熟的牛粪,耙细土壤,起墒栽培。

定植:得到种苗后,应尽快栽植。栽培种苗有两种形式:一种是营养袋苗(袋苗),另一种是裸根苗(散苗)。如果运输方便,尽量采用袋苗,袋苗栽培方便,成活率高,几乎无缓苗期。丝石竹在移栽时要浅栽,否则导致苗茎腐烂。栽后晴天最好采用 70%遮光网覆盖 3~5 d。以提高成活率。栽后 20~35 d,植株下部开始萌发侧芽,此时的关键技术为打顶,可以保留下部 3~4 对叶打去主顶,让侧枝生长,以便能获得高产。一般每棵保留 6~8 个侧枝。多数品种从打顶到开花需要 70~90 d。

丝石竹生长的最适温度,夜温 15~20℃,昼温 22~28℃,温度超过 32℃,植株将生长不良,表现为生长缓慢,叶片变小,节间变短,花芽转变成营养芽或畸形花芽,一般称为莲座化,这将使产花量和品质大打折扣。在整个生育期切忌雨水冲淋,否则,引起根腐,造成植株死亡。

2. 肥水管理

营养生长期缓苗后至抽薹前。采用尿素、普钙、硫酸钾兑水作追肥,浓度为 1%~3%,每周浇施一次,肥料比例依次为 2:2:1。生殖生长期、抽薹、采花,这段时期追肥以 N:P:K=1:1:1 的复合肥追施,每 10~15 d 1 次,浓度为 3%~5%。

3. 采收与保鲜

花枝小花有 40%~60%开放即可采收。用枝剪采收成熟花枝,枝条长度 60~80 cm,采后放入干净水中吸水保鲜,包装时最好将基部插入保鲜液中保鲜 8~12 h。为了得到高品质的鲜花,还可以用灯光及催花液催花处理 12~24 h。

七、切花补血草

切花补血草别称海赤芍、中华补血草等。因其花朵细小,干膜质,色彩淡雅,观赏时期长,与满天星一样,是重要的配花材料,俗称"勿忘我"。除作鲜切花外,还可制成自然干花,用途广泛。

(一)形态特征

多年生草本,高 25～60 cm,叶基生,淡绿色或灰绿色,倒卵状长圆形、长圆状披针形,花轴上部多次分枝;花集合成短而密的小穗,集生于花轴分枝顶端,花序伞房状或圆锥状,新培育的切花品种有白色、紫色、粉色、黄色等,是插花中常用的填充花材之一,其亦可作为自然干花,深受消费者的喜爱。见图 7-11。

图 7-11　补血草

(二)类型及品种

补血草的品种主要分早熟、晚熟两种。早熟品种有早蓝、金岸、蓝珍珠等。中晚熟品种有冰山、夜蓝、蓝丝绒等。种植者应充分了解品种特性及市场需求,以选择适宜的品种。

(三)生态习性

补血草生在沿海潮湿盐土或沙土上均可生长;极耐盐渍及贫瘠土壤,是防风固沙,保持水土的优良地被植物,是盐碱地绿化、美化的好材料,具有良好的生态效应。喜凉爽气候,在高温下栽培不开花,或者开花受到明显抑制;若在夜温 16℃以下栽培,则开花良好。

(四)繁殖方法

生产上多用组培法育苗。苗长到 5～8 片叶即可定植。补血草也可种子繁殖,种子较小,千粒重 2.5～2.8 g。种子在 18～21℃条件下,1 周即可发芽。当第一片真叶出现时即可分苗,5～6 片叶时可定植。

(五)生产技术

1.选种与栽植

选择高燥地块,施足底肥,定植前 1～2 d 浇一次水,使土壤湿润。定植株 40 cm×40 cm,双行交叉栽植,以利于通风透光。也可三行式栽植,墒宽 1～1.2 m,沟宽 40 cm,作梅花状定植。

2.肥水管理

除施足基肥外,生长期每月施肥 1 次,用复合肥即可,加施适量硼作叶面肥施用。大棚栽培一般 3 d 左右浇 1 次水。在花序抽生及生长发育期,水肥要充足,否则花枝短小,花朵不繁茂。要保持适宜的生长温度,以白天 18～20℃,夜间 10～15℃为宜。应注意通风,以防病害发生。同时,需拉网或立支柱,以防倒伏。第一茬花切取后,清除老叶枯叶,以利于促进新芽萌发。

3.病虫害防治

有多种病毒可为害补血草,主要有蚕豆枯萎病毒、黄瓜花叶病毒、补血草病毒、番茄丛矮病毒和芜菁花叶病毒等。病株矮化,叶片变小,皱缩畸形或呈花叶状。

发病规律与流行特点:病毒主要通过汁液接触传染或由桃蚜和棉蚜等传染。

防治措施:

(1)选择健壮植株的种子育苗或培育无毒苗栽植。

(2)及时拔除病株，以减少传染源。切花工具注意消毒，以免汁液传毒。

(3)防治传毒媒介蚜虫。在蚜虫发生期，可喷洒 40%氧化乐果乳油 1 000 倍液或 2.5%溴氰菊酯乳油 4 000 倍液进行防治。

八、切花情人草

情人草花枝软有弹性，花多而密集，枝形舒展，盲枝无或少，如有较多淡紫色开放的小花最好，是切花中重要的点状花材之一，有较好的应用前景。

图 7-12　情人草

(一)形态特征

情人草也称杂种补血草，蓝雪科补血草属。全株具短星状毛，茎无棱。叶片长椭圆形或圆形，全缘，长度可达 20 cm，先端钝，基部渐窄楔形长柄。花葶高达 1 m 以上，分枝极多，每分枝具花 1～2 朵，着生于短小花枝的一侧顶端。见图 7-12。

(二)类型及品种

情人草花色有紫青、淡紫、玫瑰红、蓝、红、黄、白色等。

(三)生态习性

情人草性喜干燥凉爽气候，最忌炎热与多湿环境。喜光，耐旱，较耐寒。喜略含石灰质的微碱性土壤。

(四)繁殖方法

情人草由于种子小，千粒重 1.5～2 g，价格高。为了提前开花，建议最好育苗、移栽繁殖。

(五)生产技术

1. 选种与栽植

情人草种植地应选择疏松肥沃，排水良好的微碱性土壤。整地时应重施基肥，可按每亩施腐熟农家肥 800～1 000 kg 的标准，再配合其他无机缓效磷肥一起施用。将肥料深翻入地后捣碎土壤，整平作畦，畦高 20 cm 左右。定植密度株行距为 30 cm×40 cm，小苗定植不宜过深，以土表面稍高于小苗根茎部为宜，定植后浇透定根水。

2. 肥水管理

小苗成活开始生长时，每 10 d 配合灌溉进行追肥，在水中补充 200 mg/kg 的氮肥、100 mg/kg 的钾肥混合液进行施肥。小苗期间保持土壤湿润，注意经常进行中耕除草，促使小苗根系健壮发育。

小苗定植后约 2 个月，开始抽生花枝。对抽生的花枝要根据苗的大小来区别处理，对已长得较大，植株间叶片基本封顶的植株，每株保留 4～5 个花枝让其生长开花；对植株较小的苗，可摘除开花枝，抑制其暂不开花，使其植株充分生长，为生产优质切花打基础，待植株充分长大再让其进入产花期。

3. 环境调控

情人草的花芽分化仍需要一个低温春化的过程，其春化过程所需的时间和温度随品种的不同而有所差异。情人草接受春化的最佳时期为子叶期和五叶期，多数品种在 11～15℃条件下经过 45～60 d 即可完成春化过程。如果经过春化处理的小苗定植后立即进入 25℃及其以上的高温环境，较易导致“脱春化”现象的发生。即植株仍不能开花，植株中心叶片既不平展，也不直立，呈丛生莲座状。故小苗定植后，应尽量避开 25℃以上的高温。

情人草植株的抗寒性较强，在昆明冬季的自然气温条件下，有的品种可以露地越冬，多数品种只要根系在入冬前已充分生长，即使地上部分叶片全部枯死，其宿根在来年春天也会萌芽开花。但是情人草开花对低温反应极敏感，只有白天温度达到 20℃以上，夜间温度不低于 10℃，花枝才能生长开花，否则，就是已经抽出的花枝在低温下也不能开花或开花不理想，甚至发黄枯死。

4. 采收与保鲜

采收宜在早晨或傍晚进行，一般头茬花每株可采 7～8 支花，二茬花每株可采 10 支左右。采后立即分级捆扎，每 200 g 1 束，用塑料袋套上，在保证水分充足的状态下上市销售。贮藏时最好将其倒置悬挂或插瓶摆放。

任务三　切叶、切枝类花卉生产技术

一、切叶巴西木

(一)形态特征

巴西木(*Dracaena Fragrans*)，龙舌兰科常绿乔木，高 6 m 以上，有分枝，叶簇生于茎顶，弯曲呈弓形，鲜绿色有光泽。花小，不显著，芳香，是有名的新一代室内观叶植物。见图 7-13。

图 7-13　巴西木

(二)类型及品种

常见栽培的同属植物有德利龙血树、富贵竹、银星龙血树和龙血树等。

(三)生态习性

巴西木喜高温多湿气候。对光线适应性很强，稍遮荫或阳光下都能生长，但春、秋及冬季宜多受阳光，夏季则宜遮荫或放到室内通风良好处培养。巴西木生命力强，只需要阳光、空气和极少的水，凭着自身的潜在能量能活得很好。巴西木耐旱不耐涝。生长季节可充分浇水，巴西木畏寒冻，冬天应放室内阳光充足处，温度要维持在 5～10℃。

(四)繁殖方法

巴西木的繁殖采用扦插法，扦插法分土插和水插两种。

1. 土插

土插即将老株修剪的顶部枝干截成 8～10 cm 的小段插入干净河沙中，保持一定湿度即可生根。

2. 水插

将插条插入水中 2～3 cm，经常更换新水，以保持水质清洁，1 个月即可生根。

（五）生产技术

1. 栽植与肥水管理

巴西木需水不多，对湿度要求却较高。放置光线较明亮或荫棚内养护。应保持土壤湿润，提高环境空气湿度，但不宜积水，以免通风透气不良而烂根。可在基部或边缘埋施有机肥，半个月后再施液态的有机、无机混合肥（尿素或 KH_2PO_4 溶液），生长期还可适当进行根外追肥，用稀释 100 倍营养液喷叶片，每 15 d 1 次。冬季施肥量可减半或停肥。氮肥施用不宜过多，否则叶片金黄色斑纹不明显，影响观赏效果。

2. 环境调控

巴西木生长适温为 20～30℃。冬季 10℃以上即可过冬，温度过低时会停止生长，且叶尖和叶缘会出现黄褐斑。巴西木较喜阴，在明亮的散射光处生长良好。夏季要避免直射光，宜置于阴凉处。秋、冬季时，放在室内阳光充足处即可。光照过少时，巴西木的叶片会呈灰绿色且条纹不清，基部叶片黄化，尤其是斑叶种类长期在低光照条件下，色彩会变浅或消失，从而失去观赏价值。

3. 病虫害防治

巴西木病虫害较少，但近年来发病率却较高，这主要由藏在枝干内的原产地带来的蛾类害虫所致。受病虫害侵蚀，植物会出现植株树皮松散脱落、叶片脱落等现象。可先将杀虫剂喷于植物枝干上，然后用塑料纸覆盖，闷死虫卵或幼虫。也可以剥开局部树皮，夹出害虫，再喷施药物以防止扩散。还可喷施烟草浸出液。此外，应注意保持叶面清洁，并适当通风。对于叶斑病和炭疽病危害，可用 70%甲基托布津可湿性粉剂 1 000 倍液喷洒。虫害有介壳虫和蚜虫，可用 40%氧化乐果乳剂 1 000 倍液喷杀。

二、切叶肾蕨

肾蕨又称蜈蚣草、圆羊齿，是目前国内外广泛应用的观赏蕨类。栽培容易、生长健壮，粗放管理就能达到很好的观赏效果。原产热带和亚热带地区，中国华南各地有野生。肾蕨常地生和附生于溪边林下的石缝中和树干上。

图 7-14　肾蕨

（一）形态特征

肾蕨是附生或土生植物。根状茎直立，有蓬松的淡棕色长钻形鳞片，下部有粗铁丝状的匍匐茎向四方横展，匍匐茎棕褐色，粗约 1 mm，长达 30 cm，不分枝，疏被鳞片，有纤细的褐棕色须根；匍匐茎上生有近圆形的块茎，直径 1～1.5 cm，密被与根状茎上同样的鳞片。见图 7-14。

(二)类型及品种

同属观赏种有碎叶肾蕨,又叫高大肾蕨,其栽培品种有亚特兰大、科迪塔斯、小琳达、马里萨、梅菲斯、波士顿肾蕨、密叶波士顿肾蕨、皱叶肾蕨、迷你皱叶肾蕨、佛罗里达皱叶。另外还有尖叶肾蕨和长叶肾蕨。

(三)生态习性

肾蕨喜温暖潮湿的环境,生长适温为16～25℃,冬季不得低于10℃。自然萌发力强,喜半阴,忌强光直射,对土壤要求不严,以疏松、肥沃、透气、富含腐殖质的中性或微酸性沙壤土生长最为良好,不耐寒、不耐旱。

(四)繁殖方法

繁殖方法主要以孢子繁殖、分株或组织培养繁殖等方式。小规模生产可利用孢子繁殖和分株繁殖的方式。大规模生产主要以组培繁殖方式,常用顶生匍匐茎、根状茎尖、气生根和孢子等作外植体。

(五)生产技术

1.选种与栽植

肾蕨生长迅速,管理简单,是蕨类植物中比较容易栽培的种类之一,栽培中应充分考虑其生长习性,选用富含腐殖质的肥沃、疏松土壤为宜,栽培环境保持湿润,平地作畦即可。

2.肥水管理

肾蕨不开花不结实,养分消耗不多,对肥分的要求比较微薄,但栽培中也应注意定期施肥。肾蕨的施肥以氮肥为主,在春、秋季生长旺盛期,每半个月至1个月施1次稀薄饼肥水,或以氮为主的有机液肥或无机复合液肥,肥料一定要稀薄,不可过浓,否则极易造成肥害。适量的施肥能够保持叶色的持久翠绿,使植株充满蓬勃的生机和旺盛的生命力。

3.环境调控

肾蕨喜潮湿的环境,栽培中应注意保持土壤湿润,同时还应经常向叶面喷水,保持空气湿润,这对肾蕨的健壮生长和叶色的改善是非常必要的。浇水时要做到小水勤浇,夏季气温高,水分蒸发很快,每天向叶面喷洒清水2～3次,可使植株生长健壮、叶色青翠、更加富有生机。

肾蕨不耐严寒,冬季应做好保暖工作,保持温度在5℃以上,就不会受到冻害;温度8℃以上时还能缓慢生长,但温度高而引起过旺生长影响整体株型。冬季栽培,应特别注意防止夜间霜冻及冷风吹袭。肾蕨也怕酷暑,夏季气温高,蒸腾剧烈,必须做好防暑降温工作,注意保持良好的通风,并不断地向植株喷水,这样也可使叶色更加嫩绿。肾蕨比较耐阴,只要能受到散射光的照射,便可较长时间地置于室内陈设观赏,几乎不需专门给它照光。栽培中,当光照过强时,常会造成肾蕨叶片干枯、凋萎、脱落。

4.病虫害防治

肾蕨在栽培中病虫害较少,如在过于潮湿的地方会有蛞蝓为害;通风不良时,有介壳虫的发生;另外有时也有线虫危害,造成叶片上产生褐色圆形斑点,影响观赏。

三、切枝银芽柳

银芽柳又称银柳、棉花柳。属于多年生木本观赏植物,是传统插花的首选材料。

图 7-15　银芽柳

（一）形态特征

落叶灌木、植株丛生，高 2～3 m，枝从根际丛生而出，分枝少，新枝被茸毛，节部叶痕明显，叶互生，雌雄异株，切花栽培多以雄株为栽培材料。见图 7-15。

（二）生态习性

喜湿；喜光；喜肥；中等喜温。生于山地云杉林缘或林中空地。

（三）繁殖方法

银芽柳一般采用扦插繁殖为主，在早春萌芽前剪取插穗，每段约 10 cm，有 2～4 个芽，扦插于疏松透气的基质中。

（四）生产技术

1. 选种与栽植

银芽柳的插条要选择无花芽的健壮枝条作为插穗。栽培的土壤要肥沃、疏松，腐熟的有机肥要施足，有利于根系的生长及养分的吸收，从而保证地面上枝条粗壮，花芽饱满而又均匀。银芽柳栽培简单，管理粗放，每年早春花谢后，应从地面 5 cm 处平茬，以促使萌发更多的新枝。管理上还要注意施肥，特别在冬季花芽开始肥大和剪取花枝后要施肥，夏季要及时灌溉。

2. 采收与贮藏

剪取花枝时要轻剪轻拿，防止芽苞脱落，影响花枝质量。采收的枝条每 10 枝 1 束，包扎后尽量不要随意晃动，避免芽苞脱落，在 0℃左右储运。

四、切枝龙柳

龙柳是一种非常好的观赏树种。龙柳常作为经济树种，用来做切枝，广泛用于插花艺术。插花中主要的构架会有一些硬质的结构，大多用龙柳来做。切枝龙柳大致分 3 种。一种是直接剪切下来的，龙柳绿色枝条，去掉叶子，大概 1.5～2.5 m。一种是龙柳干枝，去掉树皮，留下木质部，干燥后作为干枝材料，为龙柳的木质色，米黄色。还有一种就是彩色的，商家在干枝的基础上，再把干枝涂上各种颜色，在插花艺术上运用更加活泼。

图 7-16　龙柳

（一）形态特征

落叶灌木或小乔木，株高可达 3 m，小枝绿色或绿褐色，不规则扭曲，叶互生，线状披针形，细锯齿缘，叶背粉绿，全叶呈波状弯曲；单性异株，柔荑花序，蒴果。见图 7-16。

(二)生态习性

喜阳、温暖湿润的环境。

(三)繁殖方法

龙柳萌芽力强，多采用扦插方式进行繁殖。

(四)生产技术

1. 选种与栽植

龙柳适应能力强，喜光也耐阴，耐碱、耐寒、耐水湿，在地势高燥地方也能生长，对土壤要求不严，但最好选择土壤深厚、疏松、肥沃、阳光充足且排灌、通风良好的地块。

2. 肥水管理

龙柳扦插后应立即浇1次透水，以利于种条发育生长。生长期保持土壤湿润即可，非大旱大涝一般不用灌排水。于4月初、8月底追施碳酸氢铵、尿素等速效肥，也可于雨前撒施，以防止柳条生长期缺肥枯黄。一般每亩施尿素20 kg左右。

3. 病虫害防治

柳条发芽后喷1次广谱、持效期长的杀虫剂，如氯氰菊酯、杀虫双等，以保持柳条芽间无害虫。生长期的病虫害及防治方法为：

(1) 锈病　主要为害叶子，严重时叶片脱落，多发生在秋分前后。发病前可喷洒240～360倍的波尔多液，发病期可喷敌锈钠200倍液，或50%多菌灵500倍液　每10 d 1次，连续喷1～2次。

(2) 金龟子　食害龙柳叶子，主要发生在谷雨和立夏前后。利用金龟子的假死性，早晚用震落法捕杀成虫。还可喷50%杀螟松乳油1 000倍液，或50%辛硫磷乳剂1 500～2 000倍液，或敌百虫800～1 000倍液进行防治。

练习题

一、选择题

1. 下列4种切花中属于木本花卉的是(　　)。
   A. 菊花　　B. 月季　　C. 唐菖蒲　　D. 香石竹
2. 香石竹多为(　　)花卉，15～16 h长日照的条件，对花芽分化和花芽发育有促进作用。
   A. 日中性　　B. 短日照　　C. 长日照　　D. 中长日照
3. 下列哪种切花为多年生草本，地下部分球茎扁圆形，茎节明显，有褐色膜质外皮？(　　)
   A. 菊花　　B. 月季　　C. 唐菖蒲　　D. 香石竹
4. 丝石竹在栽培过程中出现裂萼的原因是什么？(　　)
   A. 光照不当　　B. 水分管理不当
   C. 温度与湿度管理不当　　D. 人为机械损伤
5. 以下哪种是较耐寒的切花种类？(　　)
   A. 丝石竹　　B. 唐菖蒲　　C. 情人草　　D. 香雪兰
6. 摘除正在生长中的嫩枝顶端称为(　　)。
   A. 抹芽　　B. 剥蕾　　C. 曲枝　　D. 摘心

7. 以下哪个不是观叶类切花？（　　）

A. 马兰　　B. 唐菖蒲　　C. 变叶木　　D. 天门冬

二、判断题

1. 中度修剪：就是把植株回剪到离地面 60 cm 左右的高度。（　　）
2. 现代月季大致可以分为 6 大类：杂种香水月季、聚花月季、壮花月季、微型月季、藤本月季和灌木月季。（　　）
3. 马蹄莲和蛇鞭菊都是球根花卉。（　　）
4. 切花包装一般在储运之后进行，适当的包装可减少储运过程中的损耗。（　　）
5. 蕨类植物只能依靠孢子进行繁殖。（　　）
6. 丝石竹为了提高产量要提高打顶，多发枝。（　　）

三、填空题

1. 世界四大切花为__________、__________、__________、__________。
2. 秋菊、寒菊是典型的__________植物，夏菊为________植物。
3. 宜作切花栽培的一、二年生草花有________、__________等。
4. 非洲菊在栽培管理过程中，有一项重要的环节是______、______。
5. 需要摘心促进产量的切花主要有__________、__________等。

四、名词解释

1. 切花
2. 新兴切花
3. 分级、分类及包装

五、论述题

1. 试述菊花人工加光推迟开花技术。
2. 试述香石竹的架网技术。
3. 试述使鲜切花延长寿命的技术。

学习情境 7 习题答案

学习情境 8

花卉应用技术

课件(PC端下载)

试题库

课程思政元素

培养学生科学严谨的学习态度，提高其业务水平，引导学生树立“绿水青山就是金山银山”的理念。

知识目标

1. 花卉在园林绿地中的应用形式。
2. 花坛常用的花卉种类。
3. 了解花卉租摆的操作过程。

能力目标

1. 掌握花卉在园林应用中的用途。
2. 掌握花卉的组合盆栽技术。

本情境导读

花卉的应用形式很多，有地栽应用、盆栽应用和其他用途。地栽应用以露地的草本花卉为主，常见的有花坛、花境、花台、花柱、花篱、花丛等多种应用形式。盆栽应用有室外应用和室内装饰两种形式，灵活多样，随意更换，适用范围广，花期容易调控，可满足重大节日和临时性大型活动用花。其他用途有花卉的药用、花卉的食用及提取色素和香料等。

任务一　花卉在园林绿地中的应用

一、花坛

花坛是在具有几何轮廓的植床内种植各种不同色彩的花卉，运用花卉的群体效果来体现图案纹样，或观赏盛花时绚丽景观的一种花卉应用形式。花坛富有装饰性，在园林布局中常作为主景，在庭院布置中也是重点设置部分，对于街道绿地和城市建筑物也起着重要的配景和装饰美化的作用。花坛应用的任务就是要事先培育出植株低矮、生长整齐、花期集中、株丛紧密和花色艳丽的花苗。在开花前按照一定的图样栽入花坛之中，运用花卉的群体效果来体现图案纹样，或观赏盛花时绚丽景观的一种花卉应用形式。

花坛的色彩要与主景协调。在颜色的配置上，一般认为红、橙、粉、黄为暖色，给人以欢快活泼、热情温暖之感；蓝、紫、绿为冷色，给人以庄重严肃、深远凉爽之感。如幼儿园、小学、公园、展览馆所配置的花坛，造型要秀丽、活泼，色调应鲜艳多彩，给人以舒适欢快之感。

（一）花坛的分布地段

花坛一般设置在建筑物的前方、交通干道中心、主要道路或主要出入口两侧、广场中心或四周、风景区视线的焦点及草坪等。主要在规则式布局中应用，有单独或多个带状及成群组合等类型。在园林中，花坛的布置形式可以是一个很大的独立式花坛，也可以用几个花坛组成图案式或带状连续式。

（二）花坛的种类

1.按花材不同和布置方式不同分类

(1)丛式花坛　此类花坛又称盛花花坛，花坛内栽植的花卉以其整体的绚丽色彩与优美的外观取得群体美的观赏效果。可由不同种类花卉或同种类不同花色品种的群体组成。盛花花坛外部轮廓主要是几何图形或几何图形的组合，大小要适度。内部图案要简洁，轮廓鲜明，体现整体色块效果。

适合的花卉应株丛紧密，着花繁茂，在盛花时应完全覆盖枝叶，要求花期较长，开放一致，花色明亮鲜艳，有丰富的色彩幅度变化。同一花坛内栽植几种花卉时，它们之间界限必须明显，相邻的花卉色彩对比一定要强烈，高矮则不能相差悬殊。

(2)模纹花坛　此类花坛主要由低矮的观叶植物或花、叶兼美的植物组成，表现群体组成的精美图案或装饰纹样，常见的有毛毡花坛、浮雕花坛和彩结花坛。模纹花坛外部轮廓以线条简洁为宜，面积不宜过大。内部纹样图案可选择的内容广泛，如工艺品的花纹、文字或文字的组合、花篮、花瓶、各种动物、乐器的图案等。色彩设计应以图案纹样为依据，用植物的色彩突出纹样，使之清新而精美。多选用低矮细密的植物，如五色草类、白草、香雪球、雏菊、半枝莲、三色堇、孔雀草、光叶红叶苋及矮黄杨等。组成毛毡花坛的各种植物修剪成同一高度，表现平整，如华丽的地毯；浮雕花坛是根据花坛模纹变化，植物的高度有所不同，部分纹样凹陷或凸起。凸起或凹陷的可以是不同植物，也可以是同种植物通过修剪使其呈现凸凹变化，从而具有浮雕效果。

2.按花坛空间位置不同分类

(1)平面花坛　花坛表面与地面平行，主要观赏花坛的平面效果，也包括沉床花坛或稍高地面的花坛。

(2)斜面浮雕式花坛　花坛设置在斜坡或阶地上，也可以布置在建筑的台阶两旁或台阶中间，花坛表面为斜面。

(3)立体花坛　花坛向空间伸展，具有竖向景观。常以造型花坛为多见。用模纹花坛的手法，选用五色草或小菊等草本植物制成各种造型，如动物、花篮、花瓶、塔、船、亭等。

模纹花坛和立体花坛一般都要求材料低矮细密且能耐修剪。由于一、二年生草本花卉生长速度不一，图案不易稳定，观赏期较短，也不耐修剪，故选用较少。多用枝叶细小、株丛紧密、萌蘖性强、耐修剪的木本或草本观叶植物。如五色草、金叶女贞、雀舌黄杨、紫叶小檗等。

(三)花坛花卉配置的原则

配置花坛花卉时首先要考虑周围的环境和花坛所处的位置。若以花坛为主景，周围环境以绿色为背景，那么花坛的色彩及图案可以鲜明丰富一些；如以花坛作为喷泉、纪念碑、雕塑等建筑物的背景，其图样应恰如其分，不要喧宾夺主。

四季花坛配置时要有一个主色调，使人感到季相的变化。如春季月红、黄、蓝或红、黄、绿等组合色调给人以万木复苏、万紫千红又一春的感受；夏季以青、蓝、白、绿等冷色调为主，营建一个清凉世界；秋季用大红、金黄色调，寓意喜获丰收的喜悦；冬季则以白黄、白红为主，隐含瑞雪兆丰年、春天即将来临的意境。

花卉植株高度的搭配。四面观花坛，应该中心高，向外逐渐矮小；一侧观花坛，后面高，前面低。

同一花坛内色彩和种类配置不宜过多过杂，一般面积较小的花坛，只用 1 种花卉或 1～2 种颜色；大面积花坛可用 3～5 种颜色拼成图案；广场花坛，也可只用 1 种颜色如大红、金黄色等，与绿地草坪形成鲜明的对比，给人以恢宏的气势感。

(四)花坛配置常用的花卉种类

花坛配置常用的花卉材料包括一、二年生花卉、宿根花卉、球根花卉等。花丛式花坛常用花卉种类可参阅表 8-1，模纹花坛常用花卉材料可参阅表 8-2。

表 8-1　花丛式花坛常用花卉

季节	中名	学名	株高/cm	花期/月份	花色
春	三色堇	*Viola tricolor* L.	10～30	3—5	紫、红、蓝、堇、黄、白
	雏菊	*Bellis perennis* L.	10～20	3—6	白、鲜红、深红、粉红
	矮牵牛	*Petunia hybrida* Vilm.	20～40	5—10	白、粉红、大红、紫、雪青
	金盏菊	*Calendula officinalis*	20～40	4—6	黄、橙黄、橙红
	紫罗兰	*Matthiola inana*	20～70	4—5	桃红、紫红、白
	石竹	*Dianthus chinensis*	20～60	4—5	红、粉、白、紫
	郁金香	*Tulipa gesmeeriana*	20～40	4—5	红、橙、黄、紫、白、复色

续表 8-1

季节	中名	学名	株高/cm	花期/月份	花色
夏	矮牵牛	*Petunia hybrida* Vilm.	20～40	5—10	白、粉红、大红、紫、雪青
	金鱼草	*Antirrhinum majus*	20～45	5—6	白、粉、红、黄
	百日草	*Zinnia elegans*	50～70	6—9	红、白、黄、橙
	半枝莲	*Portulaca grandiflora*	10～20	6—8	红、粉、黄、橙
	美女樱	*Verbena hybrida*	25～50	4—10	红、粉、白、蓝紫
	四季秋海棠	*Begonia simperflorens*	20～40	四季	红、白、粉红
秋	翠菊	*Callistephus chinensis*	60～80	7—11	紫红、红、粉、蓝紫
	凤仙花	*Impatiens balsamina*	50～70	7—9	红、粉、白
	一串红	*Salvia splendens*	30～70	5—10	红
	万寿菊	*Tagetes erecta*	30～80	5—11	橘红、黄、橙黄
	鸡冠花	*Celosia cristata*	30～60	7—10	红、粉、黄
	长春花	*Catharanthus roseus*	40～60	7—9	紫红、白、红、黄
	千日红	*Gomphrena globosa*	40～50	7—11	紫红、深红、堇紫、白
	藿香蓟	*Ageratum conyzoides*	40～60	4—10	蓝紫
	美人蕉	*Canna indica* L.	100～130	8—10	红、黄、粉
	大丽花	*Dahlia pinnata*	60～150	6—10	黄、红、紫、橙、粉
	菊花	*D. morifolium*	60～80	9—10	黄、白、粉、紫
冬	羽衣甘蓝	*Brassica oleracea*	30～40	11 至翌年 2	紫红、黄白
	红叶甜菜	*Beta vulgaris* var. *cicla*	25～30	11 至翌年 2	深红

表 8-2　模纹花坛常用花卉

中名	学名	株高/cm	花期/月份	花色
五色草	*A. bettzickiana*	20	观叶	绿、红褐
白草	*S. lineare* var. *albamargina*	5～10	观叶	白绿色
荷兰菊	*Aster novibergii*	50	8—10	蓝紫
雏菊	*Bellis perennis* L.	10～20	3—6	白、鲜红、深红、粉红
翠菊	*Callistephus chinensis*	60～80	7—11	紫红、红、粉、蓝紫
四季秋海棠	*Begonia simperflorens*	20～40	四季	红、白、粉红
半枝莲	*Portulaca grandiflora*	10～20	6—8	红、粉、黄、橙
小叶红叶苋	*Alternanthera amoena*	15～20	观叶	暗红色
孔雀草	*Tagetes patula* L.	20～40	6—10	橙黄

近几年，各地从国外引进了许多一、二年生花卉的 F_1 杂交种，如巨花型三色堇、矮生型金鱼草、鸡冠花、凤仙花、万寿菊、矮牵牛、一串红、羽衣甘蓝等，在设施栽培条件下，一年四季均可开花，极大地丰富了节日用花。

花坛中心除立体花坛采用喷泉、雕塑等装饰外，也可选用较高大而整齐的花卉材料，如美人蕉、高金鱼草、地肤等，也可用木本花卉布置，如苏铁、雪松、蒲葵、凤尾兰等。

（五）花坛的建设与管理

建设花坛按照绿化布局所指定的位置，翻整土地，将其中砖块等杂物过筛剔除，土质贫瘠的要调换新土并加施基肥，然后按设计要求平整放样。

栽植花卉时，圆形花坛由中央向四周栽植，单面花坛由后向前栽植，要求株行距对齐；模纹花坛应先栽图案、字形，如果植株有高低，应以矮株为准，对较高植株可种深些，力求平整，株行距以叶片伸展相互连接不露出地面为宜，栽后立即浇水，以促成活。

平时管理要及时浇水，中耕除草，剪残花，去黄叶，发现缺株及时补栽；模纹花坛应经常修剪、整形，不使图案杂乱，遇到病虫害发生，应及时喷药。

近年来，随着施工手段的改善，出现了活动花坛。即预先在花圃根据设计意图把花卉栽种在预制的种植钵内，再运送到城市广场、道路等地进行装饰，不仅施工快捷，也可随时根据需要布置。种植钵的制作材料有玻璃钢、混凝土、竹木等。造型也有圆形、方形、高脚杯形、组合形等。活动花坛用花与固定花坛相比，因其体形较小，配花时可灵活多变。活动花坛也可用蔓性花材镶边，以补充花坛本身的僵硬线条造成的不足。

二、花台

花台又称高设花坛，是高出地面栽植花木的种植方式。花台四周用砖、石、混凝土等堆砌作台座，其内填入土壤，栽植花卉，类似花坛，但面积较小。在庭院中作厅堂的对景或入门的框景，也有将花台布置在广场、道路交叉口或园路的端头以及其他醒目并便于观赏的地方。

花台的配置形式一般可分为规则式布置、自然式布置两类。

(一)规则式布置

规则式花台的外形有圆形、椭圆形、正方形、矩形、正多角形、带形等，其选材与花坛相似，但由于面积较小，1 个花台内通常只选用 1 种花卉，除一、二年生花卉及宿根、球根类花卉外，木本花卉中的牡丹、月季、杜鹃、凤尾竹等也常被选用。由于花台高出地面，因而应选用株型低矮、繁密匍匐、枝叶下垂于台壁的花卉，如矮牵牛、美女樱、天门冬、书带草等，十分相宜。这类花台多设在规则式庭院中、广场或高大建筑前面的规则式绿地上。

(二)自然式布置

自然式布置又称盆景式花台，把整个花台视为一个大盆景，按中国传统的盆景造型。常以松、竹、梅、杜鹃、牡丹为主要植物材料，配饰以山石、小草等。构图不着重于色彩的华丽而以艺术造型和意境取胜。这类花台多出现在古典式园林中。

花台多设在地下水位高或夏季雨水多、易积水的地区，如根部怕涝的牡丹等就需要花台。古典园林的花台多与厅堂呼应，可在室内欣赏。植物在花台内生长，受空间的限制，不如地栽花坛那样健壮，所以，西方园林中很少应用。花台在现代园林中除非积水之地，一般不宜大量设置。

三、花境

(一)花境的概念和特点

花境是由规则式向自然式过渡的一种花卉的布置形式。外形是整齐规则的，其内部植物配置则大多采用不同种类的自然斑块混交。但栽在同一花境内的不同花卉植物，在株型和数量上要彼此协调，在色彩或姿态上则应形成鲜明的对比。以多年生花卉为主组成的带状地段，花卉布置常采取自然式块状混交，表现花卉群体的自然景观。花境是根据自然界中林地、边缘地带多种野生花卉交错生长的规律，加以艺术提炼而应用于园林。花境的边缘依据环境的不同可以是直线，也可以是流畅的自由曲线。

(二)花境设计原则

花境设计首先是确定平面，要讲究构图完整，高低错落，一年四季季相变化丰富又看不到明显的空秃。花境中栽植的花卉，对植株高度要求不严，只要开花时不被其他植株遮挡即可，花期不要一致，要一年四季都能有花；各种花卉的配置比较粗放，只要求花开成丛，能反映出季节的变化和色彩的协调。

(三)花卉材料的选择和要求

花境内植物的选择以在当地露地越冬、不需特殊管理的宿根花卉为主，兼顾一些小灌木及球根花卉和一、二年生花卉。如玉簪、石蒜、紫菀、萱草、荷兰菊、菊花、鸢尾、芍药、矮生美人蕉、大丽花、金鸡菊、蜀葵等。配植的花卉要考虑同一季节中彼此的色彩、姿态、形状及数量上要搭配得当，植株高低错落有致，花色层次分明。理想的花境应四季有景可观，即使寒冷地区也应做到三季有景。花境的外围要有一定的轮廓，边缘可以配置草坪、丛兰、麦冬、沿阶草、半枝莲等作点缀，也可配置低矮的栏杆以增添美感。

花境多设在建筑物的四周、斜坡、台阶的两旁和墙边、路旁等处。在花境的背后，常用粉墙或修剪整齐的深绿色的灌木作背景来衬托，使二者对比鲜明，如在红墙前的花境，可选用枝叶优美、花色浅淡的植物来配置，在灰色墙前的花境用大红、橙黄色花来配合则很适宜。

(四)花境类型

花境因设计的观赏面不同，可分为单面观赏花境和两面观赏花境等种类。

1. 单面观赏花境

花境宽度一般为 2～4 m，植物配置形成一个斜面，低矮的植物在前，高的在后，建筑或绿篱作为背景，供游人单面观赏。其高度可高于人的视线，但不宜太高，一般布置在道路两侧、建筑物墙基或草坪四周等地。

2. 两面观赏花境

花境宽度一般为 4～6 m。植物的配置为中央高，两边较低，因此，可供游人从两面观赏，通常两面观赏花境布置在道路、广场、草地的中央等地。

(三)花境的建设、养护

花境的建设、养护与花坛基本相同。但在栽植花卉的时候，根据布局，先种宿根花卉、再栽一、二年生花卉或球根花卉，经常剪残花，去枯枝，摘黄叶，对易倒伏的植株要支撑绑缚，秋后要清理枯枝残叶，对露地越冬的宿根花卉应采取防寒措施，栽后 2～3 年的宿根花卉，要进行分株，以促进更新复壮。

四、花柱

花柱作为一种新型绿化方式，越来越受到人们的青睐，它最大的特点是充分利用空间，立体感强，造型美观，而且管理方便。立体花柱四面都可以观赏，这样弥补了花卉平面应用的缺陷。

(一)花柱的骨架材料

花柱一般选用钢板冲压成 10 cm 间隔的孔洞(或钢筋焊接成)，然后焊接成圆筒形。孔洞的大小要视花盆而定，通常以花盆中间直径计算，然后刷漆、安装，再栽有花草的苗盆(卡盆)插入孔洞内，同时花盆内部都要安装滴水管，便于灌水。

(二)常用的花卉材料

应选用色彩丰富、花朵密集且花期长的花卉材料。例如，长寿花、三色堇、矮牵牛、四季海棠、天竺葵、早小菊、五色草等。

(三)花柱的制作

(1)安装支撑骨架　用螺丝等把花柱骨架各部分连接安装好。

(2)连接安装分水器　花柱等立体装饰，都配备相应的滴灌设备，并可实行自动化管理。

(3)卡盆栽花　把花卉栽植到卡盆中。进行花柱装饰的花卉会在室外保留时间较长，栽到花柱后施肥困难，因此应在上卡盆前施肥。施肥的方法：准备一块海绵，在海绵上放上适量缓释性颗粒肥料，再用海绵把基质包上，然后栽入卡盆。

(4)卡盆定植　把卡盆定植到花柱骨架的孔洞内，把分水器插入卡盆中。

(5)养护管理　定期检查基质干湿状况，及时补充水分；检查分水器微管是否出水正常，保证水分供应；定期摘除残花，保证最佳的观赏效果；对一些观赏性变差的植株要定期更换。

五、花篱

利用蔓性和攀缘类花卉可以构成篱栅、棚架、花廊；还可以点缀门洞、窗格和围墙。既可收到绿化、美化之效果，又可起防护、荫蔽的作用，给游人提供纳凉、休息的场所。

在篱垣上常利用一些草本蔓性植物作垂直布置，如牵牛花、茑萝、香豌豆、苦瓜、小葫芦等。这些草花重量较轻，不会将篱垣压歪压倒。棚架和透空花廊宜用木本攀缘花卉来布置，如紫藤、凌霄、络石、葡萄等，它们经多年生长后能布满棚架，具有观花观果的效果，同时又兼有遮阳降温的功能。采用篱、垣及棚架形式，还可以补偿城市因地下管道距地表近，不适于栽树的弊端，有效地扩大了绿化面积，增加城市景观，保护城市生态环境，改善人民生活质量。

特别应该提出的是攀缘类月季与铁线莲，具有较高的观赏性，它可以构成高大的花柱，也可以培养成铺天盖地的花屏障，既可以弯成弧形做拱门，也可以依着木架做成花廊或花凉棚，在园林中得到广泛的应用。

在儿童游乐场地常用攀缘类植物组成各种动物形象。这需要事先搭好骨架，人工引导使花卉将骨架布满，装饰性很强，使环境气氛更为活跃。

六、篱垣及棚架

用开花植物栽植、修剪而成的一种绿篱，是园林中较为精美的绿篱或绿墙，主要花卉有栀子花、杜鹃花、茉莉花、六月雪、迎春、凌霄、木槿、麻叶绣球、日本绣线菊等。

花篱按养护管理方式可分为自然式和整形式，自然式一般只施加少量的调节生长势的修剪，整形式则需要定期进行整形修剪，以保持体形外貌。在同一景区，自然式花篱和整形式花篱可以形成完全不同的景观，根据具体环境灵活运用。

花篱的栽植方法是在预定栽植的地带先行深翻整地，施入基肥，然后视花篱的预期高度和种类，分别按 20 cm、40 cm、80 cm 左右的株距定植。定植后充分灌水，并及时修剪。养护修剪原则是：对整形式花篱应尽可能使下部枝叶多见阳光，以免因过分荫蔽而枯萎，因而要使树冠下部宽阔，越向顶部越狭，通常以采用正梯形或馒头形为佳。对自然式花篱必须按不同树种的各自习性以及当地气候采取适当的调节树势和更新复壮措施。

七、专类园

花卉种类繁多，而且有些花卉又有许多品种，观赏性很高，把一些具有一定特色，栽培历史悠久、品种变种丰富、具有广泛用途和很高观赏价值的花卉，加以搜集，集中栽植，布置成各类专类园。例如，梅园、牡丹园、月季园、鸢尾园、水生花卉专类园、岩石园等，集文化、艺术、景观为一体，是很好的一种花卉应用形式。

(一)岩石园

岩石园以自然式园林布局，利用园林中的土丘、山石、溪涧等造型变化，点缀各种岩生花卉，创造出更为接近自然的景色。岩生花卉的特点是耐瘠薄和干旱，它们大都喜欢紫外线强烈、阳光充足和冷凉的环境条件。因为它们都生长在千米以上的高山上，把这类植物拿到园林的岩石园内栽植时，大多不适应平原地区的自然环境，在盛夏酷暑季节常常死亡。除了海拔较高的地区外，一般大多数高山岩生花卉难以适应生长，所以实际上应用的岩生花卉主要是主露地花卉中选取，选用一些低矮、耐干旱瘠薄的多年生草花，也需要有喜阴湿的植物，如秋海棠类、虎耳草、苦苣苔类、蕨类等。

(二)水生花卉专类园

中国园林中常用一些水生花卉作为种植材料，与周围的景物配合，扩大空间层次，使环境艺术更加完美动人。水生花卉可以绿化、美化池塘、湖泊等大面积的水域，也可以装点小型水池，并且还有一些适宜于沼泽地或低湿地栽植。在园林中常专设一区，以水生花卉和经济植物为材料，布置成以突出各种水景为主的水景园或沼泽园。

在园林中各种水生花卉使园林景色更加丰富生动，可以改善单调呆板的环境气氛，还可以利用水生花卉的一些经济用途来增加经济收入。同时还起着净化水质，保持水面洁净，抑制有害藻类生长的作用。

在栽植水生花卉时，应根据水深、流速以及景观的需要，分别采用不同的水生植物来美化。如沼泽地和低湿地常栽植千屈菜、香蒲等。静水的水池宜栽睡莲、王莲。水深 1 m 左右，水流缓慢的地方可栽植荷花，水深超过 1 m 的湖塘多栽植萍蓬草、凤眼莲等。

任务二　盆花应用与布置

一、盆花的主要应用形式

(一)室外应用

1. 平面式布置

用盆花水平摆放成各种图形，其立面的高度差较小，适用于小型布置。用花种类不宜过多，其四面观赏布置的中心或一面观赏布置的背面中部最好有主体盆花，以使其主次分明，构成鲜明的艺术效果。也可布置成花境、连续花坛等，主要运用于较小环境的布置，如院落、建筑门前或小路两旁等，或在大型场合中作局部布置。

2. 立体式布置

多设置花架，将盆花码放架上，构成立面图形。花架的层距要适宜，前排的植株能将后排的花盆完全掩盖，最前一排用观叶植物镶边，如天门冬、肾蕨等，利用它们下垂的枝叶挡住花盆。用于大型花坛布置。图案和花纹不宜过细，以简洁、华丽、庄重为宜，立体式布置多设置在门前广场、交叉路口等处。

3. 盆花造境

按照设计图搭成相应的支架，将盆花组合成设计的图案，再配以人造水体，如喷泉、人造瀑布等，如每年"十一"各地广场都有许多大型植物造景。

露地环境气温较高，阳光强烈，空气湿度小，通风较好，选用的盆花要适宜这样的环境条件，如一串红、天竺葵、瓜叶菊、冷水花、南洋杉、一品红、叶子花、榕树、海桐等。

(二)室内应用

1. 正门内布置

多用对称式布置，常置于大厅两侧，因地制宜，可布置两株大型盆花，或成两组小型花卉布置。常用的花卉有苏铁、散尾葵、南洋杉、鱼尾葵、山茶花等。

2. 盆花花坛

多布置在大厅、正门内、主席台处。依场所环境不同可布置成平面式或立体式，但要注意室内光线弱，选择的花卉光彩要明丽鲜亮，不宜过分浓重。

3. 垂吊式布置

在大厅四周种植池中摆放枝条下垂的盆花，犹如自然下垂的绿色帘幕，轻盈飘逸，十分美观。或置于室内角落的花架上，或悬吊观赏，均有良好的艺术效果。常用的花卉有绿萝、常春藤、吊竹梅、吊兰、紫鸭趾草等。

4. 组合盆栽布置

组合盆栽是近年流行的花卉应用，强调组合设计，被称为"活的花艺"。将草花设计成组合盆栽，并搭配一些大小不等的容器，配合株高的变化，以群组的方式放置。另外，还可以根据消费者的爱好，随意打造一些理想的有立体感的组合景观。

5. 室内角隅布置

角隅部分是室内花卉装饰的重要部位，因其光线通常较弱，直射光较少，所以要选用一些较耐弱光的花卉，大型盆花可直接置于地面，中小型盆花可放在花架上。如巴西铁、鹅掌柴、棕竹、龟背竹、喜林芋等。

6. 案头布置

案头布置多置于写字台或茶几上，对盆花的质量要求较高，要经常更换，宜选用中小型盆花，如兰花、文竹、多浆植物、杜鹃花、案头菊等。

7. 造景式布置

造景式布置多布置在宾馆、饭店的四季厅中。可结合原有的景点，用盆花加以装饰，也可配合水景布置。一般的盆栽花卉都可以采用。

8. 窗台布置

窗台布置是美化室内环境的重要手段。南向窗台大多向阳干燥，宜选择抗性较强的虎刺榆、虎尾兰和仙人掌类及多浆植物，以及茉莉、米兰、君子兰等观赏花卉；北向窗台可选择耐阴的观叶植物，如常春藤、绿萝、吊兰和一叶兰等。窗台布置要注意适量采光及不遮挡视线为宜。

二、盆花的装饰设计

（一）大门口的绿化装饰

大门是人进出的必经之地，是迎送宾客的场所，绿化装饰要求朴实、大方、充满活力，并能反映出单位的明显特征。布置时，通常采用规则式对称布置，选用体形壮观的高大植物配置于门内外两边，周围以中小形花卉植物配置2～3层形成对称整齐的花带、花坛，使人感到亲切明快。

（二）宾馆大堂的绿化装饰

宾馆的大堂，是迎接客人的重要场所。对整体景观要求呈现热烈、盛情好客的气氛，并带有豪华富丽的感觉，才会给人留下深刻的印象。因此，在植物材料的选择上，应注重珍、奇、高、大，或色彩绚丽，或经过一定艺术加工的富有寓意的植物盆景。为突出主景，再配以色彩夺目的观叶花卉或鲜花作为配景。

（三）走廊的绿化装饰

此处的景观应带有浪漫色彩，使人漫步于此，有着轻松愉快的感觉。因此，可以采用形态多变的攀缘或悬垂性植物，此类植物茎枝柔软，斜垂盆外，临风轻荡，具有飞动飘逸之美，使人倍感轻快，情态宛然。

（四）居住环境绿化装饰

首先，要根据房间和门厅大小、朝向、采光条件选择植物。一般来说，房间大的客厅，大门厅，可以选择枝叶舒展、姿态潇洒的大型观叶植物，如棕竹、橡皮树、南洋杉、散尾葵等，同时悬吊几盆悬挂植物，使房间显得明快，富有自然气息。大房间和门厅绿化装饰要以大型观叶植物和吊盆为主，在某些特定位置，如桌面、柜顶和花架等处点缀小型盆栽植物；若房间面积较小，则宜选择娇小玲珑、姿态优美的小型观叶植物，如文竹、袖珍椰子等。其次，要注意观叶植物的色彩、形态和气质与房间功能相协调。客厅布置应力求典雅古朴，美观大方，因此要选择庄重幽雅的观叶植物。墙角宜放置苏铁、棕竹等大中型盆栽植物，沙发旁宜选用较大的散尾葵、鱼尾葵等，茶几和桌面上可放1～2盆小型盆栽植物。在较大的客厅里，可在墙边和窗户旁悬挂1～2盆绿萝、常春藤。书房要突出宁静、清新、幽雅的气氛，可在写字台放置文竹，书架顶端可放常春藤或绿萝。卧室要突出温馨和谐，所以宜选择色彩柔和、形态优美的观叶植物作为装饰材料，利于睡眠和消除疲劳。微香有催眠入睡之功能，因此植物配置要协调，少而静，多以1～2盆色彩素雅、株型矮小的植物为主。忌色彩艳丽，香味过浓，气氛热烈。

(五)办公室的绿化装饰

办公室内的植物布置，除了美化作用外，空气净化作用也很重要。由于电脑等办公设备的增多，辐射增加，所以采用一些对空气净化作用大的植物尤为重要。可选用绿萝、金琥、巴西木、吊兰、荷兰铁、散尾葵、鱼尾葵、马拉巴栗、棕竹等植物。另外，由于空间的限制，采用一些垂吊植物也可增加绿化的层次感。在窗台、墙角及办公桌等点缀少量花卉。

(六)会议室的绿化装饰

布置时要因室内空间大小而异。中小型会议室多以中央的条桌为主进行布置。桌面上可摆放插花和小型观叶、观花类花卉，数量不能过多，品种不宜过杂。大型会议室常在会议桌上摆上几盆插花或小型盆花，在会议桌前整齐地摆放1～2排盆花，可以是观叶与观花植物间隔布置，也可以是一排观叶，一排观花的。后排要比前排高，其高矮以不超过主席台会议桌为宜，形成高矮有序、错落有致，观叶、观花相协调的景观。

(七)展览室与陈列室绿化装饰

展览室与陈列室常用盆花装饰。如举办书画或摄影展览，一般空地面积较大，但决不能摆设盆花群，更不能用观赏价值较高，造型奇特或特别引人注目的盆花进行摆设，否则会喧宾夺主，使画展、影展变成花展，分散观众的目标。布置的目的是协调空间、点缀环境，其数量一般不多，仅于角隅，窗台或空隙处摆放单株观叶盆花即可。如橡皮树、蒲葵、苏铁、棕竹等。

(八)各种会场绿化装饰

1. 严肃性的会场

要采用对称均衡的形式布置，显示出庄严和稳定的气氛，选用常绿植物为主调，适当点缀少量色泽鲜艳的盆花，使整个会场布局协调，气氛庄重。

2. 迎、送会场

要装饰得五彩缤纷，气氛热烈。选择比例相同的观叶、观花植物，配以花束、花篮，突出暖色基调，用规则式对称均衡的处理手法布局，形成开朗、明快的场面。

3. 节日庆典会场

选择色、香、形俱全的各种类型植物，以组合式手法布置花带、花丛及雄伟的植物造型等景观，并配以插花、花篮等，使整个会场气氛轻松、愉快、团结、祥和，激发人们热爱生活、努力工作的情感。

4. 悼念会场

应以松、柏常青植物为主体，规则式布置手法形成万古长青、庄严肃穆的气氛。参会者心情沉重，整体效果不可过于冷感，以免加剧悲伤情绪，应适当点缀一些白、蓝、青、紫、黄及淡红的花卉，以激发人们化悲痛为力量的情感。

5. 文艺联欢会场

文艺联欢会场多采用组合式手法布置，以点、线、面相连装饰空间，选用植物可多种多样，内容丰富，布局要高低错落有致。色调艳丽协调，并在不同高度以吊、挂方式装饰空间，形成一个花团锦簇的大花园，使人感到轻松、活泼、亲切、愉快，得到美的享受。

6. 音乐欣赏会场

音乐欣赏会场要求以自然手法布置，选择体形优美，线条柔和、色泽淡雅的观叶、观花植物，进行有节奏的布置，并用有规律的垂吊植物点缀空间，使人置身于音乐世界里，聚精会神地去领略那和谐动听的乐章。

任务三 花卉租摆

随着人们物质文化水平的不断提高，绿化、美化环境的意识也在逐渐加强，花卉租摆作为一种新的行业在逐渐兴起。

一、花卉租摆的内涵

花卉租摆是以租赁的方式，通过摆放、养护、调换等过程来保证客户的工作生活环境、公共场所等始终摆放着常看常青、常看常新的花卉植物的一种经营方式。花卉租摆不仅省去了企事业单位和个人养护花卉的麻烦，而且专业化的集约经营为企事业单位和个人提供了以低廉的价格便可摆放高档花卉的可能，符合现代人崇尚典雅、崇尚自然的理念。花卉租摆服务业必然随着我国社会经济的飞速发展，随着人们对花卉植物千年不变的情结而蓬勃发展，走进千家万户，走进每一个角落。

二、花卉租摆的具体操作方法及要求

(一)花卉租摆的条件

(1)从事花卉租摆业必须有一个花卉养护基地，有足够数量的花卉品种作保证 一般委托租摆花卉的单位，如商场、银行、宾馆、饭店、写字楼、家庭等的花卉摆放环境与植物生长的自然环境是不同的，大多数摆放环境光照较弱，通风不畅，昼夜温差小，尤其在夏季有空调，冬季有暖气时，室内湿度小，给植物的自然生长造成不利影响，容易产生病态，甚至枯萎死亡。花卉摆放一段时间后可更换下来送回到养护基地，精心养护，使之恢复到健康美观的状态。更换时间一般根据花卉品种及摆放环境的不同而不同。

(2)掌握过硬的养护管理技术 掌握花卉的生长习性，对花卉病虫害要有正确的判断，以便随时解决租摆过程中花卉出现的问题。

(二)花卉租摆的操作过程

1.签订协议

花卉租摆双方应签订一份合同协议书，合同内容应对双方所承担的责任和任务加以明确。

2.租摆设计

租摆设计包括针对客户个性进行花卉材料设计、花卉摆放方式设计和对特殊环境要求下的花卉设计。视具体情况，如有的大型租摆项目还要制作效果图使设计方案直观易懂。

3.材料准备

选择株型美观、色泽好、生长健壮的花卉材料及合适的花盆容器；修剪黄叶，擦拭叶片，使花卉整体保持洁净；节假日及庆典等时期为烘托气氛还可对花盆进行装饰。

4.包装运输

花卉进行必要的包装、装车并运送到指定地点。

5.现场摆放

按设计要求将花卉摆放到位，以呈现花卉最佳观赏效果。

6.日常养护

日常养护包括浇水、保持叶面清洁、修剪黄叶、定期施肥、预防病虫害发生。

7.定期检查

检查花卉的观赏状态、生长情况，并对养护人员的养护服务水平进行监督考核。

8.更换植物

按照花卉生长状况进行定期更换及按照合同条款定期更换。

9.信息反馈

租摆公司负责人与租摆单位及时沟通，对租摆花卉的绿化效果进行调查并进行改善；对换回的花卉精心养护使其复壮。

(三)花卉租摆材料选择

在进行花卉租摆时，所用花卉与环境的协调程度直接影响到花卉的美化作用。从事花卉租摆要充分考虑到花卉的生理特性及观赏性，根据不同的环境选择合适的花卉进行布置，同时要加强管理，保证租摆效果。租摆材料的选择是关键。选择的材料好，不仅布置效果好，而且可以延长更换周期，降低劳动强度和运输次数，从而降低成本。在具体选择花卉时，主要是根据花卉植物的耐阴性和观赏性以及租摆空间的环境条件来选择。

首先，考虑花卉植物的耐阴性，除了节日及重大活动在室外布置外，一般要求长期租摆的客户都是室内租摆，因此，选择耐阴性的花卉显得尤为重要。它们主要包括万年青、竹芋、苏铁、棕竹、八角金盘、一叶兰、龟背竹、君子兰、肾蕨、散尾葵、发财树、红宝石、绿巨人、针葵等。

其次，要考虑花卉植物的观赏性。室内租摆以观叶植物为主，它们的叶形、叶色、叶质各具不同观赏效果。叶的形状、大小千变万化，形成各种艺术效果，具有不同的观赏特性。棕榈、蒲葵属掌状叶形，使人产生朴素之感；椰子类叶大，羽状叶给人以潇洒脱的联想，具有热带情调。叶片质地不同，观赏效果也不同，如榕树、橡皮树具革质的叶片，叶色浓绿，有较强反光能力，有光影闪烁的效果。纸质、膜质叶片则呈半透明状，给人以恬静之感。粗糙多毛的叶片则富野趣。叶色的变化同样丰富多彩，美不胜收，有绿叶、红叶、斑叶、双色叶等。

总之，只有真正了解花卉的观赏性，才能灵活运用。

另外，在进行花卉摆放前要对现场进行全面调查，对租摆空间的环境条件有个大致了解。设计人员应先设计出一个摆放方案，不仅要使花卉的生活习性与环境相适应，还要使所选花卉植株的大小、形态及花卉寓意与摆放的场合和谐，给人以愉悦之感。

(四)花卉租摆的管理

1. 起苗管理

在养护基地起运花卉植物时，应选无病虫害，生长健壮、旺盛的植株，用湿布抹去叶面灰尘使其光洁，剪去枯叶黄叶。一般用泥盆栽培的花卉都要有套盆，用以遮蔽原来植株容器的不雅部分，达到更佳的观赏效果。

2. 在摆放过程中的管理

包括水的管理和清洁管理。水的管理很重要，花卉植物不能及时补充水分很容易出现蔫叶、黄叶现象，尤其是在冬、夏季有空调设备的空间，由于有冷风或暖风，使植物叶面蒸发量大，容易失水，管护人员要根据植物种类和摆放位置来决定浇水的时间、次数及浇水量，必要时往叶面上喷水，保持一定的湿度。用水时，对水质也要多加注意。管理人员应经常用湿布轻抹叶面灰尘使其清洁。此外，还应经常观察植株，及时剪除黄叶、枯叶，对明显呈病态有碍观赏效果的植株及时撤回养护基地养护。由于打药施肥容易产生异味，对环境造成污染，所以一般植物在摆放期间不喷药施肥，可根据植株需要在养护基地进行处理。

3. 换回植株的养护管理

植株换回后要精心养护，使之能够早日恢复健壮。先剪掉枯叶、黄叶再松土施肥，最后保护性地喷 1 次杀菌灭虫药剂，然后进行正常管理。

任务四　花卉的其他用途

长期以来，花卉作为美的使者，主要供人们观赏，并美化环境。然而近年来，随着经济文化的进步和食品工业的迅猛发展，作为植物之精华的花类成为食品工业的原料和保健食品的主料或配料，与人们生活紧紧联系起来。

一、药用

花卉中许多种类既可供观赏又具药用价值，据统计，在已知的植物花卉中，有 77%的花卉能直接药用，另外还有 3%的花卉经过加工后也可以药用。如菊花的药用价值早已为世人公认。据《本草纲目》记载，菊花能除风热，益肝补阴，还能散风清热，明目解毒。现代医学验证菊花中含有菊苷、胆碱、腺嘌呤、水苏碱等，还含有龙脑、龙脑乙酯、菊花酮等挥发油，对痢疾杆菌、伤寒杆菌、结核杆菌、霍乱病菌均有抑制作用。食用菊花还可降低血液中的血脂和胆固醇，可预防心脏病的发生。另外，菊花中还含有丰富的硒，能抗衰老，增强身体的免疫能力。

二、食用

花卉食用，源远流长。《诗经》中有“采蘩祁祁”之句，“蘩”即白色小野菊。古人于入秋之际大批采集，既可入馔，又能入药。这被认为是食用鲜花的最早记载。屈原《离骚》中有“朝饮木兰之坠露兮，夕餐秋菊之落英”，可见当时已有食用菊花的先例。清代《餐芳谱》中，详细叙述了 20 多种鲜花食品的制作方法。

现在，由于人们日益推崇“饮食回归自然”，花卉已成为餐桌上的佳肴。花馔也向鲜、野、绿、生发展。在日本、美国，时兴“鲜花大餐”，在法国、意大利、新加坡等国食花已成为新的饮食时尚。目前鲜花已成为世界流行的健康食品之一，深受世人的喜爱。

(一)花卉食用种类

我国食用花卉的种类达 100 多种。根据食用器官不同，可分为以下四类：

1. 食花类

常见的食用鲜花种类有菊花、紫藤、刺槐花、黄花菜、黄蜀葵、牡丹、荷花、兰花、百合、玉兰、梅花、蜡梅、蔷薇花、芙蓉花、杏花、丁香、啤酒花、芍药、梨花、蒲公英、芙蓉花等。还有一些种类不太普及，如金雀花、凤仙花、桃花、地黄、鸡冠花、美人蕉、杜鹃、牵牛花、紫荆花、锦带花、金盏菊、鸢尾、秋海棠、连翘、万寿菊、白兰花、昙花、紫罗兰、旱金莲、石斛花等。

2. 食茎叶类

菊花、马兰、薄荷、石刁柏、蜀葵、凤仙花、棕榈、木槿、仙人掌、地肤、蕨类等。

3. 食根及变态根、茎类

桔梗、天门冬、麦冬、荷花、山丹、百合、大丽菊、玉竹、芍药等。

4. 食种子或果实类

荷花、仙人掌、悬钩子、野蔷薇、枸杞、刺梨、山茱萸、沙棘、蜀葵、鸡冠花等。

(二)花卉食用方法

1. 直接食用

采鲜花烹制菜肴，熬制花粥，制作糕饼，采嫩茎叶做菜，是花卉最普遍的食用方式。常见可直接食用的种类有菊花、紫藤、百合、黄花菜、蒲公英、梅花、桂花、玉兰、荷花、芙蓉花、木槿、茉莉、兰花、月季、桃花、旱金莲、紫罗兰、芦荟、诸葛菜等。

2. 加工后食用

花卉可做成糖渍品，泡制成酒、茶，制作饮料等。桂花可制桂花糖、糕点、桂花酱、桂花酒，菊花可制菊花茶和菊花酒，其他的还有忍冬花茶、野菊花茶、茉莉花茶等。

(三)食用价值

花卉作食品主要是食用花瓣。可以说，可食花完美地体现了食品的三大功能：①色香味俱全，且外观美丽，色艳香鲜，风味独特；②营养价值高且全面，含极丰富的蛋白质、多种氨基酸、脂肪、淀粉、维生素、多种微量元素以及生物碱、有机酸、酯类等；③对人体有良好保健和疗效功能，常食可增强免疫、祛病益寿、养颜美容，并对中风后遗症、贫血、糖尿病有较好疗效。

三、提取花色素及香料

花朵的香气，一般是由腺体或油细胞分泌的挥发性物质，给人以醇香馥郁、愉快舒畅的感受，有益于身心健康。有些花卉的花朵芳香物质的含量较高，适宜提取制成香料(精)，因此，这类花卉常被作为香料植物栽培，如白兰、茉莉、珠兰、玫瑰、代代花等。

万寿菊，其花朵可作为提取脂溶性黄色素的工业原料。该色素广泛用于食品和饲料工业中，属纯天然产品，在国际市场供不应求，前景很好。

练习题

一、选择题

1. 下列花卉可以食用的是(　　)。

A. 菊花　　B. 龟背竹　　C. 一品红　　D. 虎刺梅

2. 下列花卉可以做棚架的是(　　)。

A. 万年青　　B. 四季海棠　　C. 紫藤　　D. 肾蕨

3. 单面观花境的宽度是(　　)m。

A. 1～2　　B. 2～3　　C. 1～3　　D. 2～4

4. 下列适合做模纹花坛的花卉是(　　)。

A. 五色草　　B. 丽格海棠　　C. 一串红　　D. 矮牵牛

5. 同一花坛内色彩和种类配置不宜过多过杂，一般面积较小的花坛，只用一种花卉或(　　)种颜色。

A. 1～2　　B. 2～3　　C. 3～4　　D. 4～5

6. 比较适合在庭院中作厅堂的对景或入门的框景的是(　　)。

A. 花坛　　B. 花台　　C. 花境　　D. 花柱

7. (　　)是根据自然界中林地、边缘地带多种野生花卉交错生长的规律，加以艺术提炼而应用于园林。

A. 花坛　　B. 花台　　C. 花境　　D. 花柱

8. 两面观赏花境的宽度一般为(　　)宽。

A. 2～3 m　　B. 3～4 m　　C. 4～6 m　　D. 5～6 m

二、判断题

1. 花坛一般设置在建筑物的前方、交通干道中心、主要道路或主要出入口两侧、广场中心或四周、风景区视线的焦点及草坪等。(　　)
2. 菊花具有很高的药用价值，属于食花类的花卉。(　　)
3. 万寿菊的花朵可作为提取脂溶性黄色素的工业原料。(　　)
4. 玫瑰花的花朵芳香物质的含量较高，适宜提取制成香料(精)，但玫瑰没有任何食用价值。(　　)

三、填空题

1. 依据花材不同和布置方式不同可将花坛分为__________和__________。
2. 按花坛空间位置可将花坛分为__________、__________和__________。

3. 花卉食用方法可分为__________和 __________。

4. 花卉根据食用器官不同，可分为__________、____________、食根及变态根、茎类和____________。

5. 花境因设计的观赏面不同，可分为________花境和__________花境等种类。

6. 花台的配置形式一般可分为__________和 __________两类。

四、名词解释

1. 花坛
2. 花台
3. 花境
4. 专类园
5. 花卉租摆

五、简答题

1. 花坛花卉配置的原则是什么？
2. 如何选择花卉租摆材料？
3. 简述花卉租摆后的管理方法。
4. 简述花境设计的原则。

学习情境 8 习题答案

参考文献

[1] 曹春英，孙曰波. 花卉栽培. 3版. 北京：中国农业出版社，2014.

[2] 潘伟. 花卉生产技术. 北京：航空工业出版社，2013.

[3] 周玉敏，杨治国. 花卉生产与应用. 武汉：华中科技大学出版社，2011.

[4] 鲁涤非. 花卉学. 北京：中国农业出版社，1998.

[5] 刘会超，王进涛，武荣花. 花卉学. 北京：中国农业出版社，2006.

[6] 付玉兰. 花卉学. 北京：中国农业出版社，2013.

[7] 相玉平，陶正平，王朝霞. 花卉栽培技术. 北京：化学工业出版社，2009.

[8] 马志峰. 园艺植物种苗生产技术. 北京：中国农业出版社，2010.

[9] 王国东. 园林苗木生产与经营. 大连：大连理工大学出版社，2012.

[10] 龚维红，朱永兴. 园林苗圃. 郑州：黄河水利出版社，2015.

[11] 罗镪. 花卉生产技术. 北京：高等教育出版社，2012.

[12] 谢利娟. 园林花卉. 北京：中国农业出版社，2014.

[13] 王伟，江胜德. 花卉生产综合实训教程. 北京：中国农业大学出版社，2019.